"十四五"职业教育国家规划教材

工业和信息化精品系列教材

Bootstrap 基础教程

第 2 版 | 附微课视频

赵丙秀 汪晓青 李文蕙 ◉ 主编
李唯 姚超 ◉ 副主编
罗保山 ◉ 主审

BOOTSTRAP FOUNDATION COURSE

人民邮电出版社
北京

图书在版编目（CIP）数据

Bootstrap基础教程 : 附微课视频 / 赵丙秀, 汪晓青, 李文蕙主编. -- 2版. -- 北京 : 人民邮电出版社, 2021.11(2023.12重印)
工业和信息化精品系列教材
ISBN 978-7-115-57232-5

Ⅰ. ①B… Ⅱ. ①赵… ②汪… ③李… Ⅲ. ①网页制作工具－高等学校－教材 Ⅳ. ①TP393.092

中国版本图书馆CIP数据核字(2021)第175605号

内 容 提 要

Bootstrap 是一个基于 HTML5 和 CSS3 的前端开发框架，它现成可用的 HTML 标记、CSS 样式、JavaScript 插件，极大地提高了 Web 前端界面的开发效率。目前，它已成为了前端设计领域流行的辅助技术。本书共分 8 章，围绕 Bootstrap 4 框架的使用，介绍了 Bootstrap 4 框架中各类排版元素，列表、表格、图像、表单、导航等各类 CSS 组件，下拉菜单、滚动监听、轮播等 JavaScript 插件。前 7 章都有丰富的实例和实训项目，第 8 章是一个综合案例。此外，各章实训案例均配有微课视频。

本书适合作为高校前端框架课程的教材，也适合零基础的读者学习，还适合对 HTML、CSS、JavaScript 有一定了解的读者阅读。同时，本书可作为“1+X”Web 前端开发职业技能（中级）认证参考书。

◆ 主　　编　赵丙秀　汪晓青　李文蕙
　副 主 编　李　唯　姚　超
　主　　审　罗保山
　责任编辑　祝智敏
　责任印制　王　郁　彭志环

◆ 人民邮电出版社出版发行　　北京市丰台区成寿寺路 11 号
　邮编　100164　　电子邮件　315@ptpress.com.cn
　网址　https://www.ptpress.com.cn
　山东华立印务有限公司印刷

◆ 开本：787×1092　1/16
　印张：18　　　　　　2021 年 11 月第 2 版
　字数：405 千字　　　2023 年 12 月山东第 6 次印刷

定价：59.80 元

读者服务热线：(010)81055256　印装质量热线：(010)81055316
反盗版热线：(010)81055315
广告经营许可证：京东市监广登字 20170147 号

编委会

前言 FOREWORD

Bootstrap 是一款基于 HTML、CSS、JavaScript 的前端开发框架，它简洁、灵活、高效，深受用户欢迎。Bootstrap 提供了优雅的 HTML 和 CSS 规范，一经推出后颇受欢迎，一直是 GitHub 上的热门开源项目。国内一些移动开发者较为熟悉的框架，如 WeX5 前端开源框架等，也是基于 Bootstrap 源码进行性能优化而来的。

本书的第 1 版自发行以来，得到了众多读者的支持，本次改版进行了全面升级。

本书全面贯彻党的二十大精神，以新时代中国特色社会主义思想为引领，注重青年学生社会主义核心价值观的培育，紧跟时代脉络，把握青年学生发展规律和实际特点，开拓创造、守正创新。

本书坚持立德树人，培养学生社会责任感、使命感。在大量的实训案例融入思政元素，旨在让学生在实践中掌握 Web 前端开发技能的同时，增强安全意识、版权意识、法律意识，了解我国人民英雄事迹，增强学生的爱国热情和社会责任感，能够勇担科教兴国使命。

为了更好地用新的教育理念推动数字工匠人才的培育，本书改版做了以下改进。

（1）将 Bootstrap 由 3.3.7 版升级为 4.6.0 版。

（2）强化实训项目。每章都有实训项目和实训拓展。其中实训项目的具体操作步骤将作为教材的电子资源提供。

（3）综合案例添加了视频展示效果，以提升学生的学习兴趣。

（4）强化育人功能。书中大量案例自然融入思政元素，让学生提升专业技能的同时，形成正确的世界观、人生观和价值观。

本书简明易懂、循序渐进，实例丰富实用，相关知识点都结合具体实例来讲解。每章最后都配有实训项目。本书共有 8 章，内容如下。

第 1 章介绍 Bootstrap 的下载、文件结构以及使用的简单模板等内容。

第 2 章介绍 Bootstrap 框架中的响应式布局系统——栅格系统。

第 3 章介绍 Bootstrap 中的 CSS 布局样式。

第 4 章介绍 Bootstrap 的工具类，如颜色、边框、浮动、flex 布局、定位等相关的类。

第 5 章介绍 Bootstrap 中比较重要的表单组件。

第 6 章讲解 Bootstrap 中的下拉菜单、导航条、卡片、列表组、巨幕等 CSS 组件。

第 7 章详尽讲解 Bootstrap 框架中各个 JavaScript 插件的使用，包括触发、属性、方法、事件等。

第 8 章以一个综合案例详细讲解如何从零开始搭建一个具体的 Bootstrap 网站。

除此之外，附录 A 介绍了 Sass 的基本使用，附录 B 介绍了 CSS 选择器的含义。

本书由武汉软件工程职业学院的赵丙秀、汪晓青、李文蕙担任主编，李唯、姚超担任副主编，罗保山担任主审。参与本书编写工作的还有武汉软件工程职业学院的张松慧、江平、孙琳、肖英等长期担任前端设计课程、具有丰富教学经验的一线教师。全书由罗保山、赵丙秀统稿。

本书可作为高校计算机专业的教材和参考书，适合前端框架设计爱好者自学参考。

本书在编写过程中，参考并引用了许多专家、学者的著作和论文，在文中未一一注明。在此谨向相关参考文献的作者表示衷心的谢意。由于编者的水平和经验有限，书中难免存在不足之处，恳请读者批评指正。编者邮箱：sonyxiu@163.com。

编者

2021 年 8 月

目录 *CONTENTS*

第4章

第5章

第6章

第 7 章

第8章

附录A

附录B

参考文献

第1章

Bootstrap概述

01

本章导读

Bootstrap 是较受欢迎的 HTML、CSS 和 JavaScript（以下简称 JS）框架，用于开发响应式布局、移动设备优先的 Web 项目。Bootstrap 框架提供出色的视觉效果。使用 Bootstrap 可以确保整个 Web 应用程序的风格完全一致、用户体验一致、操作习惯一致。它还可以对不同级别的提醒使用不同的颜色标注。通过测试可知，市面上的主流浏览器都支持 Bootstrap 这一完整的框架解决方案。而且这个框架专为 Web 应用程序而设计，所有元素都可以非常完美地结合，适合快速开发。

1.1 Bootstrap 简述

Bootstrap 是一个用于快速开发 Web 应用程序和网站的前端框架，来自 Twitter，是目前较受欢迎的前端框架。Bootstrap 基于 HTML、CSS、JS，它简洁灵活，使得 Web 开发更加快捷。

Bootstrap 是由美国 Twitter 公司的两个员工合作开发的。Bootstrap 是 2011 年 8 月在 GitHub 上发布的开源产品。目前使用较广的版本是 Bootstrap 3 和 Bootstrap 4。其中，Bootstrap 3 的最新版本的是 Bootstrap 3.3.7，Bootstrap 4 的最新版本是 Bootstrap 4.6.0。2020 年 6 月中旬，Bootstrap 团队发布了 Bootstrap 5 alpha 版本；2020 年 12 月发布了 Bootstrap 5 beta 版本；2021 年 5 月 6 日发布了 Bootstrap 5.0.0 正式版。本书以 Bootstrap 4.6.0 版本为基础进行讲解。

在学习 Bootstrap 前，读者必须具备 HTML、CSS 和 JS 的基础知识。简单来说，Bootstrap 是一个快速搭建网站前台页面的开源项目（基于 jQuery）。读者只需要了解相关的 class、标签名称等所代表的含义，在构建页面的时候，导入 Bootstrap 的 JS、CSS 等，它就会表现出相应的效果。

比如 “HTML 说明:缩略语;”，当鼠标指针指向缩写和缩写词上时就会显示完整内容，Bootstrap 实现了对 HTML 元素的增强样式。缩略语元素带有 title 属性，外观表现为带有较浅的虚线框，鼠标指针移至上面时会变成带有“？”的指针。当你的段落文字中的某个单词或者词语需要有上面的那种效果时，就可以用缩略语格式来书写，附加的 class="initialism"语句可以让字号显示得更小一点，也可以不要。反过来说，如果不使用 Bootstrap 或者其他类似的框架，那就得自己动手编写程序来获得上述效果，从而导致开发时间拉长。

此外，还有大量其他有用的前端组件，比如 dropdowns（下拉菜单）、navigation（导航）、modals（模态框）、pagination（分页）、carousal（轮播）、breadcrumb（面包屑导航）、Tab（书签页）等。有了这些，我们可以搭建一个 Web 项目，并让它运行得更快速、更轻松。

1.2 为何使用 Bootstrap

Bootstrap 包括几十个组件，每个组件都自然地结合了设计与开发，具有完整的实例文档。它定义了真正的组件和模板。无论处在何种技术水平、哪个工作流程中，开发者都可以使用 Bootstrap 快速、方便地构建自己喜欢的应用程序。

Bootstrap 引入了 12 栏栅格结构的布局理念，使设计质量高、风格统一的网页变得十分容易。它包含了 HTML、CSS 和 JavaScript 三大主要部分，各部分简单说明如下。

（1）Bootstrap 的 HTML 是基于 HTML5 的前沿技术，灵活高效，简洁流畅。它摒弃了那些复杂而毫无意义的标签，引入了全新的<canvas>、<audio>、<video>、<source>、<header>等标签，使网页的语义性大大增加，从此网页不再是供机器阅读的枯燥文字，而是可供人类欣赏的优美作品。在网页中插入多媒体，因而浏览时需要借助 Flash 控件。

（2）Bootstrap 的 CSS 是使用 Sass 创建的 CSS，是新一代的动态 CSS。对设计师来说，需写的代码更少；对浏览器来说，解析更容易；对用户来说，阅读更轻松。直接用自然书写的四则算术和英文单词来表示宽度、高度、颜色，使得编写 CSS 不再是高手才会的神秘技能。

（3）Bootstrap 的 JS 使用的是 jQuery 的 CSS。它不需要用户为了相似的功能，在每个网站都下载一份相同的代码，而是用一个代码库，将常用的函数存储进去，按需取用，用户的浏览器只需下载一份代码，便可在各个网站上使用。

Bootstrap 框架的特性如下。

- 移动设备优先。自 Bootstrap 3 起，框架包含了贯穿于整个库的移动设备优先的样式。
- 浏览器支持。IE、Firefox、Google 等所有的主流浏览器都支持 Bootstrap。
- 容易上手。用户只需要具备 HTML 和 CSS 的基础知识即可。
- 响应式设计。Bootstrap 的响应式 CSS 能够自适应于台式计算机、平板电脑和手机。
- 它为开发人员创建接口提供了一个简洁统一的解决方案。
- 它包含了功能强大的内置组件，易于定制。
- 它还提供了基于 Web 的定制。
- 它是开源的。

1.3 如何使用 Bootstrap

Bootstrap 提供了几种快速开发的方式，每种方式针对具有不同能力的开发者和不同的使用场景。

- 用户生产环境的 Bootstrap：下载包为编译并且压缩后的 CSS、JS，不包含文档和源代码。
- Bootstrap 源码：包含 Sass、JS 的源码，并且带有文档，需要 Sass 编译器和一些设置工作。

在 Bootstrap 开发环境中，如果用户不需要对 Bootstrap 进行修改，则用户既可以直接下载用于生产环境的文件包，也可以修改下载的源码包，以满足自己的开发需求。

1.4 下载 Bootstrap

Bootstrap 的安装比较简单，用户可以从 Bootstrap 中文网下载 Bootstrap 的最新版本。本书使用的是 Bootstrap 4.6.0 版本，下载界面如图 1-1 所示。

图 1-1　官网下载 Bootstrap

单击“下载 Bootstrap”按钮进入下载页面，有 3 个按钮可以选择，分别是“下载 Bootstrap 生产文件”“下载 Bootstrap 源码”“下载 Bootstrap 示例”，如图 1-2 所示。由于我们现在处于初级使用阶段，所以单击“下载 Bootstrap 生产文件”按钮即可。

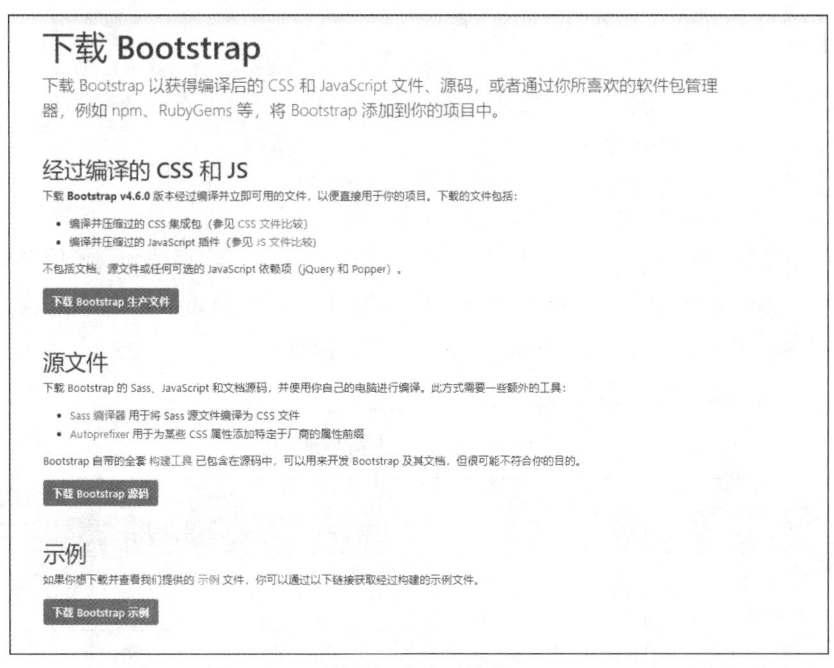

图 1-2　下载用于生产环境的 Bootstrap

下载成功后可以得到一个.zip 的文件，解压后我们可以得到一个包含 CSS 和 JS 文件的文件夹。

Bootstrap 提供了以下两种形式的压缩包（在本书中，我们将使用 Bootstrap 的预编译版本）。

1．预编译版

如果下载了 Bootstrap（单击“下载 Bootstrap 生产文件”按钮）的已编译的版本，解压缩 ZIP 文件，我们将看到下面的文件/目录结构。

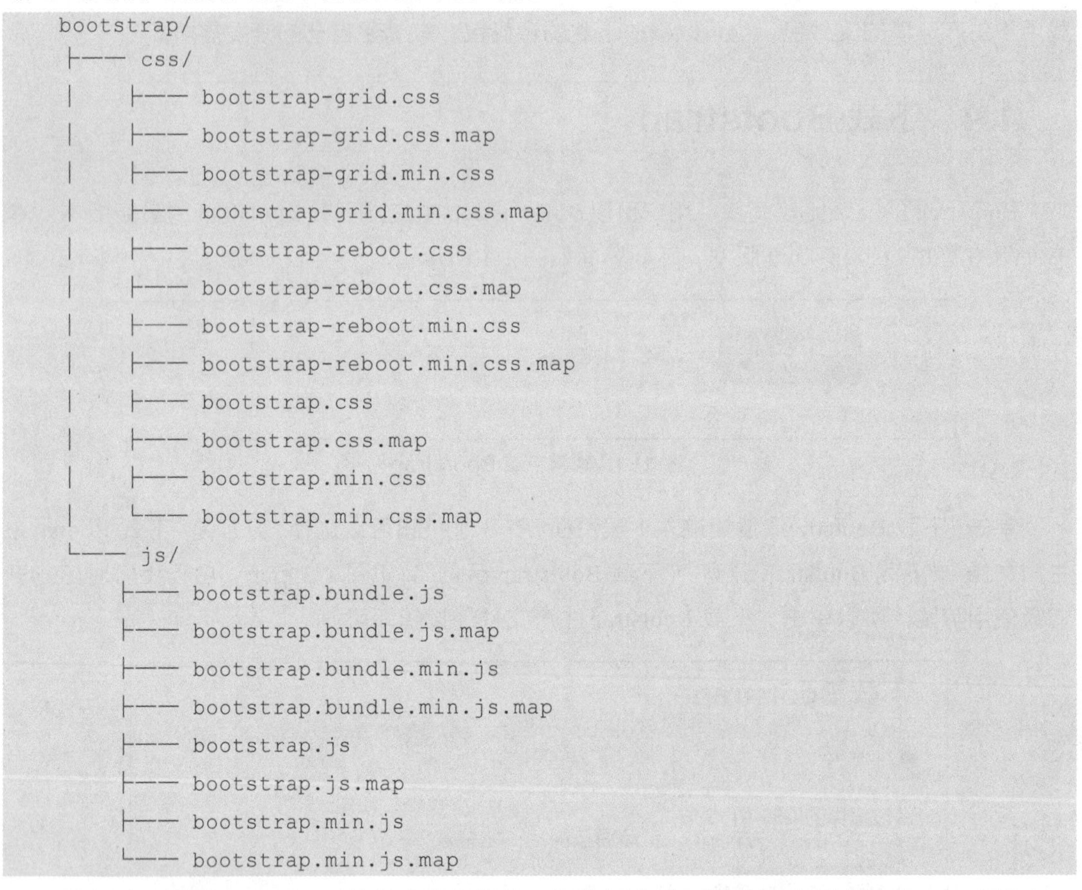

```
bootstrap/
├── css/
│    ├── bootstrap-grid.css
│    ├── bootstrap-grid.css.map
│    ├── bootstrap-grid.min.css
│    ├── bootstrap-grid.min.css.map
│    ├── bootstrap-reboot.css
│    ├── bootstrap-reboot.css.map
│    ├── bootstrap-reboot.min.css
│    ├── bootstrap-reboot.min.css.map
│    ├── bootstrap.css
│    ├── bootstrap.css.map
│    ├── bootstrap.min.css
│    └── bootstrap.min.css.map
└── js/
     ├── bootstrap.bundle.js
     ├── bootstrap.bundle.js.map
     ├── bootstrap.bundle.min.js
     ├── bootstrap.bundle.min.js.map
     ├── bootstrap.js
     ├── bootstrap.js.map
     ├── bootstrap.min.js
     └── bootstrap.min.js.map
```

以上展示的就是 Bootstrap 的基本文件结构：预编译文件可以直接使用到任何 Web 项目中。除了编译好的 CSS 和 JS 文件，Bootstrap 还提供了经过压缩的 CSS 和 JS 文件（文件名中含有 min），以及 CSS 源码映射表（bootstrap.*.map），可以在某些浏览器的开发工具中使用。

表 1-1 列举了 CSS 文件所涵盖的内容。

表 1-1　CSS 文件涵盖的内容

CSS 文件	Layout（布局）	Content（内容）	Components（组件）	Utilities（工具）
bootstrap.css bootstrap.min.css	Included	Included（包含）	Included（包含）	Included（包含）
bootstrap-grid.css bootstrap-grid.min.css	Only grid system（仅包含栅格系统）	Not included（不包含）	Not included（不包含）	Only flex utilities（仅包含 flex 工具）

续表

CSS 文件	Layout（布局）	Content（内容）	Components（组件）	Utilities（工具）
bootstrap-reboot.css bootstrap-reboot.min.css	Not included（不包含）	Only Reboot（仅包含）	Not included（不包含）	Not included（不包含）

表 1-2 列举了 JS 文件所包含的内容。

表 1-2　JS 文件所包含的内容

JS files	Popper	jQuery
bootstrap.bundle.js bootstrap.bundle.min.js	Included（包含）	Not included（不包含）
bootstrap.js bootstrap.min.js	Not included（不包含）	Not included（不包含）

2. Bootstrap 源代码

如果读者下载了 Bootstrap 源代码（单击“下载 Bootstrap 源码”按钮），则读者将看到下面的文件/目录结构。

```
bootstrap/
├── dist/
│   ├── css/
│   └── js/
├── site/
│   └──content/
│       └──docs/
│           └── 4.6/
│               └── examples/
├── js/
└── scss/
```

scss/、js/目录分别包含了 CSS 和 JS 的源码。dist/中包含了上面所说的预编译 Bootstrap 包内的所有文件，site/docs/中包含的是源码文档，examples/中包含的是 Bootstrap 的用法实例。除了这些，其他文件还包含 Bootstrap 安装包的定义文件、许可证文件和编译脚本等。

因为本书使用的是预编译版，故不需要重新进行编译，对编译工具 node-sass 也就不做介绍。

1.5 简单模板

在使用 Bootstrap 时，需要在页面中引用 bootstrap.css 样式。Bootstrap 的所有 JavaScript 插件都依赖 jQuery，因此，jQuery 必须在 Bootstrap 之前引入，jquery.js 必须在 bootstrap.js 文件之前引入。使用了 Bootstrap 的基本的 HTML 模板如下所示。

```
<!doctype html>
<html lang="zh-CN">
  <head>
    <!--必须的 meta 标签-->
    <meta charset="utf-8">
```

```
        <meta name="viewport" content="width=device-width,initial-scale=1,
shrink-to-fit=no">

        <!--Bootstrap 的 CSS 文件-->
        <link rel="stylesheet" href="https://cdn.jsdelivr.net/npm/bootstrap@
4.6.0/dist/css/bootstrap.min.css" integrity="sha384-B0vP5xmATw1+K9KRQjQERJvTum
QW0nPEzvF6L/Z6nronJ3oUOFUFpCjEUQouq2+l" crossorigin="anonymous">

        <title>Hello,world!</title>
      </head>
      <body>
        <h1>Hello,world!</h1>

        <!--JavaScript 文件是可选的。从以下两种建议中选择一种即可！ -->

        <!--选项 1:jQuery 和 Bootstrap 集成包（集成了 Popper）-->
        <script src="https://cdn.jsdelivr.net/npm/jquery@3.5.1/dist/jquery.slim.
min.js" integrity="sha384-DfXdz2htPH0lsSSs5nCTpuj/zy4C+OGpamoFVy38MVBnE+IbbVYUew+
OrCXaRkfj" crossorigin="anonymous"></script>
        <script src="https://cdn.jsdelivr.net/npm/bootstrap@4.6.0/dist/js/bootstrap.
bundle.min.js" integrity="sha384-LCPyFKQyML7mqtS+4XytolfqyqSlcbB3bvDuH9vX2sdQM
xRonb/M3b9EmhCNNNrV" crossorigin="anonymous"></script>

        <!--选项 2:Popper 和 Bootstrap 的 JS 插件各自独立-->
        <!--
        <script src="https://cdn.jsdelivr.net/npm/jquery@3.5.1/dist/jquery.slim.
min.js" integrity="sha384-DfXdz2htPH0lsSSs5nCTpuj/zy4C+OGpamoFVy38MVBnE+IbbVYU
ew+OrCXaRkfj" crossorigin="anonymous"></script>
        <script src="https://cdn.jsdelivr.net/npm/popper.js@1.16.1/dist/umd/
popper.min.js" integrity="sha384-9/reFTGAW83EW2RDu2S0VKaIzap3H66lZH81PoYlFhbGU
+6BZp6G7niu735Sk7lN" crossorigin="anonymous"></script>
        <script src="https://cdn.jsdelivr.net/npm/bootstrap@4.6.0/dist/js/
bootstrap.min.js" integrity="sha384-gRC4eoaRyQ8xv2X6Mnf+eOIrtON3wId3dAkwO0HQX
26OrFBoLpjX/XWOJacSiZhL" crossorigin="anonymous"></script>
        -->
      </body>
    </html>
```

在以上代码中，语句<meta name="viewport" content="width=device-width,initial-scale=1, shrink-to-fit=no">，可以实现对不同手机屏幕分辨率的支持。

我们同时可以看到，以上语句中包含了 bootstrap.min.css 文件，用于让一个常规的 HTML 页面变为使用了 Bootstrap 框架的页面。

如果用户需要使用 Bootstrap 框架中的 JS 插件，则需要包含 jquery.js 或 jquery.min.js 文件，以及 bootstrap.js 或者 bootstrap.min.js 文件。需要注意的是，因为 Bootstrap 是基于 jQuery 的，一定要在 bootstrap.js 或者 bootstrap.min.js 文件之前包含 jquery.js 或 jquery.min.js 文件，否则 JS 插件将没有效果。

在表 1-2 中，我们看到，bootstrap.bundle.js 比 bootstrap.js 文件多包含了 Popper。这是因为，在使用弹出框等组件时，需要包含 Popper。在上面的基础模板中，对于 JS 文件有 2 个选项，可以在包含 jquery.min.js 后，再包含 bootstrap.bundle.min.js，或者包含 popper.min.js

和 bootstrap.min.js。

以上模板使用了 jsdelivr 提供的免费 CDN 服务，所引用的 CSS 文件和 JS 文件都来源于 jsdeliver。

1.6 案例：Bootstrap 实例

案例视频 1

本书所使用的编辑器为 HBuilderX，浏览器为 Chrome。

在 HBuilder 中新建一个 Web 项目，将下载的 Bootstrap 框架中的 bootstrap.min.css 文件复制到 CSS 目录下。

【实例 1-1】（文件 index.html）

```
<!DOCTYPE html>
<html>
 <head>
     <meta charset="utf-8"/>
       <meta name="viewport" content="width=device-width,initial-scale=1,
shrink-to-fit=no">
      <link rel="stylesheet" href="css/bootstrap.min.css"/>
      <title>Bootstrap 实例</title>
 </head>
 <body>
     <div class="container">
       <div class="jumbotron">
        <h2>致敬人民英雄</h2>
        <h4 class="text-secondary">我们永远铭记，他们为拯救民族危亡捐躯，用鲜血染红
旗帜，用生命照亮来路。</h4>
          </div>
      <div class="row">
        <div class="col-sm-4">
          <h3>杨靖宇</h3>
          <p>冰天雪地、弹尽粮绝的情况下，杨靖宇孤身一人与日寇周旋数个昼夜，战斗至最后一
息。残忍的日军将杨靖宇的遗体割头剖腹，发现他的胃里只有树皮、草根和棉絮，没有一粒粮食……</p>
          </div>
        <div class="col-sm-4">
          <h3>林心平</h3>
          <p>奔走抗日一线的林心平，被日军抓获后，受尽 30 多种酷刑依然严守秘密，气急败坏
的敌人，用钢丝穿过林心平的身体，将她游街示众后残忍杀害。生命的最后一刻，林心平写下“笑汝辈黔驴
技穷，甘洒热血化彩虹”。</p>
        </div>
        <div class="col-sm-4">
          <h3>郭永怀</h3>
          <p> “两弹一星”元勋郭永怀，在飞机坠毁的一刹那，用身体护住绝密文件。22 天后，
依据这份绝密文件，中国第一枚热核武器试验成功！</p>
         </div>
       </div>
     </div>
 </body>
</html>>
```

以上代码在 Chrome 浏览器中的运行效果如图 1-3 所示。

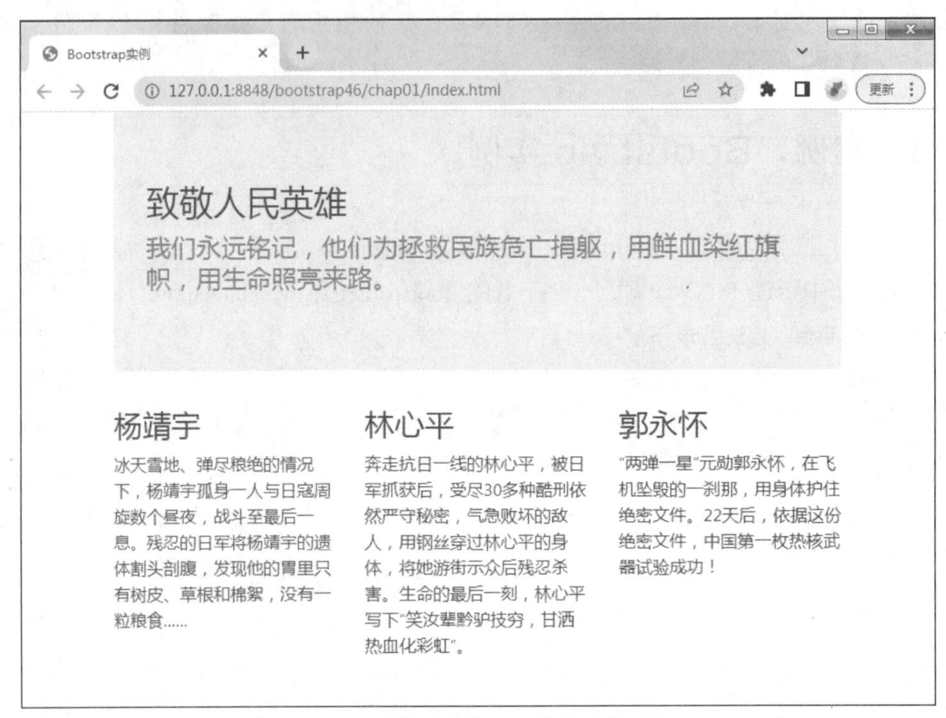

图 1-3　在 Chrome 浏览器中的运行效果（使用 Bootstrap）

假设【实例 1-1】中没有正确引入 bootstrap.min.css 文件，则其运行效果如图 1-4 所示。

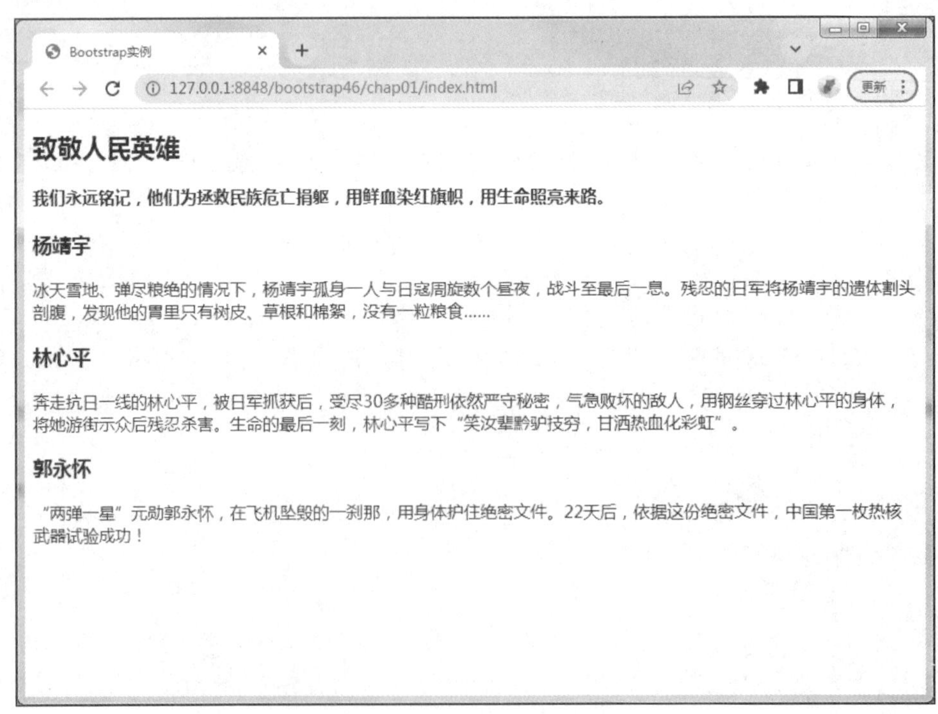

图 1-4　运行效果（未使用 Bootstrap）

在上述例子中，因为没有使用 Bootstrap 框架中的 JS 插件的内容，所以没有包含 jquery.js 或 jquery.min.js 文件，以及 bootstrap.js 或者 bootstrap.min.js 文件。

在 Chrome 浏览器中，按 F12 键打开“开发者工具”。单击“Toggle device toolbar”图标 ，打开设备选择工具栏，可以在工具栏中选择设备浏览页面。图 1-5 所示为在 iPad 设备中浏览页面。在后面的章节中，读者可以自行进行此操作，以便查看不同设备上的显示效果。

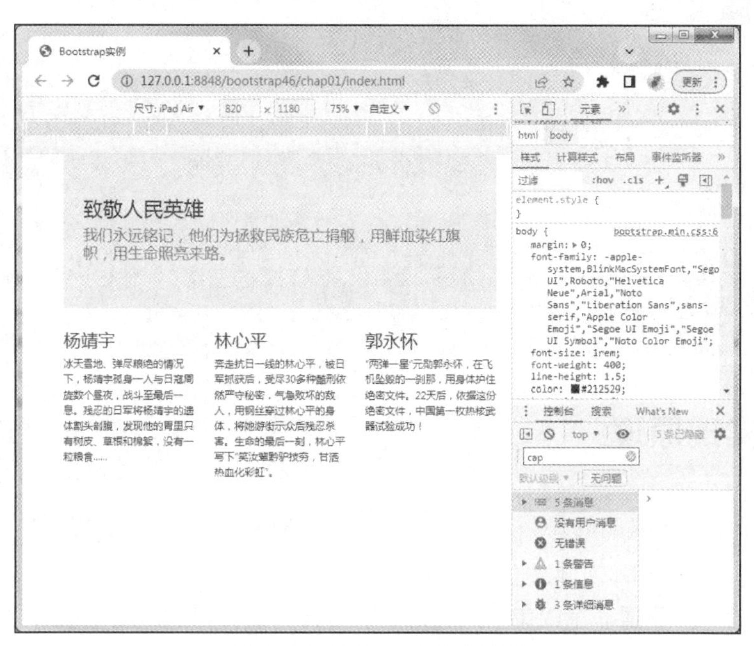

图 1-5　在 iPad 中浏览页面

本章小结

本章主要介绍了 Bootstrap 的特性、如何在项目中使用 Bootstrap，以及 Bootstrap 框架中包含的内容。

实训项目

1. 打开 Bootstrap 中文网下载 Bootstrap，并查看 Bootstrap 中文网中的实例。
2. 编写一个使用了 Bootstrap 框架的页面。

实训拓展

1991 年 WWW 诞生，这标志着前端技术的开始。从早期静态网站，到动态网站，再到现在的前后端分离、前端模块化。请你搜索了解目前流行的前端技术，并做一个简单的技术介绍页面。

第2章 栅格系统

02

本章导读

本章将介绍Bootstrap中响应式、移动设备优先的栅格系统。栅格系统的原理、布局、偏移等内容，最后通过一个具体案例来展示栅格系统的应用。

2.1 实现原理

Bootstrap提供了一套响应式、移动设备优先的流式栅格系统，即随着屏幕或视口（viewport）尺寸的增大，系统会自动分为栅格（最多12列）。

栅格系统的实现原理非常简单，是通过定义容器大小，将屏幕或视口尺寸平分为12份，再调整内外边距，最后再结合媒体查询，制作出响应式的栅格系统。Bootstrap默认的栅格系统平分为12份，在使用的时候，读者也可以根据情况通过重新编译Sass源码来修改12这个数值。

栅格系统就是把网页的总宽度平分为12份，用户可以自由按份组合。栅格系统使用的总宽度可以不固定，Bootstrap是按百分比进行平分。12栅格系统是整个Bootstrap的核心功能，也是响应式设计核心理念的一个实现形式。Bootstrap 4 与 Bootstrap 3 有个显著的不同之处——Bootstrap 4使用flexbox（弹性盒子）来布局，而不是使用浮动来布局。

2.2 工作原理

栅格系统用于通过一系列的行（row）与列（column）的组合来创建页面布局，用户的内容可以放入这些创建好的布局中。

下面就来介绍Bootstrap栅格系统的工作原理。

- 一行数据必须包含在.container（固定宽度）或.container-fluid（100%宽度）中，以便为其赋值合适的排列（alignment）和内边距（padding）。
- 通过“行（row）”在水平方向创建一组“列（column）”。

用户的内容应当放置于“列（column）”内，并且只有“列（column）”可以作为“行（row）”的直接子元素。

- 类似.row（行）和.col-md-4（占 4 列宽度）这样的样式，可以用来快速创建栅格布局。
- 对于 flexbox（弹性盒子），没有指定宽度的网格列将自动作为等宽列进行布局。例如，一行中如果放 4 个.col-sm 列，则每一列自动获取百分比为 25%。
- 栅格系统中的列是通过指定 1～12 的值来表示其跨越的范围。例如，3 个等宽的列，可以使用.col-4。
- 列宽是以百分比的形式设置的，因此，相对于父元素，它们总是流动的，宽度是确定的。
- 通过为 column 设置 padding 属性，从而创建列与列之间的间隔。通过为.row 元素设置负值 margin，从而抵消掉为.container 元素设置的 padding，也就间接为“行（row）”所包含的“列（column）”抵消掉了 padding。
- 如果一“行（row）”中包含的“列（column）”大于 12，则多余的“列（column）”所在的元素将被作为一个整体另起一行排列。
- 为了使栅格具有响应性，屏幕宽度有 5 个栅格断点：extra-small、small、medium、large 和 extra-large。

【实例 2-1】（文件 grid1.html）

```
<!DOCTYPE html>
<html>
    <head>
        <meta charset="utf-8"/>
        <meta name="viewport" content="width=device-width,initial-scale=1,
shrink-to-fit=no">
        <title>栅格系统</title>
        <link rel="stylesheet" href="css/bootstrap.min.css"/>
    </head>
    <body>
        <div class="container">
          <div class="row">
              <div class="col-lg-1">.col-lg-1</div>
              <div class="col-lg-1">.col-lg-1</div>
              <div class="col-lg-1">.col-lg-1</div>
              <div class="col-lg-1">.col-lg-1</div>
              <div class="col-lg-1">.col-lg-1</div>
              <div class="col-lg-1">.col-lg-1</div>
              <div class="col-lg-1">.col-lg-1</div>
              <div class="col-lg-1">.col-lg-1</div>
              <div class="col-lg-1">.col-lg-1</div>
              <div class="col-lg-1">.col-lg-1</div>
              <div class="col-lg-1">.col-lg-1</div>
              <div class="col-lg-1">.col-lg-1</div>
          </div>
          <div class="row">
              <div class="col-lg-8">.col-lg-8</div>
              <div class="col-lg-4">.col-lg-4</div>
```

```
                </div>
                <div class="row">
                    <div class="col-lg-4">.col-lg-4</div>
                    <div class="col-lg-4">.col-lg-4</div>
                    <div class="col-lg-4">.col-lg-4</div>
                </div>
                <div class="row">
                    <div class="col">.col</div>
                    <div class="col">.col</div>
                    <div class="col">.col</div>
                </div>
            </div>
        </body>
    </html>
```

以上代码在 Chrome 浏览器中的运行效果如图 2-1 所示。

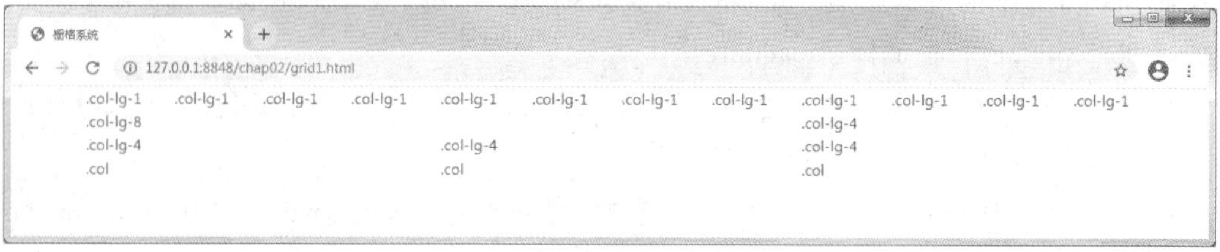

图 2-1 运行效果

说明：图 2-1 中一共有 4 行。在代码中，.row 位于.container 内，因此，我们可以看到，页面内容没有紧靠浏览器边缘。在 row.里设置 col-X-*元素，如此处 col-lg-4 表示在大屏设备显示时占 4 格。第 1 行分为 12 列，每列占 1 格。第 2 行分为 2 列，分别占 8 格、4 格。第 3 行分为 3 列，每列占 4 格。第 4 行，采用的等分列，没有指定列宽，自动分成 3 列，每列占 4 格。

当行中设置的列的格数大于 12 时，将自动换行。读者可以在以上前 3 行中自行添加 1 列，并查看效果。

2.3 使用方法

2.3.1 基本用法

栅格系统的基本使用方法如【实例 2-1】所示。容器 container 包含行 row，行 row 包含列 col-X-*。每行包含 12 栅格，如果定义的列超过 12 格，则自动换行。

为了获得更好的演示效果，我们在【实例 2-1】的 head 部分添加如下代码。（注意，此代码需要写在“<link rel="stylesheet" href="css/bootstrap.min.css" />”之后。这里定义行 row 的底部外边距为 15px，所有的列 col-X-*设置了上/下内边距、背景颜色和边框。）

```
<style>
  .row{
     margin-bottom:15px;
```

```
    }
  [class*="col"]{
      padding-top:15px;
      padding-bottom:15px;
      background-color:rgba(86,61,124,0.15);
      border:1px solid rgba(86,61,124,.2);
  }
</style>
```

以上代码在 Chrome 浏览器中的运行效果如图 2-2 所示。

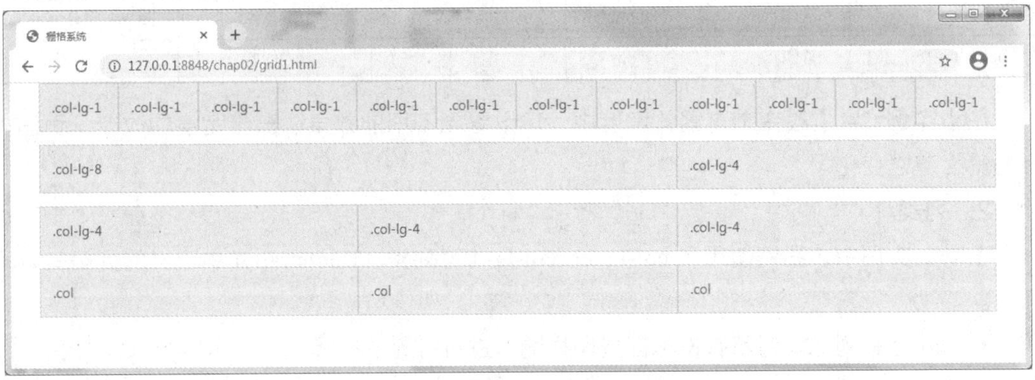

图 2-2　添加了行和列的样式

1. 容器类

Bootstrap 需要将页面内容和栅格系统包裹在一个布局容器中。为了使栅格具有响应性，屏幕宽度有 5 个响应断点：extra-small、small、medium、large 和 extra-large。具体如表 2-1 所示。

表 2-1　屏幕宽度的响应断点及其屏幕宽度范围

响应断点	屏幕宽度范围/px
extra-small（超小设备）	<576
small（平板设备）	576～768
medium（桌面显示器）	768～992
large（大桌面显示器）	992～1200
extra-large（超大桌面显示器）	≥1200

Bootstrap 提供了 3 种不同的容器，具体如下。

- .container 容器：在每个响应断点处设置一个 max-width（最大宽度）。
- .container-fluid 容器：在每个响应断点处设置容器宽度为 100%。
- .container-{breakpoint}容器：在每个响应断点处设置容器宽度为 100%，以达到指定的断点为止。其中，breakpoint 的取值范围为 sm（平板设备）、md（桌面显示器）、lg（大桌面显示器）和 xl（超大桌面显示器）。例如，container-sm 表示小于 576px 时，容器宽度为 100%；当屏幕宽度大于等于 576px 时，container-sm 就到达了断点，容器宽度与.container 显示一致。

容器类在不同设备上的响应断点情况如表 2-2 所示。

表 2-2　容器类的响应断点及其屏幕宽度范围

类	超小设备 <576px	平板设备 ≥576px	桌面显示器 ≥768px	大桌面显示器 ≥992px	超大桌面显示器 ≥1200px
.container	100%	540px	720px	960px	1140px
.container-sm	100%	540px	720px	960px	1140px
.container-md	100%	100%	720px	960px	1140px
.container-lg	100%	100%	100%	960px	1140px
.container-xl	100%	100%	100%	100%	1140px
.container-fluid	100%	100%	100%	100%	100%

在【实例 2-1】改变浏览器的宽度中，可以看到不同的效果。随着宽度的改变，页面内容的宽度随之变化。

2. 列类

在以上实例中，我们使用了 col-lg-1、col-lg-4 等列类。Bootstrap 4 中定义的列类有以下几种。

- .col：等列宽，对所有设备都是一样的，进行等分。
- col-*：*代表数字，表示占了*格。例如，col-3 表示对所有设备都是一样的，这一列占 3 格。
- col-X-*：X 表示的是设备宽度，其取值为 sm（平板设备）、md（桌面显示器）、lg（大桌面显示器）、xl（超大桌面显示器）。*表示占了*格。例如，col-md-4 表示当设备宽度大于等于 768px 时，该列占了 12 列中 4 列的宽度。具体如表 2-3 所示。

表 2-3　栅格系统表

项目	超小设备 <576px	平板设备 ≥576px	桌面显示器 ≥768px	大桌面显示器 ≥992px	超大桌面显示器 ≥1200px
最大容器宽度/px	None (auto)	540	720	960	1140
class 前缀	.col-	.col-sm-	.col-md -	.col-lg -	.col-xl-
列数量和	12	12	12	12	12
间隙宽度/px（一个列的每边分别为 15px）	30px	30px	30px	30px	30px
可嵌套	Yes	Yes	Yes	Yes	Yes
列排序	Yes	Yes	Yes	Yes	Yes

读者可以自行修改【实例 2-1】的代码，然后改变浏览器的宽度，会发现当宽度小于 992px 时，有些地方会一列占一行；当宽度大于 1200px 时，和大桌面效果是一致的。所以，这些布局都是向后兼容的。

这是因为在定义媒体查询时，定义为 min-width，即最小宽度。示例如下。

```
@media (min-width:768px){
}
```

3. 栅格系统中的样式

以下是栅格系统中的各个样式。

- .container：左右各有 15px 的内边距。
- .row：是 column 的容器，最多只能放 12 个 column。行左右各有-15px 的外边距，可以抵消.container 的 15px 的内边距。
- column：左右各有 15px 的内容边距，可以保证内容不紧靠浏览器的边缘。两个相邻的 column 的内容之间有 30px 的间距。

这样定义后，column 里面可以很方便地嵌套 row。如果要在 column 中嵌套 row，则此时的 column 具有和 container 相同的特性（左右各有 15px 的内边距），所以此时的 column 就相当于 container。

2.3.2 混合与匹配

在前一个例子中，都是 4 行，其中前 3 行是针对大桌面显示器（lg）设备设置的列，当在桌面显示器、平板设备、超小设备上时，是从上到下垂直排列。只有第 4 行使用的是.col，针对的是所有设备，所以无论设备宽度为多少，都是平均分为 3 列，如图 2-3 所示。

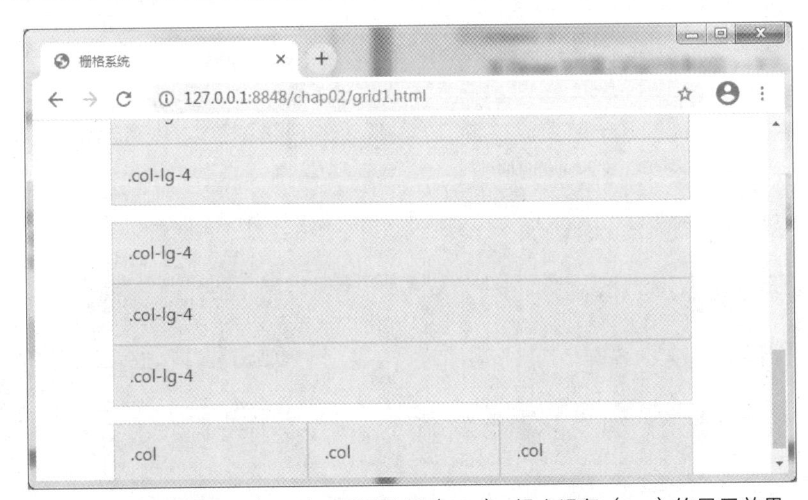

图 2-3 桌面显示器（md）、平板设置（sm）、超小设备（xs）的显示效果

为了解决这个问题，我们在同一个元素上应用不同类型的样式，以适配不同尺寸的屏幕。代码如下，效果如图 2-4～图 2-6 所示。

```
<div class="container">
   <div class="row">
       <div class="col-12 col-md-8">.col-12 .col-md-8</div>
       <div class="col-6 col-md-4">.col-6 .col-md-4</div>
   </div>
       <div class="row">
       <div class="col-6 col-md-8 col-lg-3">.col-6 .col-md-8 .col-lg-3</div>
       <div class="col-6 col-md-4 col-lg-3">.col-6 .col-md-4 .col-lg-3</div>
       <div class="col-6 col-md-8 col-lg-3">.col-6 .col-md-8 .col-lg-3</div>
```

```
        <div class="col-6 col-md-4 col-lg-3">.col-6 .col-md-4 .col-lg-3</div>
    </div>
    <div class="row">
        <div class="col-6">.col-6</div>
        <div class="col-6">.col-6</div>
    </div>
</div>
```

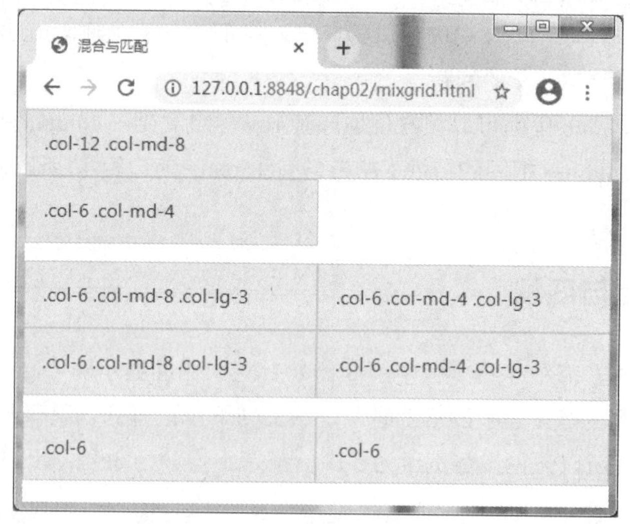

图 2-4　平板设备（sm）、超小设备（xs）的显示效果

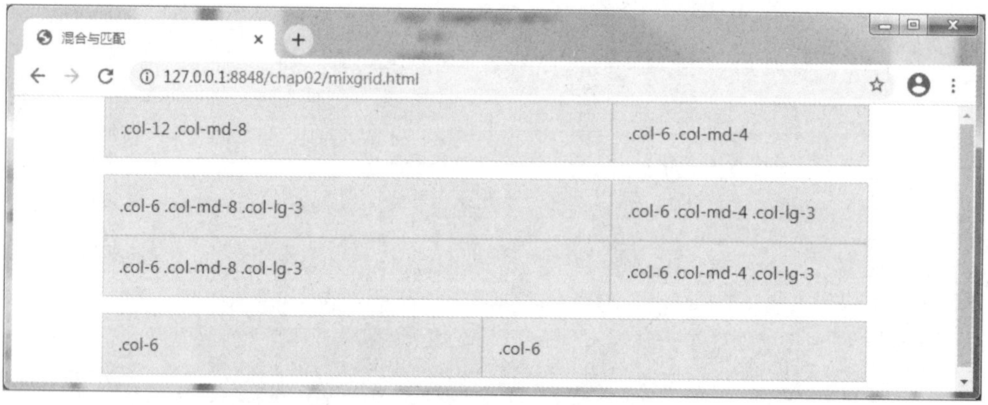

图 2-5　桌面显示器 md 的显示效果

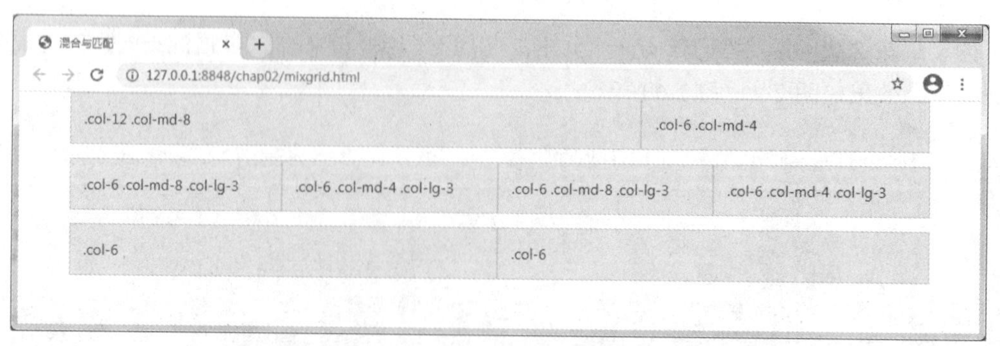

图 2-6　大桌面显示器（lg）、超大桌面显示器（xl）的显示效果

2.3.3 等宽列

1. 基本用法

Bootstrap 4 的栅格系统基于 flexbox，既可以使用不带数字的.col-X（X 为 sm、md、lg 或 xl）类，来设置对应设备上的等宽列；也可以不带设备宽度前缀.col 类，设置所有设备上的等宽列。

【实例 2-2】（文件 equalgrid.html）（以下为 body 标签里面的内容，其他与修改后的【实例 2-1】相同）

```
<div class="container">
  <!--大于等于 576px 时 3 个等分列-->
  <div class="row">
      <div class="col-sm">1/3</div>
      <div class="col-sm">1/3</div>
      <div class="col-sm">1/3</div>
  </div>
  <!--所有设备上 3 个等分列-->
  <div class="row">
      <div class="col">1/3</div>
      <div class="col">1/3</div>
      <div class="col">1/3</div>
</div>
</div>
```

以上代码在 Chrome 浏览器中的运行效果如图 2-7 所示。

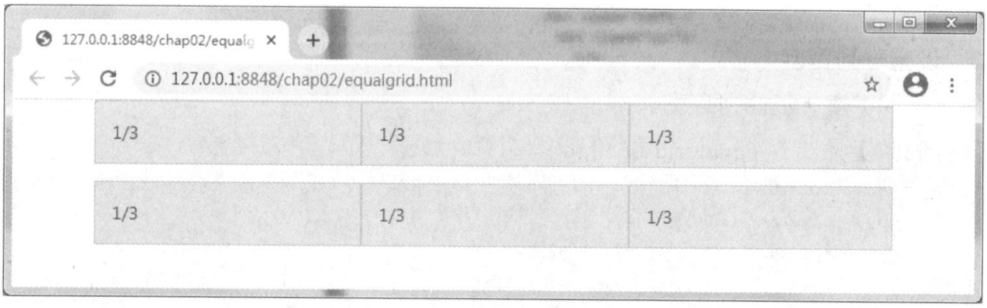

图 2-7　等宽列

2. 多行等宽列

等宽列可以设置添加“.w-100”为多行等宽。但这里存在一个 Safari 的 flexbox 缺陷，如果没有明确的 flex-basis 或 border 的话，则可能无法工作。不过，如果浏览器是最新版本的，则不存在这个问题。

【实例 2-3】（文件 equalgrid-mline.html）

```
<div class="row">
    <div class="col">列</div>
    <div class="col">列</div>
    <div class="w-100"></div>
    <div class="col">列</div>
    <div class="col">列</div>
```

```
    </div>
    <div class="row">
        <div class="col">列</div>
        <div class="col">列</div>
        <div class="w-100 d-none d-md-block"></div>
        <div class="col">列</div>
        <div class="col">列</div>
    </div>
```

以上代码在 Chrome 浏览器中的运行效果如图 2-8 所示。

图 2-8　多行等宽列

说明：其中，第 2 行通过.d-none、.d-md-block 类的配合使用，当设置设备宽度为中屏时，换新行。

3. 设置一列宽度

设定一列宽度，其他列等宽。

【实例 2-4】（文件 equalgrid-one.html）

```
<div class="container">
      <div class="row">
      <div class="col">第 1 列</div>
      <div class="col">第 2 列</div>
      <div class="col-6">第 3 列(指定宽度)</div>
      <div class="col">第 4 列</div>
      </div>
</div>
```

以上代码在 Chrome 浏览器中的运行效果如图 2-9 所示。

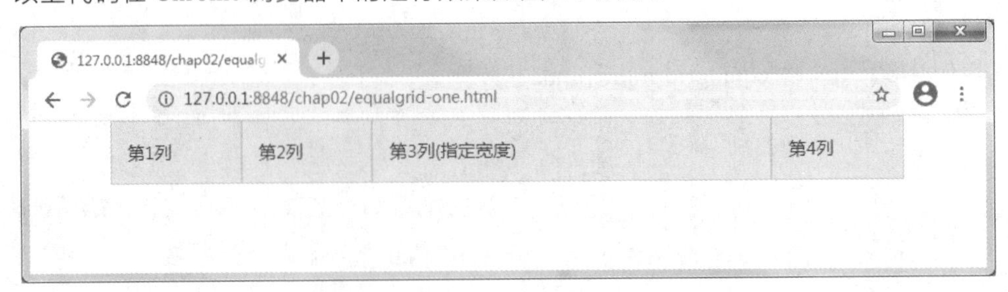

图 2-9　指定列宽与等宽结合

2.3.4 可变宽度内容

读者使用.col-X-auto（其中 X 为 xs、md、lg、xl）或.col-auto 类，可以设置根据内容调整列的宽度。

【实例 2-5】（文件 autogrid.html）

```
<div class="container">
    <div class="row justify-content-md-center">
        <div class="col col-lg-2">第 1 列</div>
        <div class="col-md-auto">根据内容调整宽度</div>
        <div class="col col-lg-2">第 3 列</div>
    </div>
    <div class="row">
        <div class="col">第 1 列</div>
        <div class="col-md-auto">根据内容调整列宽</div>
        <div class="col col-lg-2">第 3 列</div>
    </div>
</div>
```

以上代码在 Chrome 浏览器中的运行效果如图 2-10 和图 2-11 所示。

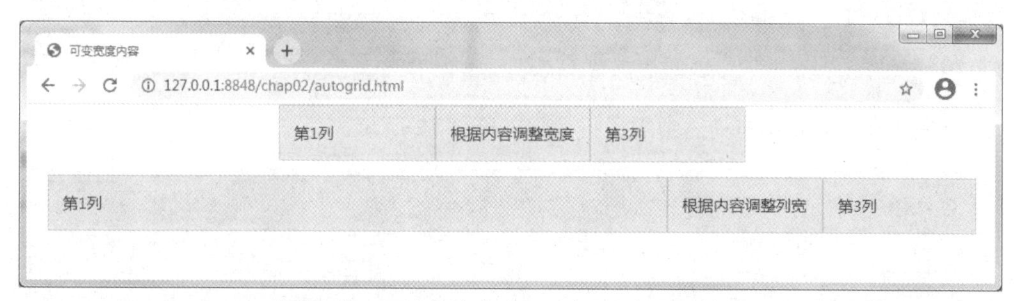

图 2-10　可变宽度内容——大屏设备显示效果

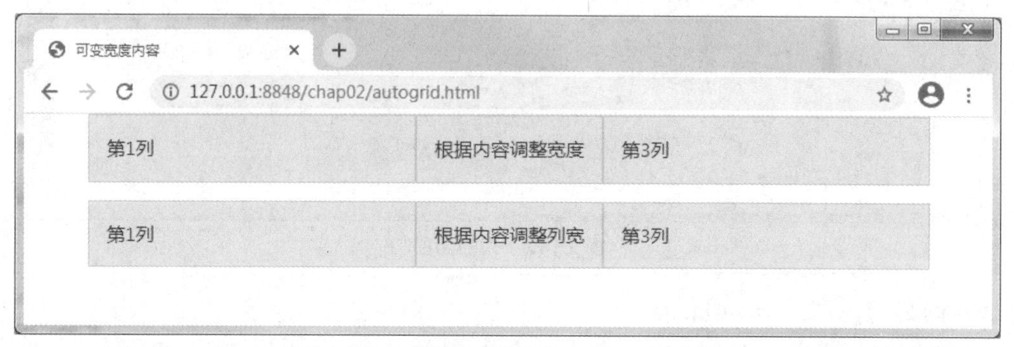

图 2-11　可变宽度内容——中屏显示效果

说明：

- .col-md-auto 用于设置中屏设备，根据内容自动改变列宽。因为栅格系统向上兼容，所以在中屏、大屏和超大屏设备上有相同的效果。
- .justify-content-md-center 用于设置中屏以上为水平居中。所以当在大屏设备显示时，由于第 1 列和第 3 列均为 col-lg-2，占了 2 格，而呈现图 2-11 所示的效果。

2.3.5 列偏移

有时候，我们不想让两个相邻的列挨在一起，可以使用栅格系统中列偏移功能来实现，而不必设置 margin 属性。其类为.offset-*和.offset-X-*。

.offset-*：*为数字 1～11，表示向右偏移的列数。

.offset-X-*：X 为设备宽度前缀 sm、md、lg、xl。*为数字 0～11。.offset-X-0，表示该宽度下不偏移。

同时，这里也需要注意，偏移列和显示列综合不能超过 12。如果超过 12，则换到下一行。

【实例 2-6】（文件 offsetgrid1.java）

```
<div class="row">
    <div class="col-md-4">.col-md-4</div>
    <div class="col-md-4 offset-md-4">.col-md-4 .offset-md-4</div>
</div>
<div class="row">
    <div class="col-md-3 offset-md-3">.col-md-3 .offset-md-3</div>
    <div class="col-md-3 offset-md-3">.col-md-3 .offset-md-3</div>
</div>
<div class="row">
    <div class="col-md-6 offset-md-3">.col-md-6 .offset-md-3</div>
</div>
```

以上代码在 Chrome 浏览器中的运行效果如图 2-12 所示。

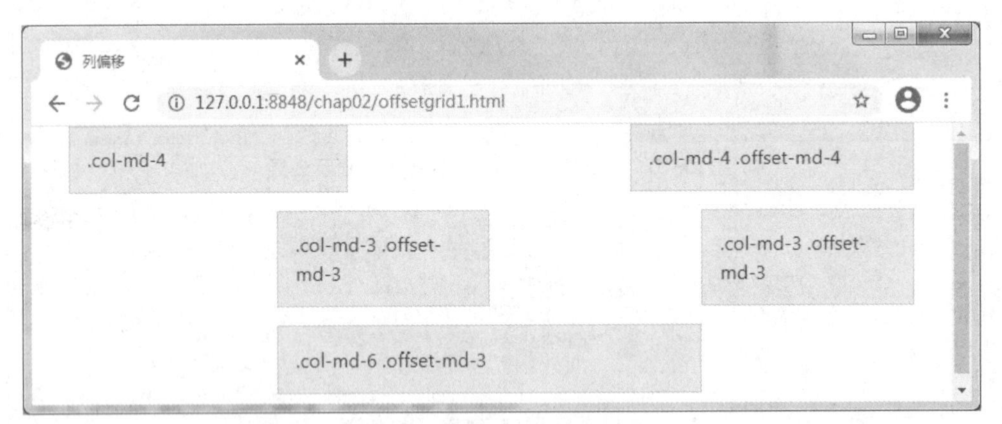

图 2-12　列的偏移

【实例 2-7】（文件 setgrid2.java）

```
<div class="container">
   <div class="row">
       <div class="col-sm-5 col-md-6">.col-sm-5 .col-md-6</div>
       <div class="col-sm-5 offset-sm-2 col-md-6 offset-md-0">
           .col-sm-5 .offset-sm-2 .col-md-6 .offset-md-0
       </div>
   </div>
   <div class="row">
```

```
        <div class="col-sm-6 col-md-5 col-lg-6">.col-sm-6 .col-md-5 .col-lg-6</div>
    <div class="col-sm-6 col-md-5 offset-md-2 col-lg-6 offset-lg-0">
        .col-sm-6 .col-md-5 .offset-md-2 .col-lg-6  .offset-lg-0
    </div>
</div>
```

以上代码在 Chrome 浏览器中的运行效果如图 2-13 所示。

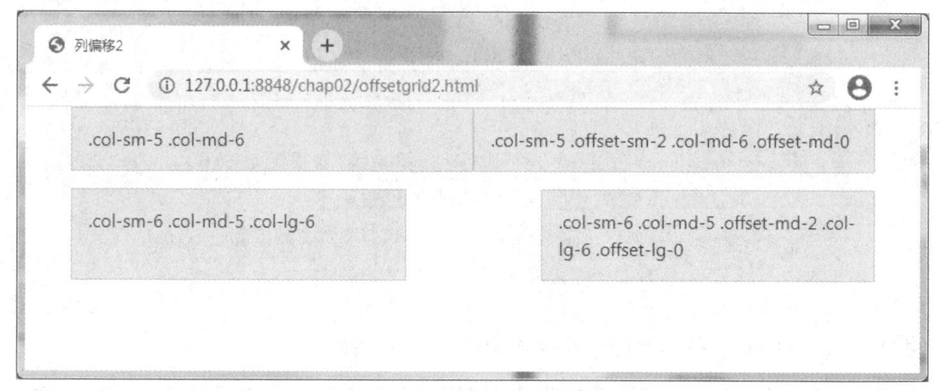

图 2-13　中屏显示效果

说明：在中屏显示时，第 1 行因为用了.offset-md-0，所以不偏移。小屏显示时会偏移。第 2 行，中屏显示时偏移 2 格，大屏设备显示时不偏移。读者可以自行查看效果。

2.3.6　列排序

列排序其实就是改变列的前后排列顺序。在栅格系统中，可以通过.order-*、.order-X -*来实现这一目的。其中，*是 first、last 或 0～12 的数字，如果是 0～12 的数字，则其是按数字大小排序；first 表示排最前面；last 表示排最后面；X 代表 xs、sm、md、lg，对应不同的屏幕大小。其中 order 类的部分源码如下所示。

```
.order-md-first{
    -ms-flex-order:-1;
    order:-1;
  }
  .order-md-last{
    -ms-flex-order:13;
    order:13;
  }
  .order-md-0{
    -ms-flex-order:0;
    order:0;
  }
  .order-md-1{
    -ms-flex-order:1;
    order:1;
  }
…
```

其中，first、last 可指定列排在最前面或最后面。

【实例 2-8】（文件 ordergrid.html）

```
<div class="container">
        <div class="row">
            <div class="col">第 1 列,不排序</div>
            <div class="col order-7">第 2 列,order: 7</div>
            <div class="col">第 3 列,不排序</div>
            <div class="col">第 4 列,不排序</div>
            <div class="col order-2">第 5 列,order: 2</div>
        </div>
        <div class="row">
            <div class="col order-last">第 1 列,排最后</div>
            <div class="col">第 2 列,不排序</div>
            <div class="col order-first">第 3 列,排最前面</div>
        </div>
</div>
```

以上代码在 Chrome 浏览器中的运行效果如图 2-14 所示。

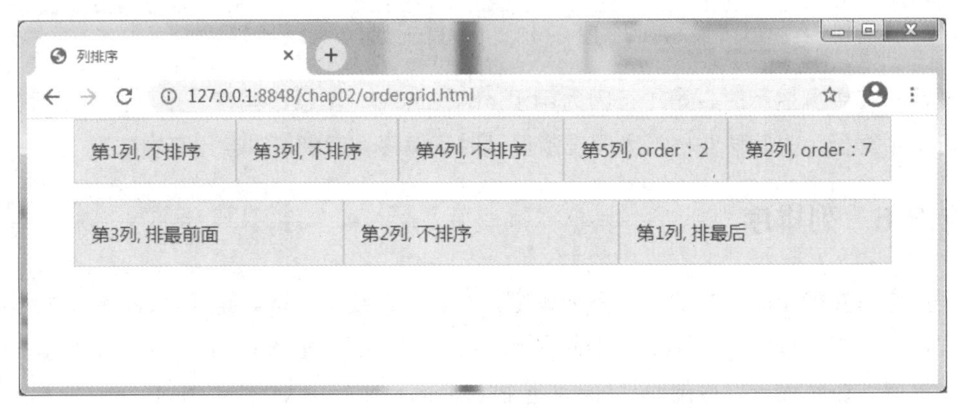

图 2-14　列排序的效果

2.3.7　列嵌套

栅格系统支持列的嵌套，即在一个列里面再嵌入一个或多个行（.row）。注意，内部所嵌套的 row 的宽度为 100%，就是当前外部列的宽度。

【实例 2-9】（文件 nestgrid.html）

```
<div class="container">
  <div class="row">
      <div class="col-md-3">col-md-3</div>
      <div class="col-md-9">
          Level 1:.col-md-9
          <div class="row">
              <div class="col-md-6">
                  Level 2:.col-md-6
              </div>
              <div class="col-md-6">
                  Level 2:.col-md-6
```

```
                </div>
            </div>
        </div>
    </div>
</div>
```

以上代码在 Chrome 浏览器中的运行效果如图 2-15 所示。

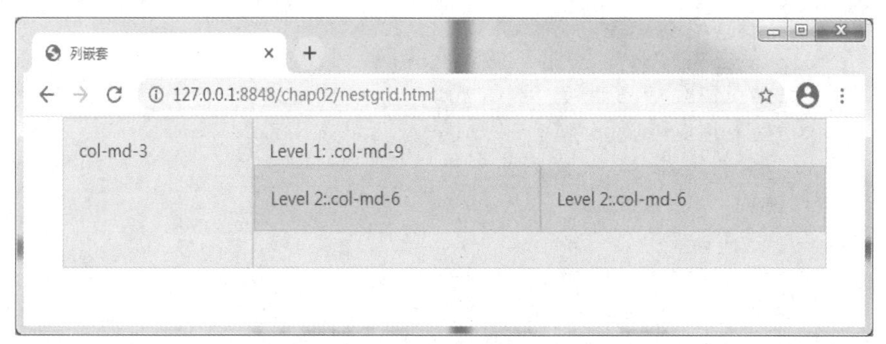

图 2-15 列嵌套的效果

2.4 结合其他工具类使用

2.4.1 排列

利用 flexbox 排列工具，我们可以对各列进行垂直或水平排列。

1. 垂直排列

将类.align-items-start、.align-items-center、.align-items-end 应用在.row 元素上，实现整行内容在垂直方向的顶部、中间、底部排列。如【实例 2-10】的前 3 行代码。

将类.align-self-start、.align-self-start、.align-self-start 应用在列上，可以实现多列的错位排列。具体使用方法如【实例 2-10】所示。

【实例 2-10】（文件 valigngrid .html）

```
<!DOCTYPE html>
<html>
 <head>
     <meta charset="utf-8"/>
     <meta name="viewport" content="width=device-width,initial-scale=1,
shrink-to-fit=no">
     <title>垂直排列</title>
     <link rel="stylesheet" href="css/bootstrap.min.css"/>
     <style>
         .row{
             margin-bottom:15px;
             height:100px;
             background-color:#eeeeee;
         }
         [class*="col"]{
             padding-top:5px;
```

```
            padding-bottom:5px;
            background-color:rgba(86,61,124,0.15);
            border:1px solid rgba(86,61,124,.2);
        }
    </style>
</head>
<body>
    <div class="container">
      <div class="row align-items-start">
        <div class="col">第 1 列</div>
        <div class="col">第 2 列</div>
        <div class="col">第 3 列</div>
      </div>
      <div class="row align-items-center">
        <div class="col">第 1 列</div>
        <div class="col">第 2 列</div>
        <div class="col">第 3 列</div>
      </div>
      <div class="row align-items-end">
        <div class="col">第 1 列</div>
        <div class="col">第 2 列</div>
        <div class="col">第 3 列</div>
      </div>
      <div class="row">
          <div class="col align-self-start">第 1 列</div>
          <div class="col align-self-center">第 2 列</div>
          <div class="col align-self-end">第 3 列</div>
      </div>
    </div>
</body>
</html>
```

以上代码在 Chrome 浏览器中的运行效果如图 2-16 所示。

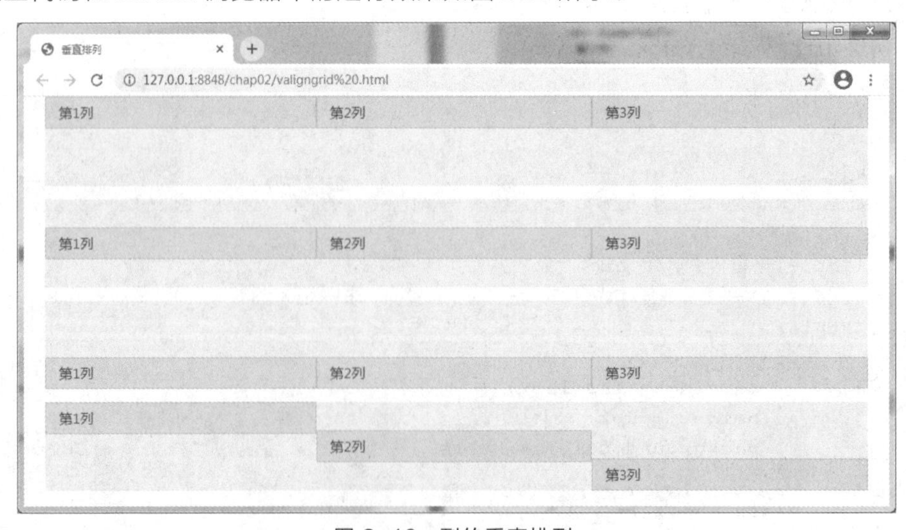

图 2-16　列的垂直排列

说明：在【实例 2-10】中，设置了.row 元素的行高和背景。同时修改了列的上/下内边距。

2. 水平排列

将 flex 工具中的内容排列类.justify-content-start、.justify-content-center、.justify-content-end、.justify-content-around 和.justify-content-between 应用在.row 元素上，分别实现列的左排列、居中、右排列、平均分布、两端对齐。

【实例 2-11】（文件 haligngrid.html）

```
<div class="container">
    <div class="row justify-content-start">
        <div class="col-4">第 1 列</div>
        <div class="col-4">第 2 列</div>
    </div>
    <div class="row justify-content-center">
        <div class="col-4">第 1 列</div>
        <div class="col-4">第 2 列</div>
    </div>
    <div class="row justify-content-end">
        <div class="col-4">第 1 列</div>
        <div class="col-4">第 2 列</div>
    </div>
    <div class="row justify-content-around">
        <div class="col-4">第 1 列</div>
        <div class="col-4">第 2 列</div>
    </div>
    <div class="row justify-content-between">
        <div class="col-4">第 1 列</div>
        <div class="col-4">第 2 列</div>
    </div>
</div>
```

以上代码在 Chrome 浏览器中的运行效果如图 2-17 所示。

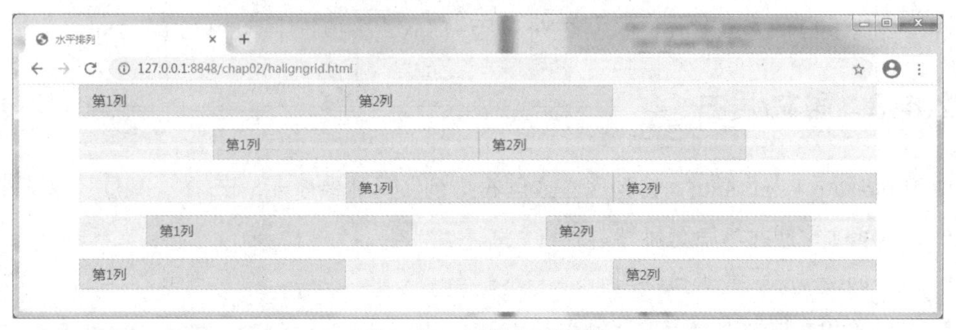

图 2-17　列的水平排列

2.4.2　无边距类

使用.no-gutters 可以去掉.row 元素的左/右外边距和.row 下的.col 列元素的左/右内边距。

其定义如下。

```
.no-gutters{
  margin-right:0;
  margin-left:0;

>.col,
>[class*="col-"]{
  padding-right:0;
  padding-left:0;
 }
}
```

【实例 2-12】（文件 guttergrid.html）

```
<div class="container">
   <div class="row no-gutters">
       <div class="col-12 col-sm-6 col-md-8">.col-12 .col-sm-6 .col-md-8</div>
       <div class="col-6 col-md-4">.col-6 .col-md-4</div>
   </div>
   <div class="row">
       <div class="col-12 col-sm-6 col-md-8">.col-12 .col-sm-6 .col-md-8</div>
       <div class="col-6 col-md-4">.col-6 .col-md-4</div>
   </div>
</div>
```

以上代码在 Chrome 浏览器中的运行效果如图 2-18 所示。

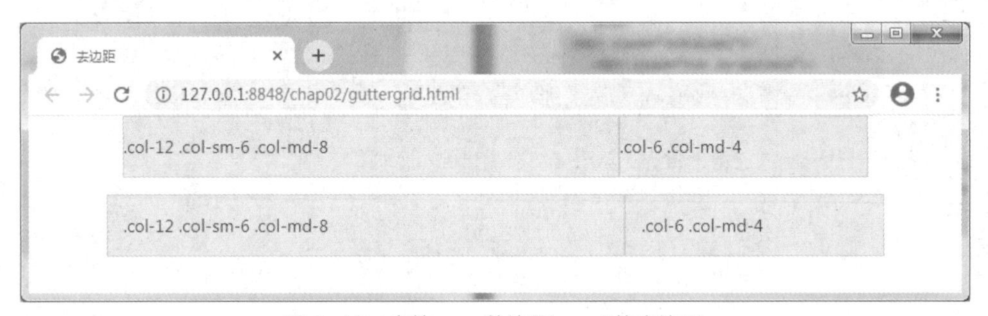

图 2-18　去掉 row 外边距、col 的内边距

说明：第 1 行，去掉了.row 的左/右外边距-15px，去掉行中列的内边距 15px。

2.4.3　居左/居右

使用.mr-auto 和.ml-auto：让列居左或居右排列，具体参考 4.5 节。

- .mr-auto：使元素居左排列。
- .ml-auto：使元素居右排列。
- .col-auto：根据内容自适应列宽。

【实例 2-13】（文件 leftrightgrid.html）

```
<div class="container">
    <div class="row">
        <div class="col-md-4">.col-md-4</div>
        <div class="col-md-4 ml-auto">.col-md-4 .ml-auto</div>
```

```
    </div>
    <div class="row">
        <div class="col-md-3 ml-md-auto">.col-md-3 .ml-md-auto</div>
        <div class="col-md-3 ml-md-auto">.col-md-3 .ml-md-auto</div>
    </div>
    <div class="row">
        <div class="col-auto mr-auto">.col-auto .mr-auto</div>
        <div class="col-auto">.col-auto</div>
    </div>
</div>
```

以上代码在 Chrome 浏览器中的运行效果如图 2-19 所示。

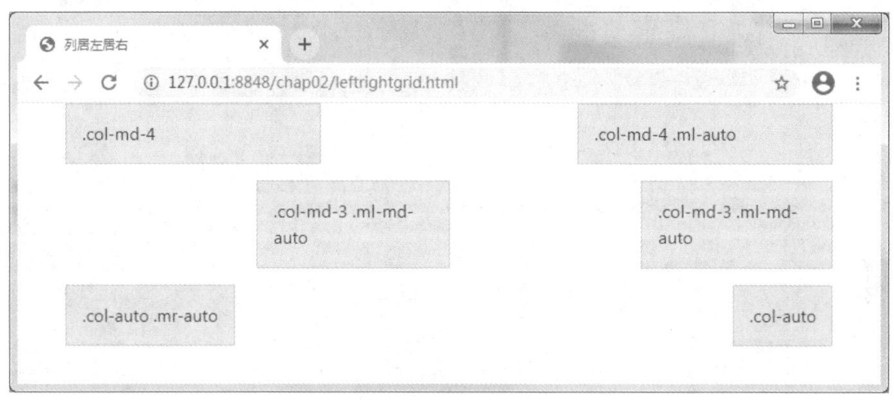

图 2-19　居左/居右排列的效果

2.5 案例：W3school 首页

本案例效果如图 2-20 所示。

案例视频 2

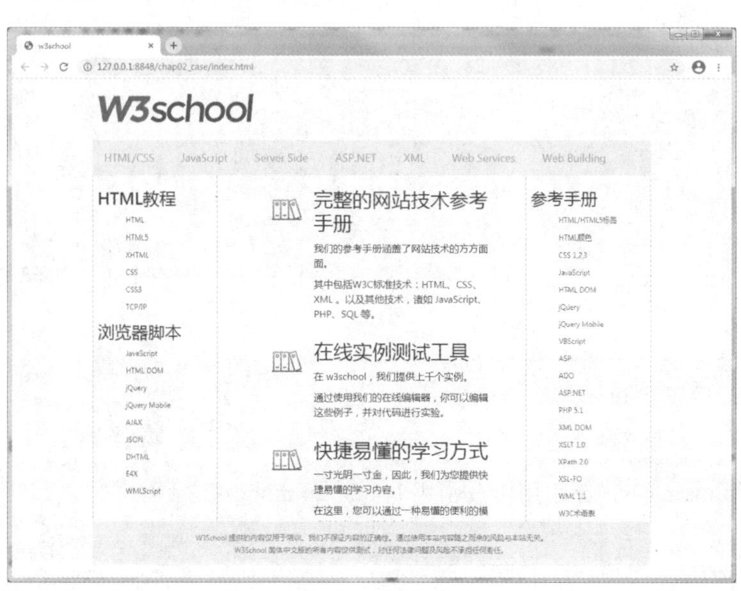

图 2-20　W3school 案例

本案例的具体操作步骤如下。

（1）创建HTML5页面index.html，在页面中引入meta。

```
<meta name="viewport" content="width=device-width,initial-scale=1,shrink-to-fit=no">
```

（2）引入bootstrap.min.css文件。

```
<link href="css/bootstrap.min.css" rel="stylesheet">
```

（3）页面一共4行，为3—6—3的布局。其中，第1、第2、第4行均为1列，第3行为3列。在body中添加容器div、行和列，搭建整体结构。

```
<div class="container">
        <!--第 1 行 Logo 部分-->
        <div class="row">
            <div class="col"></div>
        </div>
        <!--第 2 行 导航部分-->
        <div class="row">
            <div class="col"></div>
        </div>
        <!--第 3 行 主体-->
        <div class="row">
            <div class="col-3"></div>
            <div class="col-6"></div>
            <div class="col-3"></div>
        </div>
        <!--第 4 行 页脚-->
        <div class="row">
            <div class="col"></div>
        </div>
</div>
```

（4）完成第1行Logo部分。

```
<div class="row">
    <div class="col ">
        <div class="bg-logo">
                <img src="img/logo.png">
        </div>
    </div>
</div>
```

新建一个CSS文件：main.css。在main.css中添加类.bg-logo定义，在col上应用.bg-log（前面代码已经添加）。

```
.bg-logo{
  background-color:#fdfcf8;
  width:100%;
}
```

在index.html中引用main.css，该引用排在引用bootstrap.min.css之后。

```
<link href="css/bootstrap.min.css" rel="stylesheet"/>
<link href="css/main.css" rel="stylesheet"/>
```

（5）完成第2行导航，在col中添加列表，其中列表放在一个id为main-nav的div中。

```
<div class="row">
```

```
            <div class="col">
                <div id="main-nav">
                    <ul>
                        <li><a href="#">HTML/CSS</a></li>
                        <li><a href="#">JavaScript</a></li>
                        <li><a href="#">Server Side</a></li>
                        <li><a href="#">ASP.NET</a></li>
                        <li><a href="#">XML</a></li>
                        <li><a href="#">Web Services</a></li>
                        <li><a href="#">Web Building</a></li>
                    </ul>
                </div>
            </div>
</div>
```

添加下列导航样式，然后查看页面效果。

```
#main-nav{
        background-color:#eee;
}
#main-nav ul{
        list-style-type:none;
        font-size:18px;
        padding:15px 0;
        margin:0px;
}
#main-nav li{
        display:inline;
}
#main-nav a{
        padding:15px 20px;
        color:#999;
        text-decoration:none;
}
#main-nav a:hover{
        background-color:#444;
        color:#fff;
}
```

（6）完成第 3 行的内容，此行包含 3 列，在大桌面设备下，左边列 3 个栅格，中间列 6 个栅格，右边列 3 个栅格，手机、平板、桌面设备下分别显示 4 列、8 列、12 列。左边是 2 个列表，放在 id 为 leftside 的 div 中；中间为 3 行内容，放在 id 为 main 的 div 中；右边为一个列表，放在 rightside 的 div 中。

① 左边列的 html 代码。

```
<div class="col-4 col-md-8">
    <div id="leftside">
        <h3>HTML 教程</h3>
        <ul>
            <li><a href="#">HTML</a></li>
            <li><a href="#">HTML5</a></li>
            <li><a href="#">XHTML</a></li>
            <li><a href="#">CSS</a></li>
            <li><a href="#">CSS3</a></li>
```

```
            <li><a href="#">TCP/IP</a></li>
        </ul>
        <h3>浏览器脚本</h3>
        <ul>
            <li><a href="#">JavaScript</a></li>
            <li><a href="#">HTML DOM</a></li>
            <li><a href="#">jQuery</a></li>
            <li><a href="#">jQuery Mobile</a></li>
            <li><a href="#">AJAX</a></li>
            <li><a href="#">JSON</a></li>
            <li><a href="#">DHTML</a></li>
            <li><a href="#">E4X</a></li>
            <li><a href="#">WMLScript</a></li>
        </ul>
    </div>
</div>
```

在 main.css 中添加左边列的对应样式，然后浏览页面。

```
#leftside{
    font-size:12px;
    width:178px;
    border-left:1px solid #ccc;
    border-right:1px solid #ccc;
    padding-top:10px;
}
#leftside h3{
    margin:10px 0 5px 8px;
}
#leftside ul{
    list-style-type:none;
}
#leftside a{
    text-decoration:none;
    color:#333;
    display:block;
    padding:5px 0 5px 15px;
}
#leftside a:hover{
    background-color:#999;
    color:#fff;
}
```

② 右边列的 html 代码。

```
<div class="col-3">
    <div id="rightside">
            <h3>参考手册</h3>
            <ul>
                <li><a href="#">HTML/HTML5 标签</a></li>
                <li><a href="#">HTML 颜色</a></li>
                <li><a href="#">CSS 1,2,3</a></li>
                <li><a href="#">JavaScript</a></li>
                <li><a href="#">HTML DOM</a></li>
                <li><a href="#">jQuery</a></li>
```

```
                <li><a href="#">jQuery Mobile</a></li>
                <li><a href="#">VBScript</a></li>
                <li><a href="#">ASP</a></li>
                <li><a href="#">ADO</a></li>
                <li><a href="#">ASP.NET</a></li>
                <li><a href="#">PHP 5.1</a></li>
                <li><a href="#">XML DOM</a></li>
                <li><a href="#">XSLT 1.0</a></li>
                <li><a href="#">XPath 2.0</a></li>
                <li><a href="#">XSL-FO</a></li>
                <li><a href="#">WML 1.1</a></li>
                <li><a href="#">W3C 术语表</a></li>
            </ul>
    </div>
</div>
```

在 main.css 中添加右边列的对应样式，然后浏览页面。

```
#rightside{
 font-size:12px;
 border-left:1px solid #ccc;
 border-right:1px solid #ccc;
 padding-top:10px;
}
#rightside h3{
 margin:10px 0 5px 8px;
}
#rightside ul{
 list-style-type:none;
 margin:0px;
}
#rightside a{
 text-decoration:none;
 color:#930;
 display:block;
 padding:5px 0 5px 15px;
}
#rightside a:hover{
 background-color:#C30;
 color:#fff;
}
```

③ 添加中间的内容。中间为 3 行，每行 2 列，这里分为 3～9。为了方便，左边放图标，右边放文字。另外定义一个样式类.main，应用在中间列元素上。

```
<div class="col-6 main">
    <div class="row">
        <div class="col-3">
            <img src="img/icon1.png">
        </div>
        <div class="col-9">
            <h2>完整的网站技术参考手册</h2>
            <p>我们的参考手册涵盖了网站技术的方方面面。</p>
            <p>其中包括 W3C 标准技术：HTML、CSS、XML。以及其他技术，诸如 Java……</p>
        </div>
```

```
        </div>
        <div class="row">
            <div class="col-3">
                <img src="img/icon1.png">
            </div>
            <div class="col-9">
                <h2>在线实例测试工具</h2>
                <p>在 W3school，我们提供了上千个实例。</p>
                <p>通过使用我们的在线编辑器，你可以编辑这些实例，并对代码进行实验。</p>
            </div>
        </div>
        <div class="row">
            <div class="col-3">
                <img src="img/icon1.png">
            </div>
            <div class="col-9">
                <h2>快捷易懂的学习方式</h2>
                <p>一寸光阴一寸金，因此，我们为您提供快捷易懂的学习内容。</p>
                <p>在这里，您可以通过一种易懂的便利的模式获得您需要的任何知识。</p>
            </div>
        </div>
    </div>
```

中间内容的样式定义如下。

```
#maincontent{
 font-size:16px;
 padding:0 20px;
}
#maincontent h2{
 margin-top:20px;
 margin-bottom:10px;
}
#maincontent p{
 margin:10px 0;
}
```

(7)添加页脚行。

```
    <div class="row">
        <div class="col-sm-12">
            <footer>
              <p>W3school 提供的内容仅用于培训，但我们不保证内容的正确性。通过使用本站内容随之而来的风险与本站无关。</p>
                <p>W3school 简体中文版的所有内容仅供测试，对任何法律问题及风险不承担任何责任。</p></footer>
        </div>
    </div>
```

页脚的样式定义如下。

```
footer {
 background-color:#eee;
 font-size:12px;
 text-align:center;
```

```
 padding:15px 0;
}
footer p{
 margin:2px;
 color:#666;
}
```

（8）美化页面。

① 我们发现图标行有背景，而且背景色和图标背景相同。为了页面的美观，给 body 元素加一个同颜色的背景。

```
body{
    background-color:#fdfcf8;
}
```

② 浏览页面会发现，左边栏和右边栏不等高。为了解决等高问题，在代码中，添加下列 JavaScript 的代码。

```
<script language="javascript">
 function alertHeight(){
     var divH1=document.getElementById("leftside");
     var divH2=document.getElementById("maincontent");
     var divH3=document.getElementById("rightside");
     var allHeight;
     if(divH1.clientHeight>divH2.clientHeight)
        allHeight=divH1.clientHeight;
     else
        allHeight=divH2.clientHeight;
     if(allHeight<divH3.clientHeight)
        allHeight=divH3.clientHeight;
     divH1.style.height=allHeight+'px';
     divH2.style.height=allHeight+'px';
     divH3.style.height=allHeight+'px';
 }
 window.onload=alertHeight;
</script>
```

说明：本案例中布局用了栅格系统，其他界面效果都是用 CSS 代码实现。在后面章节中，有对应的导航栏组件、媒体对象组件、列表组件和一些工具类可以帮助读者快速实现所需要界面效果。

本章小结

本章主要介绍了栅格系统的实现原理、工作原理及其应用，栅格系统中的列嵌套、列排序、响应式栅格等内容。最后用一个案例演示了栅格系统的实际应用。

实训项目：制作银行网站首页

利用栅格系统对银行网站首页进行布局，页面效果如图 2-21 所示。

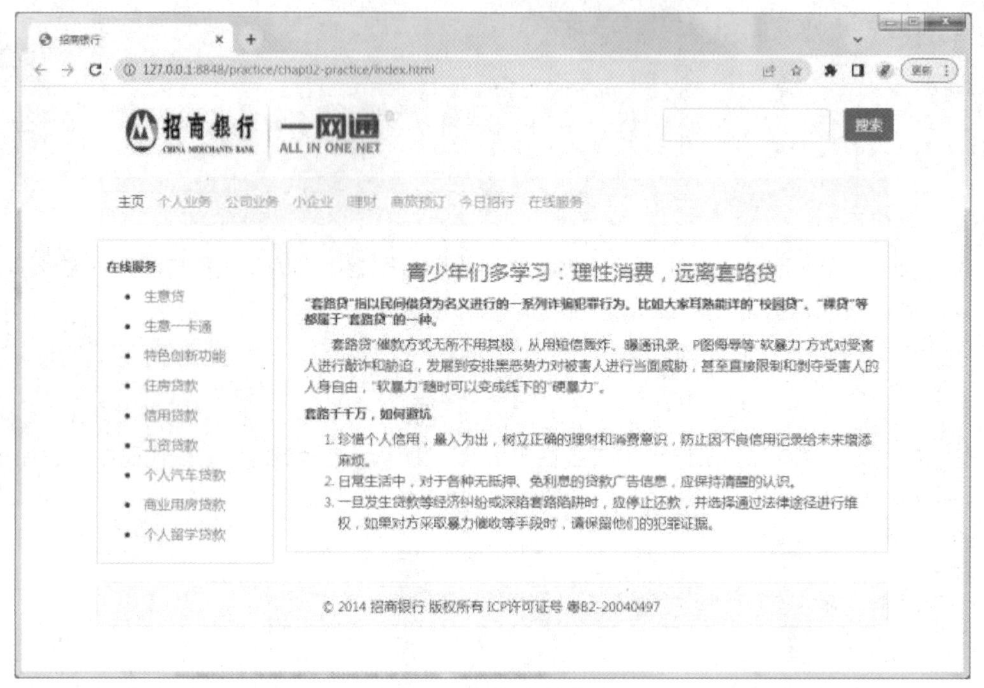

图 2-21　银行网站首页

实训拓展

党的二十大报告提出“完善志愿服务制度和工作体系”“弘扬诚信文化，健全诚信建设长效机制”。现在，越来越多的大学生志愿者服务意识不断加强，积极参与到志愿服务工作中。请浏览“中国志愿服务网”，分析网站的布局，用栅格系统实现该页面的布局。

第3章 CSS布局

本章导读

本章介绍了 Bootstrap 提供给 HTML 各元素的 CSS 布局样式，其中包括标题、段落等基础文本排版样式及列表、代码、表格、按钮、图像等样式。

3.1 排版

排版主要是使用 CSS 对 HTML 元素进行样式设置及布局定位，排版在前端开发中的重要性不言而喻。Bootstrap 提供了一套 CSS 样式，可以方便用户快速地渲染修饰 HTML 元素，让页面排版变得更简单。

Bootstrap 4.6.0 默认的 font-size 为 1rem（16px），line-height 为 1.5。默认的 font-family 为 Helvetica Neue、Helvetica、Arial、sans-serif 等字体。此外，所有的 <p> 元素 margin-top: 0、margin-bottom: 1rem (16px)。具体定义如下。

```
html{
  font-family:sans-serif;
  line-height:1.15;
  -webkit-text-size-adjust:100%;
  -webkit-tap-highlight-color:rgba(0,0,0,0);
}
body{
  margin:0;
  font-family:-apple-system,BlinkMacSystemFont,"Segoe UI",Roboto,"Helvetica
Neue",Arial,"Noto Sans","Liberation Sans",sans-serif,"Apple Color Emoji",
"Segoe UI Emoji","Segoe UI Symbol","Noto Color Emoji";
  font-size:1rem;
  font-weight:400;
  line-height:1.5;
  color:#212529;
  text-align:left;
  background-color:#fff;
}
```

在 Bootstrap 4.6.0 中，元素使用 rem 尺寸单位。rem 是 CSS3 中新增的一种相对长度单位。在使用 rem 单位时，根节点<html>的字体大小决定了 rem 的尺寸。在 Bootstrap 4.6.0 中，1rem

为 16px，2rem 为 32px。

3.1.1 标题

1. <h1>–<h6>标签

Bootstrap 可以使用 HTML 中的<h1>到<h6>这 6 个标题标签，并且分别赋予了它们半粗体属性及由大到小的字体大小 font-size 的属性。

【实例 3-1】（文件 h1-h6.html）。

```
<!DOCTYPE html>
<html>
 <head>
      <meta charset="utf-8"/>
      <meta name="viewport" content="width=device-width,initial-scale=1,
shrink-to-fit=no">
      <title>h1-h6 标签</title>
      <link rel="stylesheet" href="css/bootstrap.min.css"/>
 </head>
 <body>
     <div class="container">
         <div class="row">
             <div class="col">
                 <h1>一级标题 h1（半粗体 2.5rem 40px）</h1>
                 <h2>二级标题 h2（半粗体 2rem 32px）</h2>
                 <h3>三级标题 h3（半粗体 1.75rem 28px）</h3>
                 <h4>四级标题 h4（半粗体 1.5rem 24px）</h4>
                 <h5>五级标题 h5（半粗体 1.25rem 20px）</h5>
                 <h6>六级标题 h6（半粗体 1rem 16px）</h6>
             </div>
         </div>
     </div>
 </body>
</html>
```

以上代码在 Chrome 浏览器中的运行效果如图 3-1 所示。

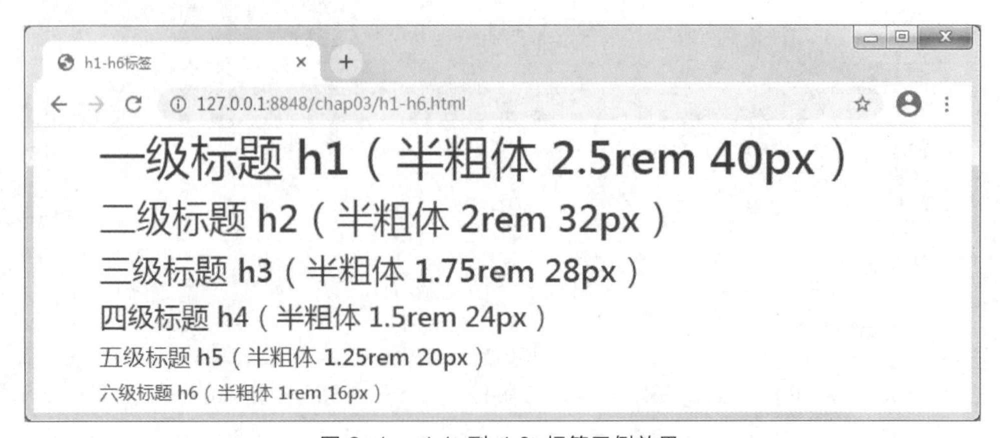

图 3-1 <h1>到<h6>标签示例效果

2. 使用样式类.h1-.h6

除了<h1>到<h6>这 6 个标题标签，Bootstrap 还提供了.h1 到.h6 这 6 个样式类，使用它们可以赋予内联属性的文本不同级别标题的样式。在【实例 3-2】中，span 标记是行内元素，不独占一行，所以只有标题的样式，不会自动换行。

【实例 3-2】（文件 h1-h6 类.html）

```
<div class="container">
    <div class="row">
        <div class="col">
            <span class="h1">一级标题 h1</span>
            <span class="h2">二级标题 h2</span>
            <span class="h3">三级标题 h3</span>
            <span class="h4">四级标题 h4</span>
            <span class="h5">五级标题 h5</span>
            <span class="h6">六级标题 h6</span>
        </div>
    </div>
</div>
```

以上代码在 Chrome 浏览器中的运行效果如图 3-2 所示。

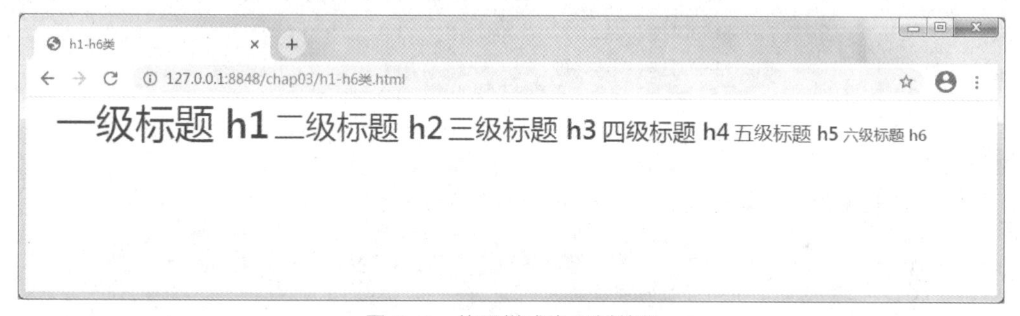

图 3-2 使用样式类示例效果

3. 副标题

当一个标题内含有副标题时，可以在该标题内嵌套添加<small>元素或者给小标题元素应用样式类.small，这样可以得到一个字号更小、颜色更浅的文本，即副标题。通常，在与.text-muted类一起使用时，将副标题的颜色变浅。在【实例 3-3】中，第 2 行的副标题添加了.text-muted。

【实例 3-3】（文件 h1-h6-small.html）

```
<div class="container">
    <div class="row">
        <div class="col">
            <h1>一级标题 h1.<small>我是 h1 的副标题</small></h1>
            <h1>一级标题 h1.<small class="text-muted">我是 h1 的副标题</small>
</h1>
        </div>
    </div>
</div>
```

以上代码在 Chrome 浏览器中的运行效果如图 3-3 所示。

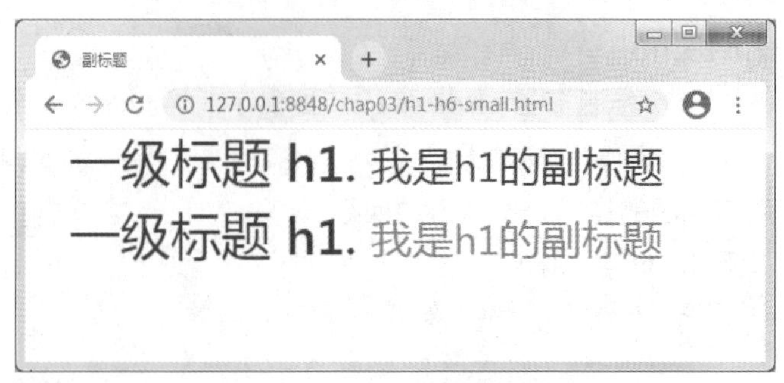

图 3-3　副标题示例效果

4. Display 标题

如果想要将传统的标签元素设计得更加美观、醒目，可以考虑使用 Boostrap 中提供的一系列 display 类来设置标题样式。

【实例 3-4】（文件 h1-h6-display.html）

```
<div class="container">
    <div class="row">
        <div class="col">
            <h1 class="display-1">超大标题 Display 1</h1>
            <h1 class="display-2">超大标题 Display 2</h1>
            <h1 class="display-3">超大标题 Display 3</h1>
            <h1 class="display-4">超大标题 Display 4</h1>
        </div>
    </div>
</div>
```

以上代码在 Chrome 浏览器中的运行效果如图 3-4 所示。

图 3-4　Display 标题示例效果

3.1.2　段落

1. 基本段落

Bootstrap 将页面的全局字体大小 font-size 设置为 16px，行高 line-height 设置为 1.5。这

样，<body>元素和段落<p>元素都被赋予了这些属性。另外，<p>元素还被设置去掉了顶部外边距（margin-top）和 1rem 的底部外边距（margin-bottom）。

【实例 3-5】（文件 p.html）

```
<div class="container">
    <div class="row">
        <div class="col">
            <p >成功没有快车道，愉悦没有高速路。所有的成功，都来自不倦的发奋和奔跑；所有愉悦，都来自平凡的奋斗和坚持。</p>
            <p>青春在奋斗中展现美丽，青春的美丽永远展现在她的奋斗拼搏之中。就像雄鹰的美丽是展现在他搏风击雨中，如苍天之魂的朝翔中，正拥有青春的我们，何不以勇锐盖过怯懦，以进取压倒苟安。</p>
            <p >每一天我都朝着梦想出发，无论是失败还是成功，我都会笑一笑对自己说，加油，不要放弃。是我的梦想让我每一天朝气蓬勃，无论是清晨还是黄昏。</p>
        </div>
    </div>
</div>
```

以上代码在 Chrome 浏览器中的运行效果如图 3-5 所示。

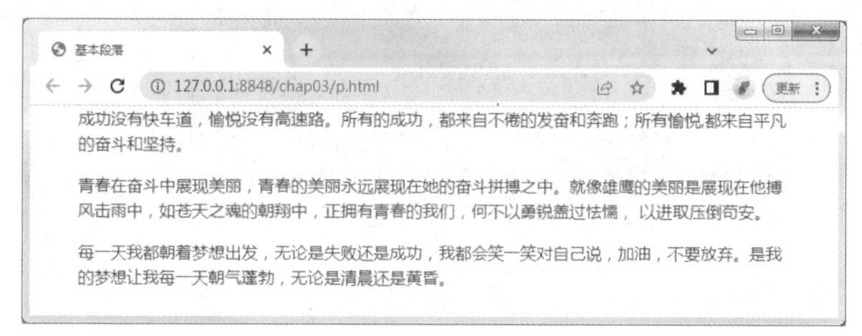

图 3-5　基本段落示例效果

2. 中心内容

在多个段落中，为了突出显示某一个段落作为强调的中心内容或引导主体内容，可以给该段落应用样式类.lead。这样可以得到更大更粗、行高更高的段落文本，但是有些浏览器不支持这一类。修改【实例 3-5】的代码，对第一个<p>元素添加 lead 样式。

```
<p class="lead">Bootstrap，来自 Twitter，是目前很受欢迎的前端框架……</p>
<p>……</p>
<p>……</p>
```

以上代码在 Chrome 浏览器中的运行效果如图 3-6 所示。

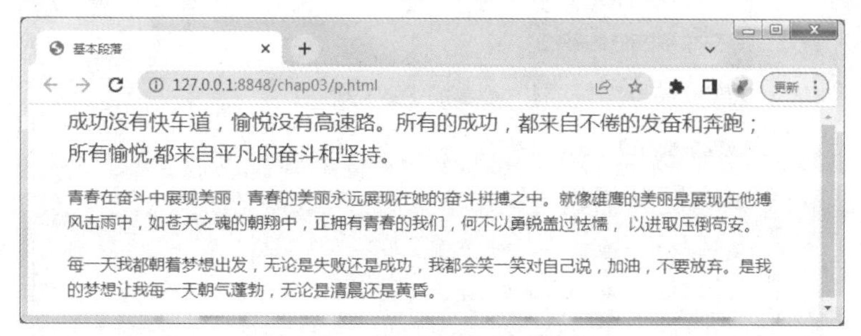

图 3-6　中心内容示例效果

3.1.3 内联文本标签

在实际项目中，对于一些重要文本或有一定含义的文本，开发者往往对其进行特殊的样式设置，让其醒目、美观。Bootstrap 对常用的 HTML5 内联标签进行了重新定义，对重要内容进行强化以突显，从而实现风格统一、布局美观的效果。具体的内联文本标签如表 3-1 所示。

表 3-1 内联文本标签

标签	描述	标签	描述
<b><strong>	文本加粗	<mark>	高亮文本
<del><s>	删除线	<em><i>	斜体
<ins><u>	下画线	<small>	小号文本，父元素字体的 80%

【实例 3-6】（文件 texttable.html）

```
<div class="container">
  <div class="row">
      <div class="col">
          <p>可以使用 mark 标识<mark>高亮</mark>文本。</p>
          <p><del>这行使用 del 删除文本.</del></p>
          <p><s>这行文本使用的是 s 标签.</s></p>
          <p>这里使用 ins 标签插入文本: <ins>ins 也是下画线的效果</ins>。</p>
          <p><u>使用 u 标签添加下画线</u></p>
          <p>这里用了 small 标签: <small>小号文字</small>。</p>
          <p>这行使用 strong 加粗文本: <strong>加粗效果</strong>。</p>
          <p>这行使用 em 标签，让文本变为斜体: <em>斜体效果</em>。</p>
      </div>
  </div>
</div>
```

以上代码在 Chrome 浏览器中的运行效果如图 3-7 所示。

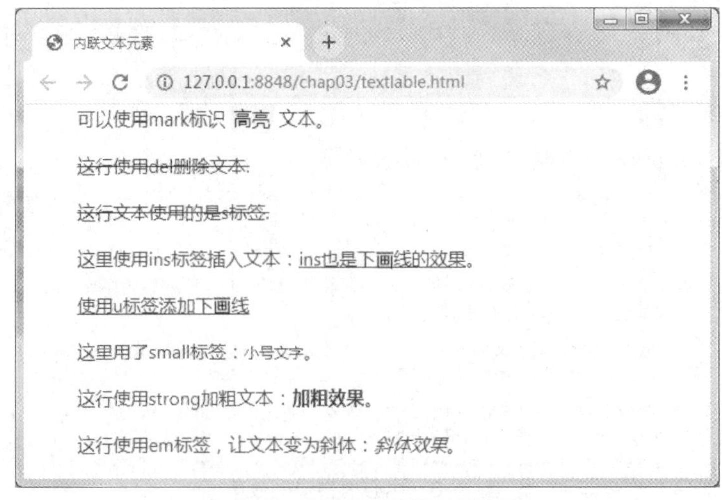

图 3-7 内联文本标签示例效果

3.1.4 文本类

1. 文本颜色

Bootstrap 给文本提供了一组样式类，可以让文本展现不同的情景色，从而表达不同的意图。这些样式类也可以应用于链接，并会像默认链接样式那样在悬停时变暗。具体类名和颜色参见【实例 3-7】的代码。

【实例 3-7】（文件 textcolor.html）

```
<div class="container">
    <div class="row">
        <div class="col">
            <p class="text-muted">柔和文本：浅灰色</p>
            <p class="text-primary">主要文本：蓝色</p>
            <p class="text-success">成功文本：绿色</p>
            <p class="text-info">信息文本：浅蓝色</p>
            <p class="text-warning">警告文本：黄色</p>
            <p class="text-danger">危险文本：褐色</p>
        </div>
        <div class="col">
            <p class="text-secondary">副标题文本：灰色</p>
            <p class="text-dark">深色文本：深色</p>
            <p class="text-body">body 文本：深色</p>
            <p class="text-light bg-dark">浅色文本：浅色</p>
            <p class="text-white bg-dark">白色文本：白色</p>
            <p class="text-black">黑色文本：黑色</p>
        </div>
    </div>
</div>
```

以上代码在 Chrome 浏览器中的运行效果如图 3-8 所示。

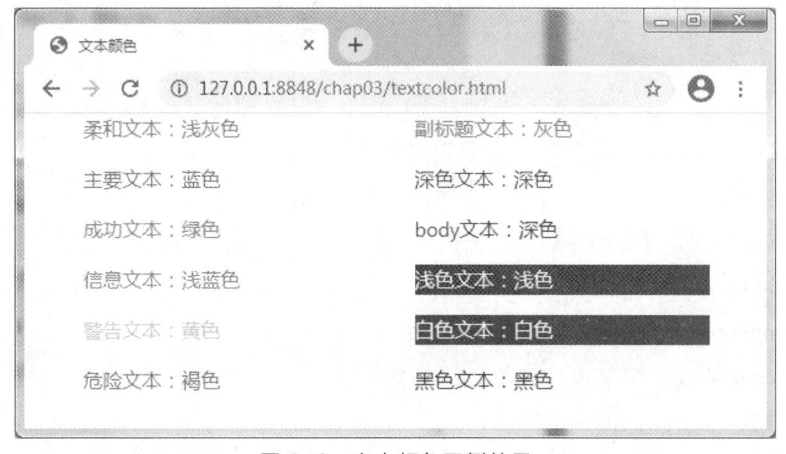

图 3-8　文本颜色示例效果

说明：

（1）.text-ligth 和.text-white 在白色背景上看不清，故设置了一个深色背景来辅助查看效果。

（2）.text-white-50 和.text-black-50 分别表示透明度为 0.5 的白色或黑色文本。

（3）以上文本颜色类在具有悬停和焦点的锚点上，当悬停或得到焦点时，会有变色效果。读者可以自行将例中的<p>标签换成<a>标签查看效果。其中，.text-white .text-muted 类不支持链接样式，即鼠标指针放上去只有下画线，颜色不会发生变化。

```
<a href="#" class="text-danger">危险文本：褐色</a>
```

（4）使用 text-reset 类可以设置文本或链接的颜色，使其从父元素继承颜色属性。

```
<p class="text-muted">
  Muted text with a <a href="#" class="text-reset">重置链接的颜色</a>.
</p>
```

2. 文本排列

Bootstrap 提供了.text-left、.text-right、.text-center、.text-justify、.text-X-*（其中 X 为屏幕宽度前缀 sm、md、lg、xl，*为 left、right、center、justify）等文本对齐类，可以简单方便地将文字重新对齐。

【实例 3-8】（文件 textalign.html）

```
<div class="container">
    <div class="row">
        <div class="col">
            <p class="text-left">左对齐</p>
            <p class="text-center">居中</p>
            <p class="text-right">右对齐</p>
            <p class="text-justify">两端对齐效果：Hello Bootstrap Hello Bootstrap
Hello Bootstrap Hello Bootstrap</p>
            <p class="text-left">左边对齐效果：Hello Bootstrap Hello Bootstrap
Hello Bootstrap Hello Bootstrap</p>
            <p class="text-sm-right">在小屏下右对齐.</p>
            <p class="text-md-right">在中屏下右对齐.</p>
            <p class="text-lg-right">在大屏下右对齐.</p>
        </div>
    </div>
</div>
```

以上代码在 Chrome 浏览器中的运行效果如图 3-9 所示。

3. 文本变换

Bootstrap 提供了以下几个类，使用它们可以很方便地改变文本字母的大/小写。

- .text-lowercase：将大写字母转换为小写字母。
- .text-uppercase：将小写字母转换为大写字母。
- .text-capitalize：将文本首字母转换为大写。

【实例 3-9】（文件 textchange.html）

```
<p class="text-lowercase">将大写转换为小写：ABC</p>
<p class="text-uppercase">将小写转换为大写：abc</p>
```

```
<p class="text-capitalize">将首字母转换为大写：alice</p>
```

图 3-9　文本对齐示例效果

以上代码在 Chrome 浏览器中的运行效果如图 3-10 所示。

图 3-10　字母大/小写示例效果

4．字体样式

Bootstrap 提供 font-weight-*（其中*的取值为 bold、bolder、normal、light、lighter）、font-italic 样式可以快速更改文本的粗/细或正/斜体。

【实例 3-10】（文件 textfont.html）

```
<div class="container">
    <div class="row">
        <div class="col">
            <p class="font-weight-bold">粗体文字.</p>
            <p class="font-weight-bolder">比父元素粗的文字.</p>
            <p class="font-weight-normal">普通重量文字.</p>
            <p class="font-weight-light">轻重量文字.</p>
            <p class="font-weight-lighter">重量较父元素轻的文字.</p>
            <p class="font-italic">斜体.</p>
        </div>
```

```
    </div>
</div>
```

以上代码在 Chrome 浏览器中的运行效果如图 3-11 所示。

图 3-11　字体样式示例效果

5. 其他类

Bootstrap 提供等宽字体、换行、内容裁剪等类，来修饰文本。具体如表 3-2 所示。

表 3-2　文本相关类

类名	描述	类名	描述
.text-monospace	等宽字体	.text-truncate	内容裁剪
.text-nowrap	不换行	.text-break	单词换行
.text-wrap	换行	.text-decoration-none	下画线

对于更长的内容，增加一个 .text-truncate，可以截掉多余内容。

行内元素需要额外使用 display: inline-block 或 display: block 来确保正常的显示效果。

【实例 3-11】（文件 textother.html）

```
<div class="container">
    <p class="text-monospace">This is in monospace。这是等宽字体</p>
    <p class="text-nowrapbg-warning" style="width:5rem;">段落中超出屏幕部分不
换行</p>
    <p class="text-wrap bg-warning" style="width:5rem;">段落中超出屏幕部分换行
</p>
    <div class=" text-truncate" style="max-width:150px;">
        对于更长的内容，增加一个.text-truncate，可以截掉多余内容。
    </div>
    <span class="d-inline-block text-truncate" style="max-width:150px;">
        行内元素需要额外使用 display:inline-block or display:block 来确保正常的显
示效果。
    </span>
    <p class="text-break">wordbreakwordbreakwordbreakwordbreakwordbreakwor
dbreakwordbreakwordbreakwordbreak 单词换行</p>
    <a href="#" class="text-decoration-none">链接无下画线</a>
</div>
```

以上代码在 Chrome 浏览器中的运行效果如图 3-12 所示。

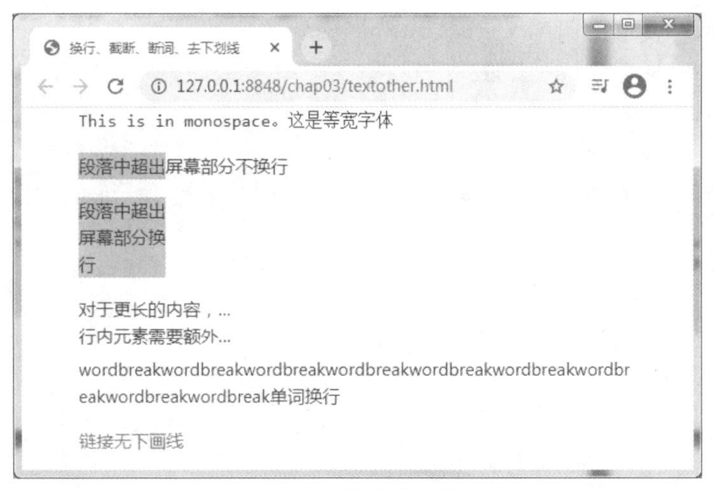

图 3-12　字体样式示例效果

3.1.5　缩略语

HTML 提供了<abbr>标签用于缩略语，Bootstrap 定义了<abbr>元素的样式为带有较浅的虚线下边框，当鼠标指针悬停在上面时会变成带有“？”的指针，同时会显示出完整的文本（必须为<abbr>的 title 属性添加文本）。

在 abbr 上使用.initialism，可以让字号略小一点。

【实例 3-12】（文件 abbr.html）

```
<p><abbr title="attribute">attr</abbr></p>
<p><abbr title="HyperText Markup Language" class="initialism">html</abbr></p>
```

以上代码在 Chrome 浏览器中的运行效果如图 3-13 所示。

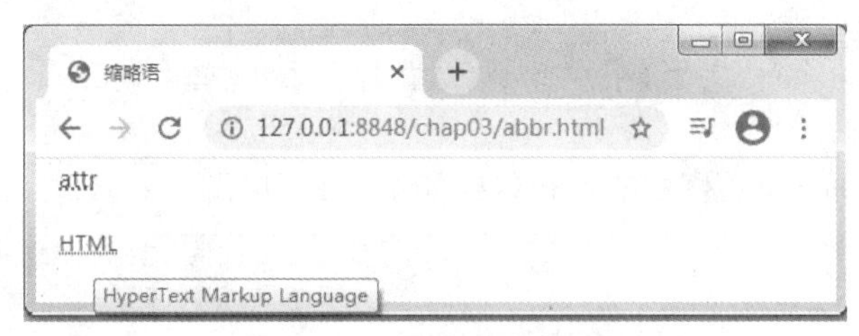

图 3-13　缩略语示例效果

3.1.6　地址

使用<address>标签可以在网页上显示联系信息。在该元素内，每行信息的结尾都使用标签
来保留样式。

【实例 3-13】（文件 address.html）

```
<address>
    湖北省武汉市洪山区<br>
    光谷大道<br>
```

```
        <strong>武汉软件工程职业学院</strong><br>
        <abbr title="Phone">P:</abbr> 027-1234****
    </address>
    <address>
        <strong>Alice</strong><br>
        <a href="mailto:#">Alice@****.com</a>
    </address>
```

以上代码在 Chrome 浏览器中的运行效果如图 3-14 所示。

图 3-14　地址示例效果

3.1.7　引用

当需要在文档中引用其他来源的内容时，可以使用<blockquote>标签。

1. 默认样式的引用

将任何 HTML 元素包裹在<blockquoteclass="blockquote">元素中即可表现为引用样式，例如【实例 3-14】(其中，.mb-0，设置<p>标签的底部外边距为 0)。

【实例 3-14】（文件 blockquote.html）

```
<blockquote class="blockquote">
    <p class="mb-0">大学之道，在明明德，在亲民，在止于至善。</p>
</blockquote>
```

以上代码在 Chrome 浏览器中的运行效果如图 3-15 所示。

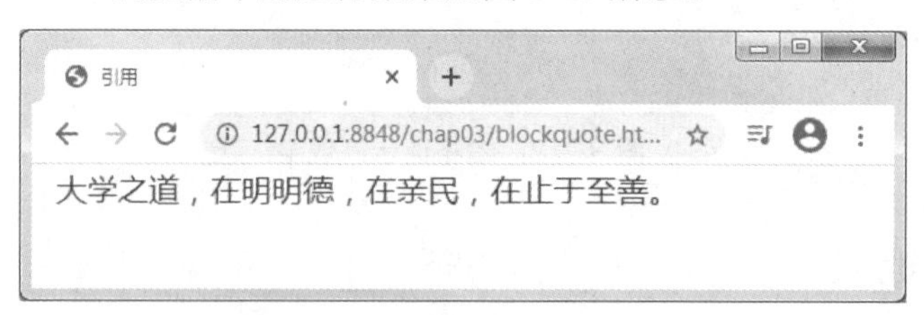

图 3-15　默认样式的引用示例效果

2. blockquote 选项

在<blockquote>默认样式的引用基础上可以有一些变化。

（1）添加引用来源

在<blockquote>元素中可以嵌套<footer>元素来标明引用的来源，同时还可以使用<cite>标签来添加引用的著作名称等。

【实例 3-15】（文件 blockquotefooter.html）

```
    <blockquote class="blockquote">
        <p class="mb-0">大学之道，在明明德，在亲民，在止于至善。</p>
        <footer class="blockquote-footer">摘录自孔子<cite title="著作名">《大学》
</cite></footer>
    </blockquote>
```

以上代码在 Chrome 浏览器中的运行效果如图 3-16 所示。

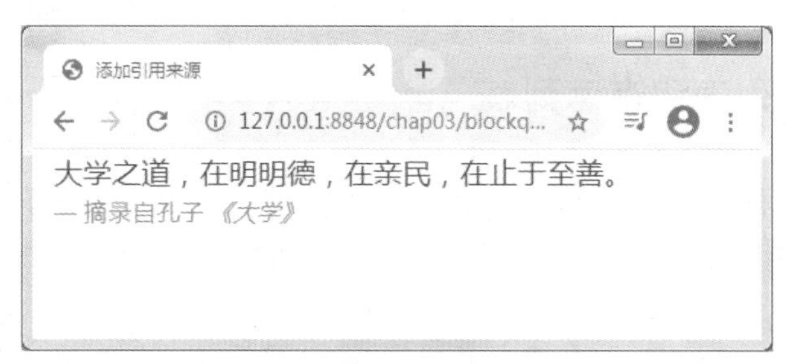

图 3-16　添加引用来源示例效果

（2）排列

通过给<blockquote>元素应用样式类.text-center、.text-right 可以使引用内容居中或右对齐。

【实例 3-16】（文件 blockquotealign.html）

```
    <blockquote class="blockquote">
        <p class="mb-0">大学之道，在明明德，在亲民，在止于至善。</p>
        <footer class="blockquote-footer">摘录自孔子<cite title="著作名">《大学》
</cite></footer>
    </blockquote>
    <blockquote class="blockquote text-center">
        <p class="mb-0">大学之道，在明明德，在亲民，在止于至善。</p>
        <footer class="blockquote-footer">摘录自孔子<cite title="著作名">《大学》
</cite></footer>
    </blockquote>
    <blockquote class="blockquote text-right">
        <p class="mb-0">大学之道，在明明德，在亲民，在止于至善。</p>
        <footer class="blockquote-footer">摘录自孔子<cite title="著作名">《大学》
</cite></footer>
    </blockquote>
```

以上代码在 Chrome 浏览器中的运行效果如图 3-17 所示。

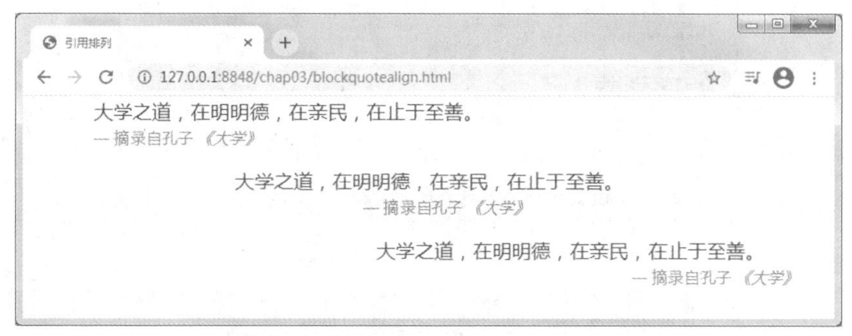

图 3-17　改变引用显示方式示例方式

3.2 列表

Bootstrap 支持 HTML 提供的 3 种列表结构：无序列表<ul>、有序列表<ol>和描述列表<dl>。在列表的结构上，通过相关列表类可对列表的默认样式进行细微的改动，以达到风格统一、美观的目的。

3.2.1 无序列表和有序列表

无序列表是指没有特定顺序的一列元素，是以传统风格的着重号开头的列表。有序列表是顺序至关重要的一组元素，是以数字或其他有序字符开头的列表。

【实例 3-17】（文件 list-ul.html）

```
<h4>无序列表</h4>
<h5>网页设计技术</h5>
<ul>
  <li>HTML</li>
  <li>CSS</li>
  <li>JavaScript</li>
</ul>
<h4>有序列表</h4>
<h5>设计步骤</h5>
<ol>
  <li>用 HTML 定义页面内容</li><li>用 CSS 设置页面元素样式</li>
  <li>用 JavaScript 添加页面动态效果</li>
</ol>
```

以上代码在 Chrome 浏览器中的运行效果如图 3-18 所示。

图 3-18 无序列表和有序列表示例效果

3.2.2 无样式列表

通过给列表<ul>或<ol>元素应用样式类.list-unstyled，可以移除默认的 list-style 样式（列表项目符号和左侧外边距）。这是针对直接子元素的。如果列表包含有嵌套列表，则必须逐个给列表添加这一样式才能具有同样的效果。

【实例 3-18】（文件 list-unstyle.html）

```
<h5>网上商城项目</h5>
 <ul class="list-unstyled">
     <li>项目分析</li>
     <li>前期准备</li>
     <li>页面设计
         <ol>
             <li>用 HTML 定义页面内容</li>
             <li>用 CSS 设置页面元素样式</li>
             <li>用 JavaScript 添加页面动态效果</li>
         </ol>
     </li>
     <li>项目测试</li>
     <li>项目发布</li>
 </ul>
```

以上代码在 Chrome 浏览器中的运行效果如图 3-19 所示。

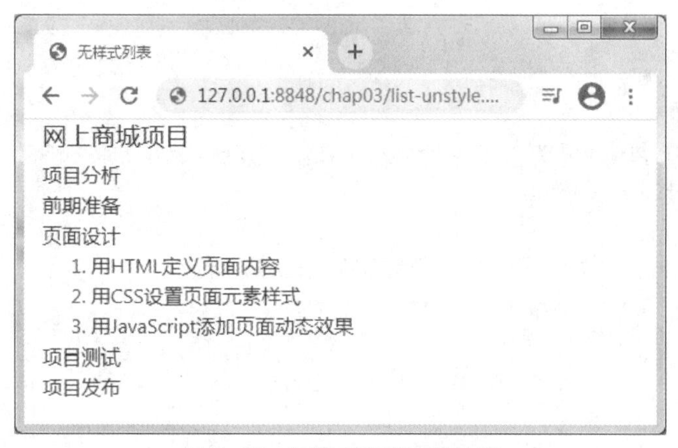

图 3-19　无样式列表示例效果

3.2.3 内联列表

通过给列表<ul>或<ol>元素应用样式类.list-inline，对<li>应用样式.list-inline-item 可以将列表的所有元素放置于同一行，这种形式的列表也被称为内联列表。该效果是通过设置 display: inline-block 并添加少量的内边距（padding）来实现的。

【实例 3-19】（文件 list-inline.html）

```
<h5>内联列表/横向放置的列表</h5>
 <ul class="list-inline">
     <li class="list-inline-item">HTML</li>
     <li class="list-inline-item">CSS</li>
     <li class="list-inline-item">JavaScript</li>
 </ul>
```

以上代码在 Chrome 浏览器中的运行效果如图 3-20 所示。

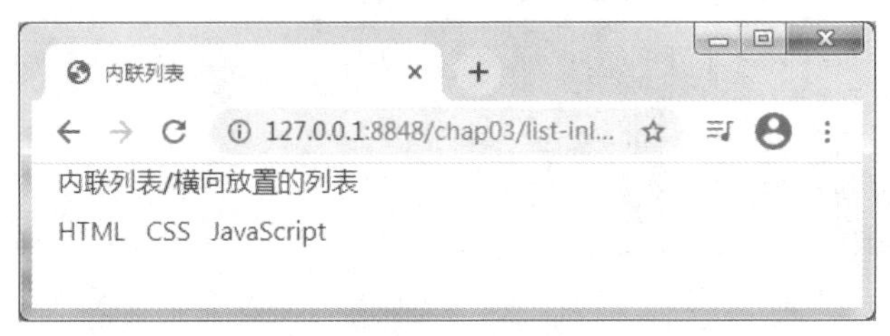

图 3-20　内联列表示例效果

3.2.4　描述列表

1. 基本描述列表

描述列表（定义列表）是指带有描述的短语列表。

【实例 3-20】（文件 list-dl.html）

```
<dl>
    <dt>苹果</dt>
    <dd>蔷薇科苹果亚科苹果属植物，其树为落叶乔木。苹果的果实富含矿物质和维生素，是人们经常食用的水果之一。</dd>
    <dt>香蕉</dt>
    <dd>芭蕉科芭蕉属植物，又指其果实。热带地区广泛栽培食用。香蕉味香、富含营养，终年可收获，在温带地区也很受重视。</dd>
</dl>
```

以上代码在 Chrome 浏览器中的运行效果如图 3-21 所示。

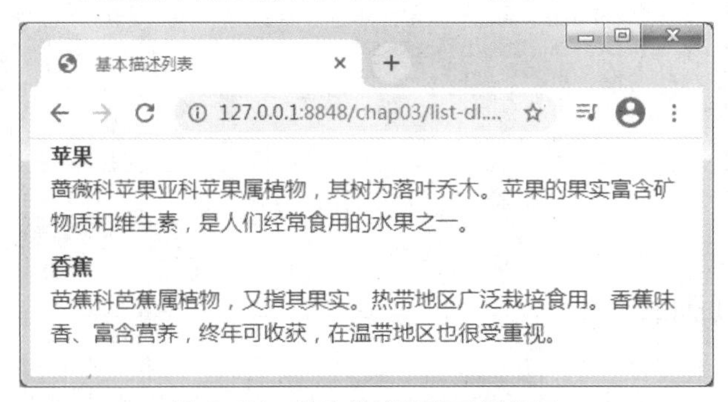

图 3-21　基本描述列表示例效果

2. 水平描述列表

通过栅格系统，可以让该元素内的短语及其描述排在同一行。另外，对于较长的短语，可以增加.text-truncate 类来截断文本，用“…”来代替。

【实例 3-21】（文件 list-dl-h.html）

```
<div class="container">
    <dl class="row">
        <dt class="col-3">HTML</dt>
        <dd class="col-9">超文本标记语言，标准通用标记语言下的一个应用。HTML 不是一种编程语言，而是一种标记语言 (markuplanguage)，是网页制作所必备的。</dd>
        <dt class="col-3">CSS</dt>
        <dd class="col-9">层叠样式表是一种用来表现 HTML 或 XML 等文件样式的计算机语言。CSS 不仅可以静态地修饰网页，还可以配合各种脚本语言动态地对网页各元素进行格式化。</dd>
        <dt class="col-3 text-truncate">JavaScript 脚本语言</dt>
        <dd class="col-9">JavaScript 一种直译式脚本语言，是一种动态类型、弱类型、基于原型的语言，内置支持类型。dd>
    </dl>
</div>
```

以上代码在 Chrome 浏览器中的运行效果如图 3-22 所示。

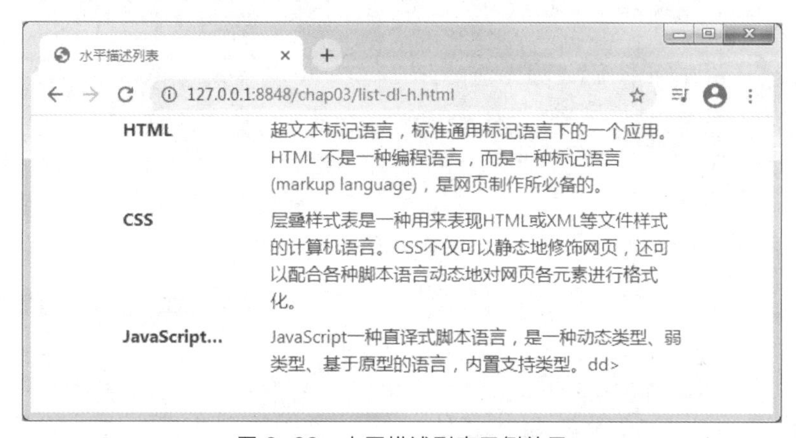

图 3-22　水平描述列表示例效果

3.3 代码

Bootstrap 允许使用下面几个标签来显示页面中的代码文本。

- <code>：包裹内联样式的代码片段。
- <kbd>：标记用户通过键盘输入的内容。
- <pre>：显示多行代码，注意将尖括号作转义处理。此外，还可以使用样式类.pre-scrollable，其作用是设置 max-height 为 340px，并在垂直方向展示滚动条。
- <var>：标记变量。
- <samp>：标记程序输出的内容。

【实例 3-22】（文件 code.html）

```
<div class="container">
     <div class="row">
        <div class="col">
```

```
                html 中设置标题可以用：<code>&lt;h1&gt;&lt;/h1&gt;</code><br/>
                以下 Java 代码，计算圆的面积，公式：
                <var>area</var>=<var>PI</var>*<var>r</var>*<var>r</var><br/>
                <pre class="pre-scrollable">
            import java.util.Scanner;
            public class Test{
                public static void main(String[] args){
                    Scanner sc = new Scanner(System.in);
                    System.out.println("请输入半径：" );
                    int r=sc.nextInt();
                    double area=Math.PI*r*r;
                    System.out.println("面积为："+area);
                }
            }
            </pre><br/>
                请按<kbd>ctrl+s</kbd>快捷键来保存代码，然后运行代码，输入半径的值<kbd>
10</kbd>，运行结果如下：<br/>
            <samp>请输入半径：<br/>
              10<br/>
              面积为：314.1592653589793<br/>
            </samp>
            </div>
          </div>
    </div>
```

以上代码在 Chrome 浏览器中的运行效果如图 3-23 所示。

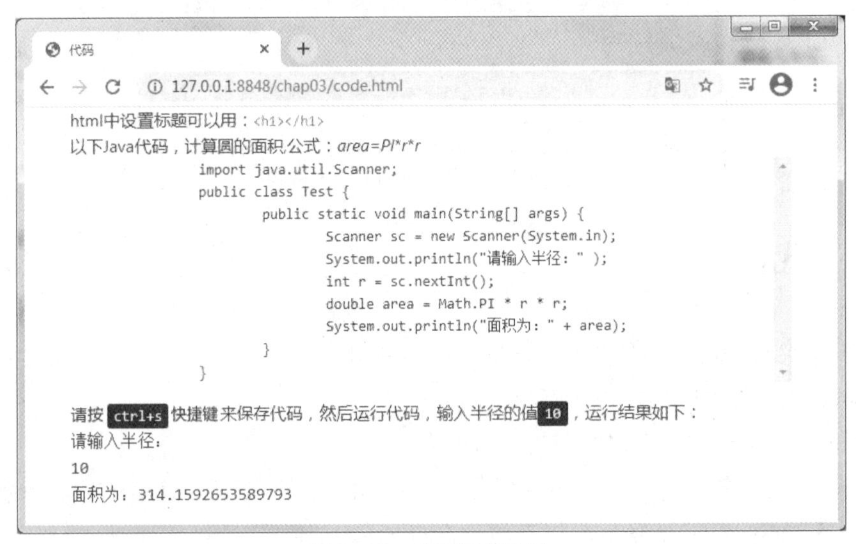

图 3-23　代码示例效果

3.4　表格

在网页制作中，通常会用到表格的鼠标指针悬停、隔行变色灯功能。Bootstrap 定义了一系列的类，来定义表格的样式，利用这些样式可以快速实现对应的表格效果。表的各种样式可以组合使用。常用的<table>元素的类如表 3-3 所示。

表 3-3　表格样式类

类名	描述
.table	基类，这是表格的基本样式
.table-striped	数据表的条纹状显示
.table-bordered	表格边框
.table-borderless	表格无边框
.table-hover	实现一行悬停效果
.table-sm	紧缩型表格
.table-responsive	溢出时出现底部滚动条
.table-responsive-*	*取值 sm、md、lg、xl，当小于对应宽度时，溢出会出现底部滚动条
.table-dark	启用颜色反转对比效果

3.4.1　基本表格

通过给<table>元素应用样式类.table，可以赋予其基本表格样式，表现为少量的内边距（padding）和水平方向的分隔线，表格宽度 100%。

.table 是表格的一个基本样式，后面想要添加其他的样式，都是在.table 的基础上添加。

【实例 3-23】（文件 table.html）

```
<table class="table">
    <thead>
        <tr>
            <th scope="col">学号</th>
            <th scope="col">语文</th>
            <th scope="col">数学</th>
            <th scope="col">英语</th>
            <th scope="col">历史</th>
            <th scope="col">政治</th>
        </tr>
    </thead>
    <!--表格主体-->
    <tbody>
        <tr>
            <td scope="col">001</td>
            <td>60</td>
            <td>70</td>
            <td>14</td>
            <td>15</td>
            <td>14</td>
        </tr>
        <!--此处省略多个 tr-->
    </tbody>
</table>
```

以上代码在 Chrome 浏览器中的运行效果如图 3-24 所示。

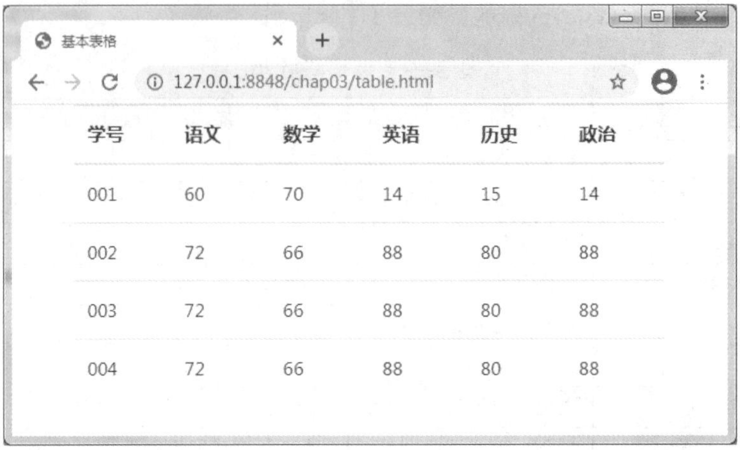

学号	语文	数学	英语	历史	政治
001	60	70	14	15	14
002	72	66	88	80	88
003	72	66	88	80	88
004	72	66	88	80	88

图 3-24　基本表格示例效果

3.4.2　斑马线表格

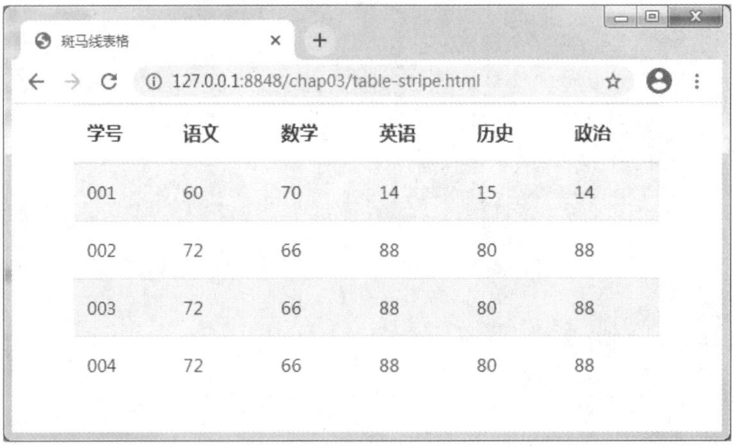

<table>元素在基本样式.table 的基础上，应用样式类.table-striped，可以让表格中<tbody>元素内的每一行增加斑马条纹样式。

【实例 3-24】（文件 table-stripe.html）

```
<table class="table table-striped">
  …
</table>
```

以上代码在 Chrome 浏览器中的运行效果如图 3-25 所示。

学号	语文	数学	英语	历史	政治
001	60	70	14	15	14
002	72	66	88	80	88
003	72	66	88	80	88
004	72	66	88	80	88

图 3-25　斑马线表格示例效果

3.4.3　表格的边框

通过给<table>元素应用样式类.table-bordered、.table-borderless 可以为表格和其中的每个单元格增加边框或去掉边框。

【实例 3-25】（文件 table-border.html）

```
<table class="table table-bordered">
  ...
</table>
```

以上代码在 Chrome 浏览器中的运行效果如图 3-26 所示。

带边框

127.0.0.1:8848/chap03/table-border.html

学号	语文	数学	英语	历史	政治
001	60	70	14	15	14
002	72	66	88	80	88
003	72	66	88	80	88
004	72	66	88	80	88

图 3-26　带边框的表格示例效果

【实例 3-26】（文件 table-bordless.html）

```
<table class="table table-borderless">
  ...
</table>
```

以上代码在 Chrome 浏览器中的运行效果如图 3-27 所示。

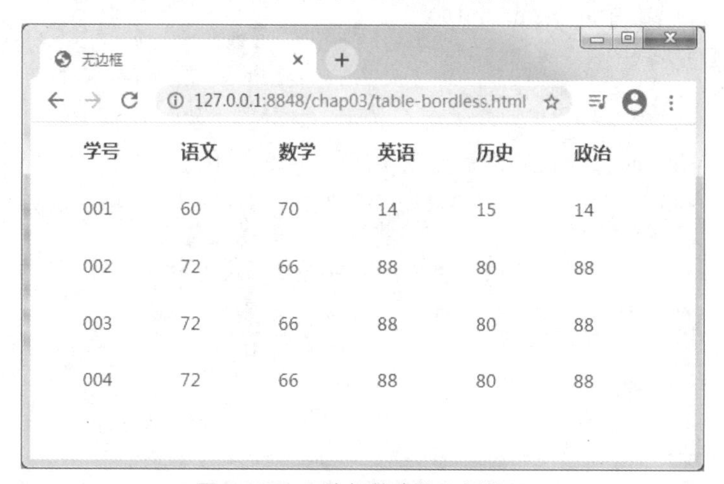

学号	语文	数学	英语	历史	政治
001	60	70	14	15	14
002	72	66	88	80	88
003	72	66	88	80	88
004	72	66	88	80	88

图 3-27　无边框的表格示例效果

3.4.4　鼠标悬停高亮行

给<table>元素应用样式类.table-hover，可以让表格中<tbody>元素内的每一行对鼠标悬停状态做出响应。

【实例 3-27】（文件 table-hover.html）

```
<table class="table table-hover">
  …
</table>
```

以上代码在 Chrome 浏览器中的运行效果如图 3-28 所示。

学号	语文	数学	英语	历史	政治
001	60	70	14	15	14
002	72	66	88	80	88
003	72	66	88	80	88
004	72	66	88	80	88

图 3-28　鼠标悬停高亮行示例效果

3.4.5　紧凑型表格

给<table>元素应用样式类.table-sm，可以让表格更加紧凑，单元格中的内边距均会减半。

【实例 3-28】（文件 table-sm.html）

```
<table class="table table-sm">
  …
</table>
```

以上代码在 Chrome 浏览器中的运行效果如图 3-29 所示。

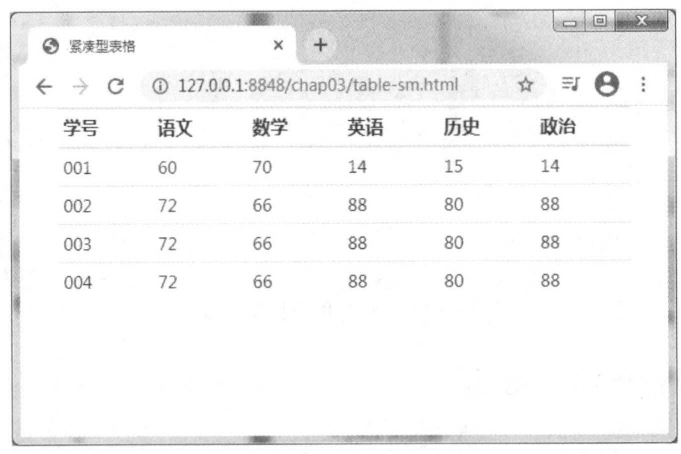

图 3-29　紧凑型表格示例效果

3.4.6 响应式表格

将表格放入 div 中，对 div 应用样式类.table-responsive 或.table-responsive-*（*的取值为 sm、md、lg、xl）以创建响应式表格。

.table-responsive：当表格溢出时，会有水平滚动条。

.table-responsive-*：当屏幕宽度小于*对应的屏幕宽度（sm：576px；md：768px；lg：992px；xl:1200px）时，表格溢出，会有水平滚动条。

【实例 3-29】（文件 table-responsive.html）

```
<div class="table-responsive">
    <table class="table table-striped">
        <thead>
            <tr>
                <th scope="col">学号</th>
                <th scope="col">姓名</th>
                <th scope="col">班级</th>
                <th scope="col">性别</th>
                <th scope="col">年龄</th>
                <th scope="col">语文</th>
                <th scope="col">数学</th>
                <th scope="col">英语</th>
                <th scope="col">历史</th>
                <th scope="col">政治</th>
                <th scope="col">生物</th>
                <th scope="col">地理</th>
                <th scope="col">物理</th>
                <th scope="col">化学</th>
                <th scope="col">体育</th>
            </tr>
        </thead>
        …
    </table>
</div>
```

以上代码在 Chrome 浏览器中的运行效果如图 3-30 所示。

将【实例 3-29】中的.table-responsive 改为 table-responsive-sm，再查看效果。当屏幕宽度大于等于 576px 时，虽然溢出，但是表格没有滚动条。

```
<div class="table-responsive-sm">
    <table class="table table-striped">
        …
    </table>
</div>
```

以上代码在 Chrome 浏览器中的运行效果如图 3-31 所示。

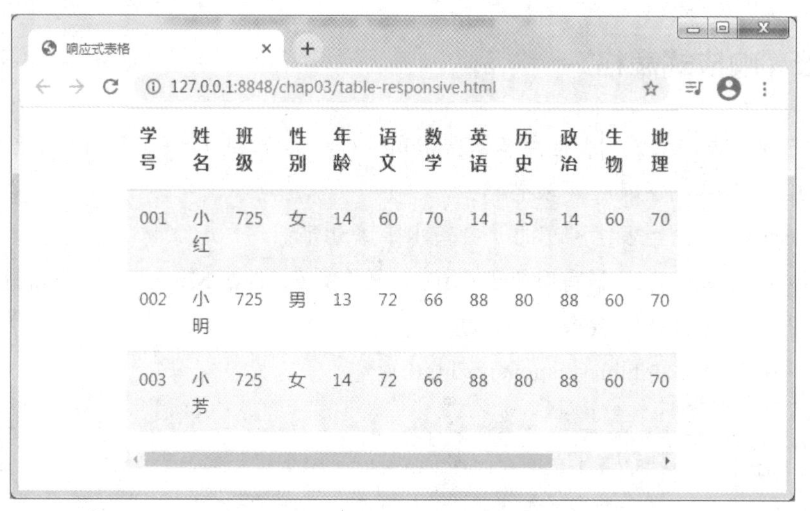

学号	姓名	班级	性别	年龄	语文	数学	英语	历史	政治	生物	地理
001	小红	725	女	14	60	70	14	15	14	60	70
002	小明	725	男	13	72	66	88	80	88	60	70
003	小芳	725	女	14	72	66	88	80	88	60	70

图 3-30　响应式表格示例效果 1

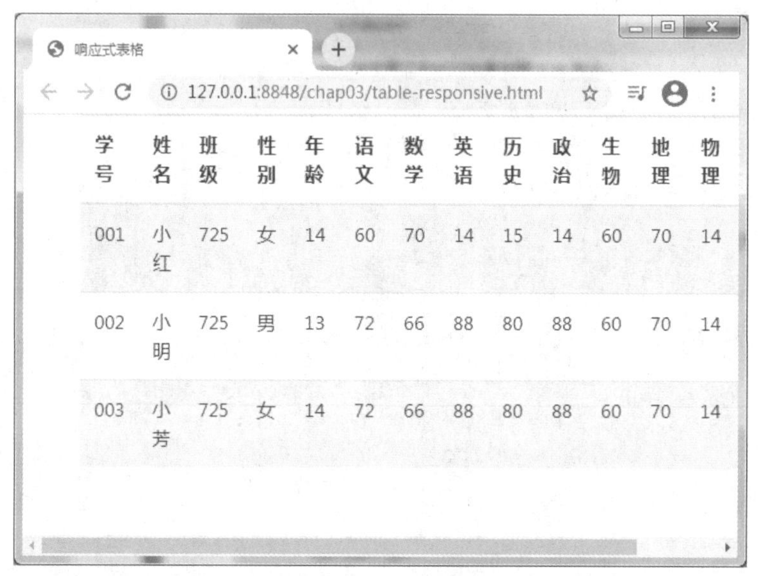

学号	姓名	班级	性别	年龄	语文	数学	英语	历史	政治	生物	地理	物理
001	小红	725	女	14	60	70	14	15	14	60	70	14
002	小明	725	男	13	72	66	88	80	88	60	70	14
003	小芳	725	女	14	72	66	88	80	88	60	70	14

图 3-31　响应式表格示例效果 2

说明：图 3-31 底部的滚动条为浏览器滚动条。

3.4.7　颜色反转表格

在以上各类表格的基础上，添加.table-dark，可实现颜色反转对比效果，得到的是一个黑色背景、白色文字的表格。

【实例 3-30】（文件 table-dark.html）

```
<table class="table table-bordered table-dark">
    …
</table>
```

以上代码在 Chrome 浏览器中的运行效果如图 3-32 所示。

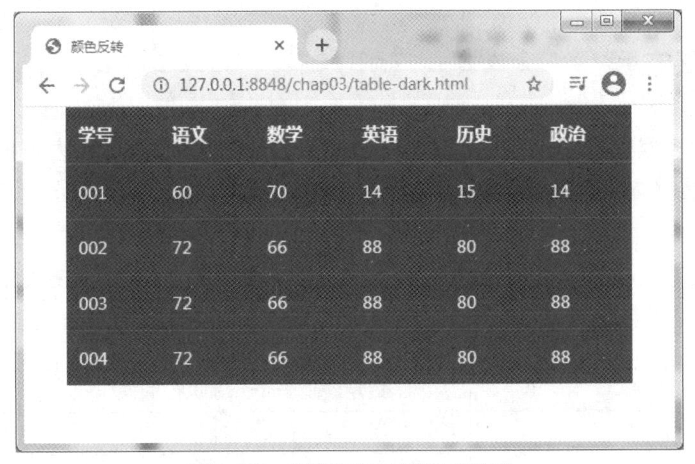

学号	语文	数学	英语	历史	政治
001	60	70	14	15	14
002	72	66	88	80	88
003	72	66	88	80	88
004	72	66	88	80	88

图 3-32　颜色反转表格示例效果

3.4.8　表头类

Bootstrap 中定义了作用在<thead>表头元素的样式类：.thead-light、.thead-dark。

.thead-light：设置表头为浅灰色背景、白色文字。

.thead-dark：设置表头为深灰色背景、白色文字。

【实例 3-31】（文件 table-dark.html）

```
<table class=" table table-bordered">
    <thead class="thead-dark">
      …
</table>
<table class=" table table-bordered">
    <thead class="thead-light">
      …
</table>
```

以上代码在 Chrome 浏览器中的运行效果如图 3-33 所示。

学号	语文	数学	英语	历史	政治
001	60	70	14	15	14
002	72	66	88	80	88

学号	语文	数学	英语	历史	政治
001	60	70	14	15	14
002	72	66	88	80	88

图 3-33　设置表头背景示例效果

3.4.9 状态类

Bootstrap 为表格提供了 9 种状态的样式类，通过这些状态类可以为表格中的行<tr>或单元格<td>、<th>设置不同的背景颜色，如表 3-4 所示。

表 3-4 表格状态类

类名	描述
.table-primary	蓝色：指定这是一个重要的操作
.table-success	绿色：指定这是一个允许执行的操作
.table-danger	红色：指定这是危险的操作
.table-info	浅蓝色：表示内容已变更
.table-warning	橘色：表示需要注意的操作
.table-active	灰色：用于鼠标悬停效果
.table-secondary	灰色：表示内容不是特别重要
.table-light	浅灰色，可以是表格行的背景
.table-dark	深灰色，可以是表格行的背景

【实例 3-32】（文件 table-state.html）

```
<table class="table table-bordered">
    <thead>
        <tr>
            <th scope="col">学号</th>
            <th scope="col">语文</th>
            <th scope="col">数学</th>
            <th scope="col">英语</th>
            <th scope="col">历史</th>
            <th scope="col">政治</th>
        </tr>
    </thead>>
    <tbody>
        <tr class="table-success">
            <td scope="col">001</td>
            <td>90</td>
            <td>85</td>
            <td>96</td>
            <td>95</td>
            <td>85</td>
        </tr>
        <tr class="table-warning">
            <td scope="col">002</td>
            <td>72</td>
            <td>76</td>
            <td>88</td>
            <td>80</td>
            <td>88</td>
```

```
        </tr>
        <tr>
            <td scope="col">003</td>
            <td>72</td>
            <td>66</td>
            <td class="table-danger">46</td>
            <td>80</td>
            <td>88</td>
        </tr>
        <tr>
            <td scope="col">004</td>
            <td class="table-danger">72</td>
            <td>66</td>
            <td>88</td>
            <td>80</td>
            <td>90</td>
        </tr>
    </tbody>
</table>
```

以上代码在 Chrome 浏览器中的运行效果如图 3-34 所示。

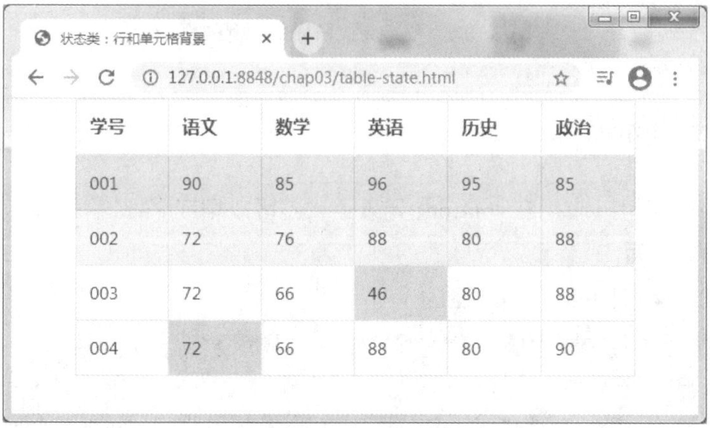

状态类：行和单元格背景

127.0.0.1:8848/chap03/table-state.html

学号	语文	数学	英语	历史	政治
001	90	85	96	95	85
002	72	76	88	80	88
003	72	66	46	80	88
004	72	66	88	80	90

图 3-34　状态类示例效果

3.5 按钮

3.5.1 预定义按钮

Bootstrap 为按钮提供了一个基本样式类.btn，所有按钮元素都可使用它。此外，Bootstrap 还提供了一些预定义样式类.btn-*，用来定义不同风格的按钮。其中*的取值包括 primary、secondary、success、danger、warning、info、light、dark、link。【实例 3-32】中展示了这些样式的效果，将鼠标指针移到按钮上，按钮会高亮显示。

【实例 3-33】（文件 button.html）

```
<button type="button" class="btn">基本按钮</button>
```

```
<button type="button" class="btn btn-primary">主要按钮</button>
<button type="button" class="btn btn-secondary">次要按钮</button>
<button type="button" class="btn btn-success">成功</button>
<button type="button" class="btn btn-info">信息</button>
<button type="button" class="btn btn-warning">警告</button>
<button type="button" class="btn btn-danger">危险</button>
<button type="button" class="btn btn-dark">黑色</button>
<button type="button" class="btn btn-light">浅色</button>
<button type="button" class="btn btn-link">链接</button>
```

以上代码在 Chrome 浏览器中的运行效果如图 3-35 所示。

图 3-35　预定义按钮样式示例效果

3.5.2　按钮标签

.btn 和.btn-*除了可以应用在<button>元素上，还可以用在 <a>、<input> 元素上，同样可以得到对应的按钮效果。

【实例 3-34】（文件 button-tags.html）

```
<a class="btn btn-primary" href="#" role="button">链接</a>
<button class="btn btn-primary" type="submit">提交</button>
<input class="btn btn-primary" type="button" value="输入">
<input class="btn btn-primary" type="submit" value="提交">
<input class="btn btn-primary" type="reset" value="重置">
```

以上代码在 Chrome 浏览器中的运行效果如图 3-36 所示。

图 3-36　按钮类应用于<a>、<input>元素的示例效果

有时候，<a>元素的作用不是链接到其他页面或本页中的某个部分，而是为了触发某个函数。这时，如果将按钮类应用于<a>元素，<a>元素应该加上属性 role="button"，以便让屏

幕阅读器能够正确识别。

3.5.3 按钮边框

如果需要一个背景颜色不深的按钮，则可以使用.btn-outline-*类来代替 btn-*。其中*的取值为 primary、secondary、success、danger、warning、info、light、dark。btn-outline-*类中定义了按钮的边框、浅色背景、按钮文字的颜色、鼠标指针滑过的效果、获得焦点的效果等。下列代码为在 Bootstrap 中对.btn-outline-primary 的部分定义（更完整的定义，读者可以参考 bootstrap.css 文件）。

```
.btn-outline-primary {
  color:#007bff;
  border-color:#007bff;
}

.btn-outline-primary:hover {
  color:#fff;
  background-color:#007bff;
  border-color:#007bff;
}
```

【实例 3-35】（文件 button-outline.html）

```
<button type="button" class="btn btn-outline-primary">主要按钮</button>
<button type="button" class="btn btn-outline-secondary">次要按钮</button>
<button type="button" class="btn btn-outline-success">成功</button>
<button type="button" class="btn btn-outline-info">信息</button>
<button type="button" class="btn btn-outline-warning">警告</button>
<button type="button" class="btn btn-outline-danger">危险</button>
<button type="button" class="btn btn-outline-light">浅色</button>
<button type="button" class="btn btn-outline-dark">黑色</button>
```

以上代码在 Chrome 浏览器中的运行效果如图 3-37 所示。

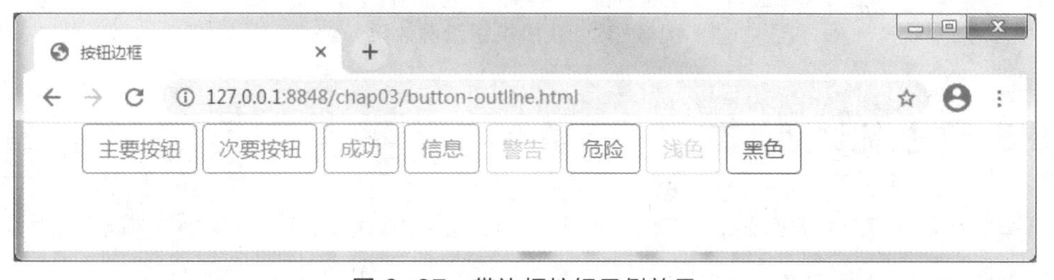

图 3-37　带边框按钮示例效果

说明：.btn-outline-light 按钮的字和背景都很浅，鼠标指针移上去后，字的颜色会变深。

3.5.4 按钮尺寸

通过给按钮<button>元素应用样式类.btn-lg 或.btn-sm，可以获得不同尺寸的按钮。

【实例 3-36】（文件 button-size.html）

```
<button type="button" class="btn btn-outline-primary btn-lg">大按钮</button>
<button type="button" class="btn btn-outline-primary">默认大小</button>
<button type="button" class="btn btn-outline- primary btn-sm">小按钮</button>
```

以上代码在 Chrome 浏览器中的运行效果如图 3-38 所示。

图 3-38　按钮尺寸示例效果

3.5.5　块级按钮

通过给按钮<button>元素应用样式类.btn-block，可以将按钮拉伸至其父元素 100%的宽度，同时该按钮变为块级元素。

【实例 3-37】（文件 button-block.html）

```
<button type="button" class="btn btn-primarybtn-block">块级按钮</button>
```

以上代码在 Chrome 浏览器中的运行效果如图 3-39 所示。

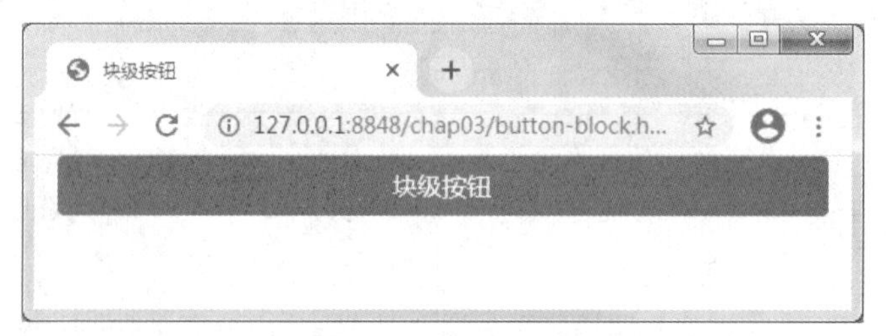

图 3-39　块级按钮示例效果

3.5.6　按钮激活状态

当按钮处于被激活状态时，它表现为被按压下去的样式（底色更深、边框颜色更深、向内投射阴影）。通过给<button>元素应用样式类.active 可以实现这一效果。

【实例 3-38】（文件 button-active.html）

```
<button type="button" class="btn btn-outline-primary">原始按钮 1</button>
<button type="button" class="btn btn-outline-primary active">激活的按钮 1</button>
<button type="button" class="btn btn-primary">原始按钮 2</button>
<button type="button" class="btn btn-primary active">激活的按钮 2</button>
```

以上代码在 Chrome 浏览器中的运行效果如图 3-40 所示。

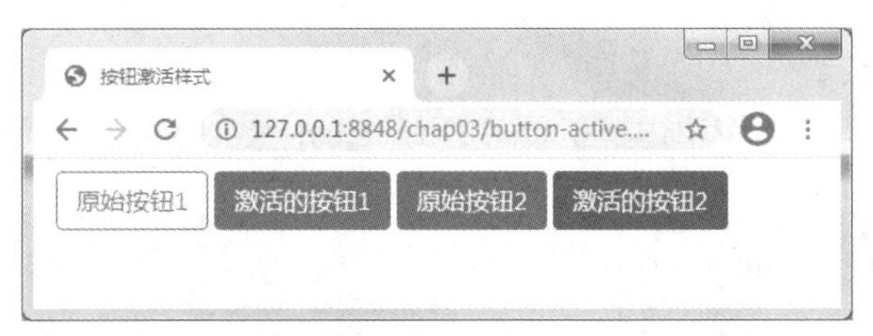

图 3-40　按钮处于激活状态时的示例效果

说明：第 2 个按钮为第 1 个按钮的激活状态，第 4 个按钮为第 3 按钮的激活状态。

3.5.7　按钮禁用状态

当一个按钮被禁用时，它的颜色会变淡 50%，并失去渐变效果，呈现出无法点击的情况。对于<button>元素，可以为其添加 disabled 属性实现这一效果；对于<a>元素，则可以通过应用样式类.disabled 来实现。

【实例 3-39】（文件 button-disabled.html）

```
<button type="button" class="btn btn-outline-primary">原始按钮 1</button>
<button type="button" class="btn btn-outline-primary disabled">禁用按钮 1</button>
<button type="button" class="btn btn-primary">原始按钮 2</button>
<button type="button" class="btn btn-primary disabled">禁用按钮 2</button>
```

以上代码在 Chrome 浏览器中的运行效果如图 3-41 所示：

图 3-41　按钮禁用示例效果

说明：第 2 个按钮为第 1 个按钮的禁用状态，第 4 个按钮为第 3 个按钮的禁用状态。

3.6　图像

3.6.1　响应式图像

通过给图像<img>元素应用样式类.img-fluid 或者定义 max-width:100%、height:auto 样式，可以让图像支持响应式布局，从而让图像随着其父元素大小同步缩放。

```
<imgsrc="img/pic.jpg" class=img-fluid alt="响应式图像"/>
```

3.6.2　图像样式

通过给图像<img>元素应用.img-thumnail 样式类，使图像自动被加上一个带圆角及 1px

边界的外框缩略图样式。

除此之外，我们还可以使用边框工具中的.rounded-*类（参见 4.2 节的内容），来设置图像的边框样式。

【实例 3-40】（文件 img.html）

```
    <div class="container">
        <div class="row p-2">
            <div class="col-4">
                <imgsrc="img/flower.jpg" class="img-fluid img-thumbnail" alt="
缩略图"/>
            </div>
            <div class="col-4">
                <imgsrc="img/flower.jpg" class="img-fluid rounded-circle" alt="
圆形"/>
            </div>
            <div class="col-4">
                <imgsrc="img/flower.jpg" class="img-fluid rounded-lg" alt="圆角"/>
            </div>
        </div>
    </div>
```

以上代码在 Chrome 浏览器中的运行效果如图 3-42 所示。

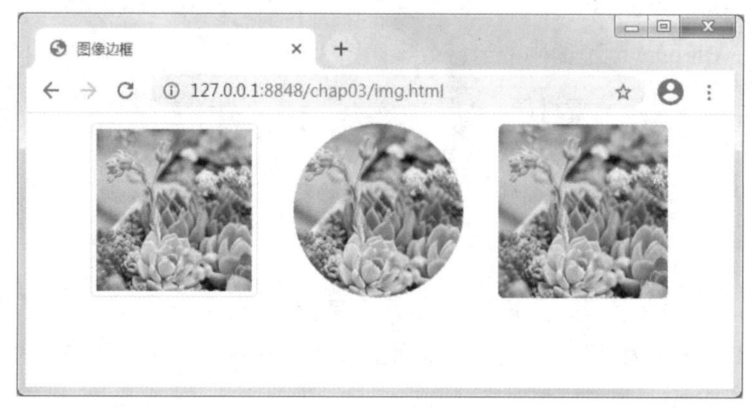

图 3-42　图像边框示例效果

3.6.3　图像对齐

对于.block 属性的块状图像，我们可以使用浮动或文字对齐，来实现对图像的对齐、浮动控制，并且可以使用 .mx-auto 进行居中。

【实例 3-41】（文件 img-align.html）

```
    <div class="container">
        <div class="row">
            <div class="col" style="height:50px;">
                <imgsrc="img/flower.jpg" class="float-left" style="width:
auto;height:100%;" alt="左边位置图像"/>
                <imgsrc="img/flower.jpg" class="float-right" style="width:
auto;height:100%;" alt="右边位置图像"/>
```

```
            </div>
        </div>
        <div class="row">
            <div class="col" style="height:50px;">
                <imgsrc="img/flower.jpg" class="mx-auto d-block" style="width:
auto;height:100%;" alt="居中图像"/>
            </div>
        </div>
    </div>
```

以上代码在 Chrome 浏览器中的运行效果如图 3-43 所示。

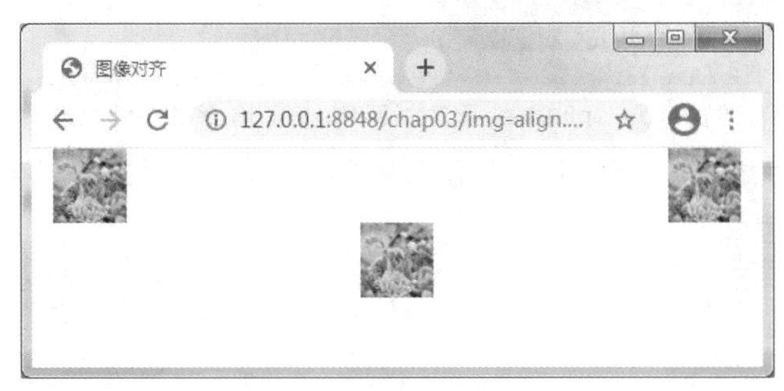

图 3-43　图像对齐示例效果

3.6.4　picture 元素

HTML5 标准提供了一个全新的<picture> 元素，它可以为 <img>指定多个<source> 。利用<picture>元素可实现<img>在不同屏幕下显示不同图像的效果（图像样式 .img-* 类需添加到 <img> 元素而不是 <picture> 元素上）。

【实例 3-42】（文件 img-picture.html）

```
    <div class="container">
        <picture>
            <source media="(min-width:768px)" srcset="./img/usmans.png">
            <source media="(min-width:578px)" srcset="./img/htmlbig.png">
            <imgsrc="./img/logo.png" class="img-fluid">
        </picture>
    </div>
```

以上代码在 Chrome 浏览器中的运行效果如图 3-44 和图 3-45 所示。

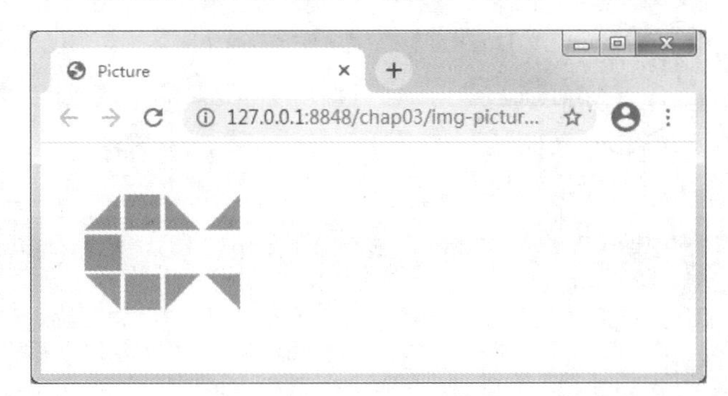

图 3-44　<picture>元素小于 578px 时的示例效果

图 3-45　<picture>元素为 578px～768px 的示例效果

说明：当屏幕宽度大于 768px 时，显示第 3 个图像（请读者自行查看）。

3.7 图文框

如果需要显示的内容区包括了一个图片和一个可选的标题，可使用.figure、.figure-*相关的样式。将.figure 类、.figure-caption 类、.figure-img 类分别应用在<figure>、<figcaption>、<img>元素上，可以得到一个图文组件。

【实例 3-43】（文件 figure.html）

```
    <div class="container">
        <div class="row">
            <div class="col-4">
                <figure class="figure">
                    <imgsrc="img/home.jpg" class="figure-imgimg-fluid rounded"
 alt="…">
                    <figcaption class="figure-caption">家的一角.</figcaption>
                </figure>
            </div>
            <div class="col-4">
                <figure class="figure">
                    <imgsrc="img/home.jpg" class="figure-imgimg-fluid rounded"
 alt="…">
                    <figcaption class="figure-caption text-center">家的一角.
</figcaption>
                </figure>
            </div>
            <div class="col-4">
                <figure class="figure">
                    <imgsrc="img/home.jpg" class="figure-imgimg-fluid rounded"
 alt="…">
                    <figcaption class="figure-caption text-right">家的一角.
</figcaption>
                </figure>
            </div>
        </div>
    </div>
```

以上代码在 Chrome 浏览器中的运行效果如图 3-46 所示。

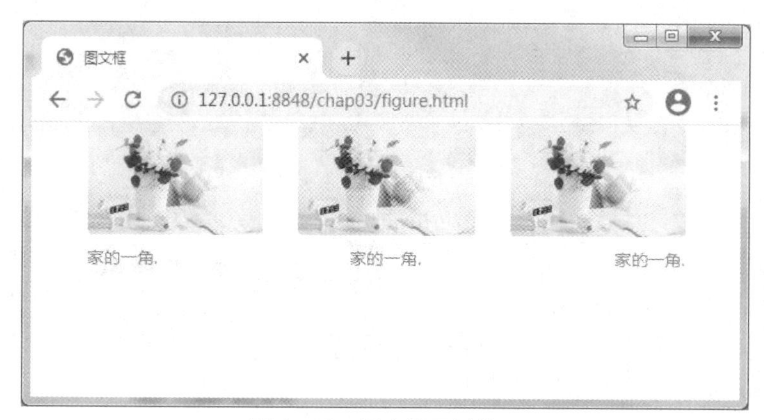

图 3-46 图文框示例效果

说明：

（1）<img>需要添加.img-fluid 才能实现与响应式的完美结合；

（2）<figcaption>可以使用文本对齐.text-*来改变文字的位置。

3.8 案例：少儿编程网站首页

本案例为创建一个少儿编程网站首页，最终效果如图 3-47 所示。本案例综合应用了第 2 章、第 3 章的一些知识，比如网格系统、段落、标题、列表、表格等，也用到第 4 章的一些工具类，主要是内边距.p{l、r、b、t}-*、外边距.m{l、r、b、t}-*、右浮动.float-right、d-inline 设置元素 display:inline。此外，还用到“6.10 巨幕”中的. jumbotron。

案例视频 3

该案例的具体操作步骤如下。

（1）在 HBuilder 中新建一个 Web 项目，将 Bootstrap 的 CSS 文件复制到项目的 CSS 目录中，然后在<head>元素中引用。另外，页面需要应用一个与图片颜色相同的背景，故定义一个类.bg-1。注意：需要定义在<link href="css/bootstrap.min.css" rel="stylesheet" />的后面。具体代码如下。

```
<head>
 <meta charset="utf-8"/>
 <meta name="viewport" content="width=device-width,initial-scale=1,shrink-to-fit=no">
 <title>少儿编程</title>
 <link href="css/bootstrap.min.css" rel="stylesheet"/>
 <style>
     .bg-1{
        background-color:#f1f8ff;
     }
 </style>
</head>
```

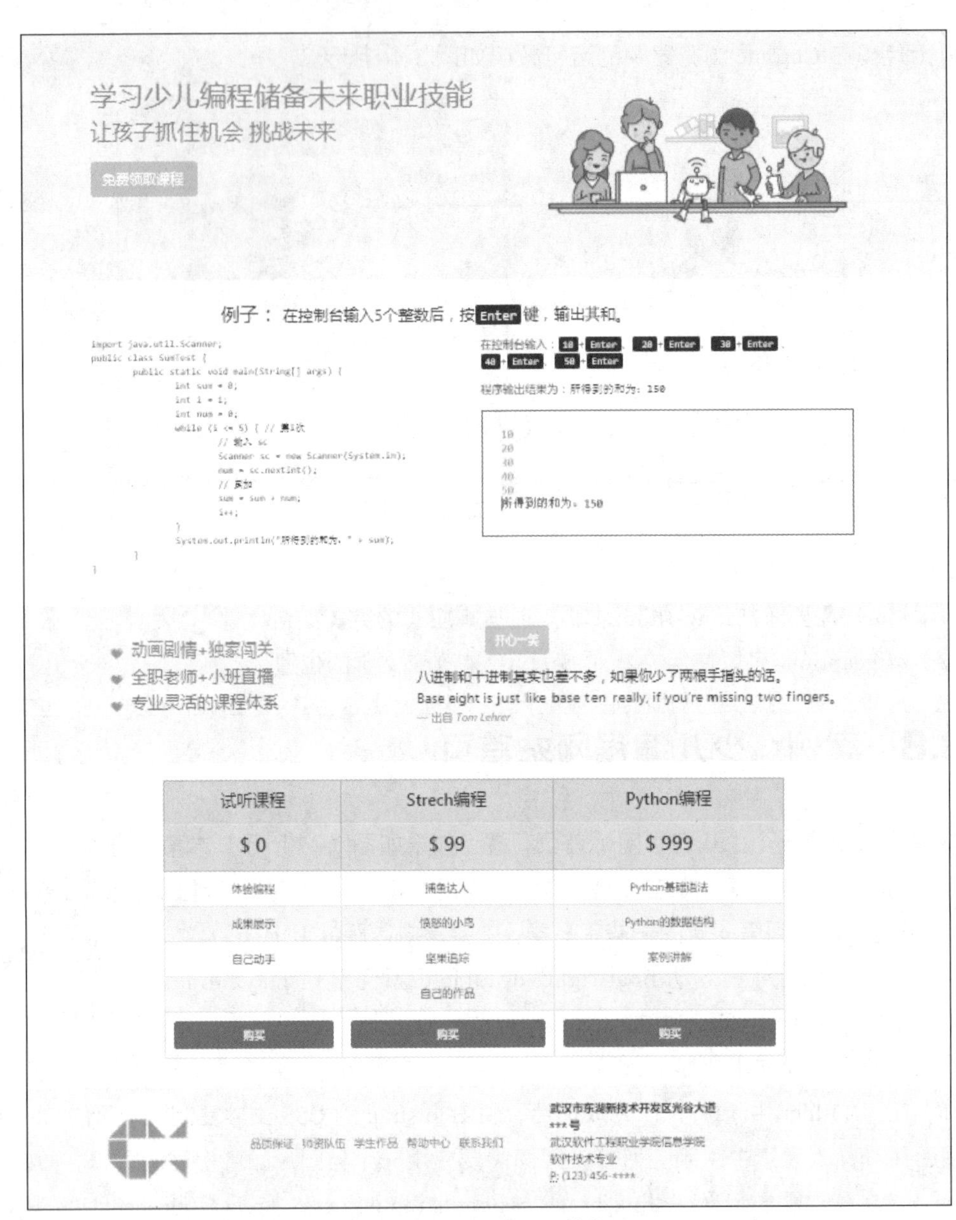

图 3-47　少儿编程网站首页

（2）创建页面头部。页面头部作为一个巨幕，分为 2 列，分别放置文字和图片。具体代码如下。

```
<!--页面头部 -->
 <div class="jumbotron bg-1">
     <div class="container">
         <div class="row">
             <div class="col-md-7">
                 <h1 class=" text-info">学习少儿编程储备未来职业技能</h1>
                 <h2 class=" text-info mb-4">让孩子抓住机会挑战未来</h2>
                 <a class="btn btn-warning text-white btn-lg" href="#" role=
"button">免费领取课程</a>
```

```
            </div>
            <div class="col-md-5">
                <imgsrc="img/catoon1.png" class="img-fluid"/>
            </div>

        </div>
    </div>
</div>
```

（3）创建主体区域 1——代码行，主要用到了代码相关的标签。分为 2 行，第 1 行显示标题，第 2 行分为 2 列，分别显示代码和运行结果。具体代码如下：

```
<!--页面主体区域 1-->
 <div class="container">
    <!--row 2-->
    <div class="row">
        <div class="col-md-8 offset-md-2">
            <h3>
                例子：<small>在控制台输入 5 个整数后，按<kbd>Enter</kbd>键，输出其
和。</small>
            </h3>
        </div>
    </div>

    <!--row 3-->
    <div class="row mt-2">
        <div class="col-md-6">
            <pre>
                import java.util.Scanner;
                public class SumTest{
                    public static void main(String[] args) {
                        int sum=0;
                        int i=1;
                        int num=0;
                        while(i<=5){//第 i 次
                            //输入 sc
                            Scanner sc=new Scanner(System.in);
                            num=sc.nextInt();
                            //累加
                            sum=sum+num;
                            i++;
                        }
                        System.out.println("所得到的和为："+sum);
                    }
                }
            </pre>
        </div>
        <div class="col-md-6">
            <p>在控制台输入：<kbd>10</kbd>+<kbd>Enter</kbd>、<kbd> 20</kbd>+
<kbd>Enter</kbd>、<kbd>30</kbd>+<kbd>Enter</kbd>、<kbd>40</kbd>+<kbd>Enter</kbd>、
                <kbd>50</kbd>+<kbd>Enter</kbd></p>
            <p>程序输出结果为：<samp>所得到的和为：150</samp></p>
```

```
                <figure class="p-4 border border-danger">
                    <imgsrc="img/result.png" class="img-fluid">
                </figure>
            </div>
        </div>
    </div>
```

（4）添加主体区域 2——左栏内容，介绍培训机构，应用列表来实现。右边是“开心一笑”，应用引用元素。具体代码如下。

```
    <!--主体区域 2-->
    <div class="bg-1 p-3 mt-4">
        <div class="container p-3">
            <div class="row">
                <div class="col-md-5">
                    <ul class="list-unstyled p-3">
                        <li class="text-info"><imgsrc="img/section7_3.png" class=
"img-fluid" style="width:35px;"/>
                        <p class="h4 d-inline">动画剧情+独家闯关</p>
                        </li>
                        <li class="text-secondary"><imgsrc="img/section7_3.png"
class="img-fluid"style="width:35px;"/>
                            <p class="h4 d-inline">全职老师+小班直播</p>
                        </li>
                        <li class="text-primary"><imgsrc="img/section7_3.png"
class="img-fluid"style="width:35px;"/>
                            <p class="h4 d-inline">专业灵活的课程体系</p>
                        </li>
                    </ul>
                </div>
            <div class="col-md-7">
                <button class="btn btn-warning text-white position-relative mb-3"
                    style="left:100px;"><span>开心一笑</span></button>
                <blockquote class="blockquote">
                    <p class="mb-0">八进制和十进制其实也差不多,如果你少了两根手指头的话。</p>
                    <p class="mb-0 text-capitalize">Base eight is just like
base ten really,if you're missing twofingers。</p>
                    <footer class="blockquote-footer">出自<cite title="著作名">
Tom Lehrer</cite></footer>
                </blockquote>
            </div>
          </div>
        </div>
    </div>
```

（5）添加主体区 3——价格表。具体代码如下。

```
    <!--主体区域 3-->
     <div class="container p-4">
         <div class="row">
             <div class="col-md-10 offset-md-1">
                 <table class="table table-striped table-bordered table-hover
text-center">
                     <thead>
```

```
                <tr class="table-primary">
                    <th>
                        <h4>试听课程</h4>
                    </th>
                    <th>
                        <h4>Strech 编程</h4>
                    </th>
                    <th>
                        <h4>Python 编程</h4>
                    </th>
                </tr>
            </thead>
            <tbody>
                <tr class="table-success">
                    <td>
                        <h3>$0</h3>
                    </td>
                    <td>
                        <h3>$99</h3>
                    </td>
                    <td>
                        <h3>$999</h3>
                    </td>
                </tr>
                <tr>
                    <td>体验编程</td>
                    <td>捕鱼达人</td>
                    <td>Python 基础语法</td>
                </tr>
                <tr>
                    <td>成果展示</td>
                    <td>愤怒的小鸟</td>
                    <td>Python 的数据结构</td>
                </tr>
                <tr>
                    <td>自己动手</td>
                    <td>成果追踪</td>
                    <td>案例讲解</td>
                </tr>
                <tr>
                    <td>-</td>
                    <td>自己的作品</td>
                    <td>-</td>
                </tr>
                <tr>
                    <td><a href="#" class="btn btn-primary btn-block">
购买</a></td>
                    <td><a href="#" class="btn btn-primary btn-block">
购买</a></td>
                    <td><a href="#" class="btn btn-primary btn-block">
```

```
购买</a></td>
                        </tr>
                    </tbody>
                </table>
            </div>
        </div>
    </div>
```

（6）创建页脚内容。具体代码如下。

```
<div class="bg-1 p-2">
    <div class="container">
        <footer class="row">
            <div class="col-md-2 align-self-center">
                <imgsrc="img/logo.png" class="img-fluid">
            </div>
            <div class="col-md-5 text-center align-self-center">
                <ul class="list-inline">
                    <li class="list-inline-item"><a href="#">品质保证</a></li>
                    <li class="list-inline-item"><a href="#">师资队伍</a></li>
                    <li class="list-inline-item"><a href="#">学生作品</a></li>
                    <li class="list-inline-item"><a href="#">帮助中心</a></li>
                    <li class="list-inline-item"><a href="#">联系我们</a></li>
                </ul>
            </div>
            <div class="col-md-3 align-self-center">
                <address>
                    <strong>武汉市东湖新技术开发区光谷大道***号</strong><br>
                    武汉软件工程职业学院信息学院<br>
                    软件技术专业<br>
                    <abbr title="电话">P:</abbr> (123) 456-****
                </address>
            </div>
        </footer>
    </div>
</div>
```

本章小结

本章通过具体实例，详细介绍了 Bootstrap 中标题、段落等基础文本元素，以及列表、代码、图像、按钮、表格等元素的 CSS 样式应用。

实训项目：“动物世界”百度词条网页

参考百度百科中的“动物世界”词条内容，创建一个综合网页，介绍中央电视台综合频道《动物世界》栏目的相关情况。页面效果如图 3-48 所示。

图 3-48 “动物世界”百度词条网页

实训拓展

网络已成为青少年学习知识、交流思想、休闲娱乐的重要平台。党的二十大报告指出，要坚定维护国家意识形态领域安全能力建设，严厉打击敌对势力渗透、破坏、颠覆、分裂活动。谨记：要善于网上学习，不浏览不良信息；要诚实友好交流，不侮辱欺诈他人；要增强自护意识，不随意约会网友；要维护网络安全，不破坏网络秩序；要有益身心健康，不沉溺虚拟时空。最后利用本章所学知识，制作一个宣传页面。

第4章 工具类

04

本章导读

本章介绍 Bootstrap 提供的各种工具类，其中包括颜色、边框、尺寸、定位、阴影等各类工具，方便读者在进行页面设计时灵活使用，以达到界面美观的效果。

4.1 颜色

在 3.1.4 小节中，我们介绍了文本的颜色：.text-muted、.text-primary、.text-success、.text-info、.text-warning、.text-danger、.text-secondary、.text-white、.text-dark 和.text-light 等颜色。具体效果见 3.1.4 小节。

除了文本颜色，还有设置背景颜色的工具类.bg-*。利用.bg-*可以方便地改变元素的背景。注意，设置背景颜色不会同时设置文本的颜色，许多时候.bg-*类需要与.text-*类一起使用。

【实例 4-1】（文件 color-bg.html）

```
<!DOCTYPE html>
 <html>
   <head>
       <meta charset="utf-8"/>
       <title>背景颜色</title>
       <link rel="stylesheet" href="css/bootstrap.min.css"/>
   </head>
   <body>
     <div class="container">
         <div class="row">
             <div class="col">
                 <p class="bg-primary text-white">重要的背景颜色.bg-primary。</p>
                 <p class="bg-success text-white">执行成功背景颜色.bg-success。</p>
                 <p class="bg-info text-white">信息提示背景颜色.bg-info。</p>
                 <p class="bg-warning text-white">警告背景颜色.bg-warning。</p>
                 <p class="bg-danger text-white">危险背景颜色.bg-danger。</p>
                 <p class="bg-secondary text-white">副标题背景颜色.bg-secondary。</p>
```

```
                <p class="bg-dark text-white">深灰背景颜色.bg-dark。</p>
                <p class="bg-light text-dark">浅灰背景颜色.bg-light。</p>
                <p class="bg-white text-dark">白色背景颜色.bg-white。</p>
                <p class="bg-transparent text-dark">透明背景.bg-transparent。</p>
            </div>
        </div>
    </div>
</body>
</html>
```

以上代码在 Chrome 浏览器中的运行效果如图 4-1 所示。

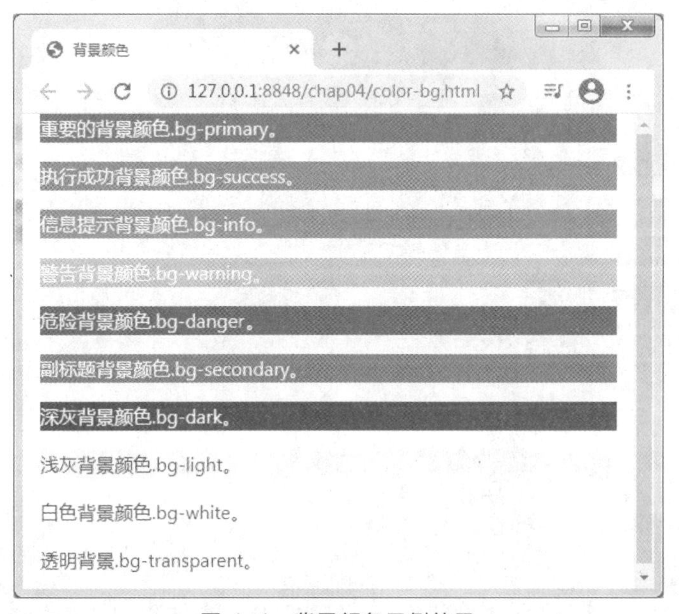

图 4-1 背景颜色示例效果

4.2 边框

利用边框类可以快速地美化按钮、图像等元素的边框和边框圆角。

4.2.1 基本边框

使用.border 或者.border-*（其中*的取值为 top、bottom、left、right）给元素增加边框或者增加某一边的边框。

使用.border-0 或者.border-*-0（其中*的取值为 top、bottom、left、right）给元素去掉边框或者去掉某一边的边框。

【实例 4-2】（border.html）

```
<!DOCTYPE html>
 <html>
     <head>
```

```
        <meta charset="utf-8"/>
        <title>增加或去掉边框</title>
        <link rel="stylesheet" href="css/bootstrap.min.css"/>
    </head>
    <style>
        body{
            padding-top:20px;
        }
        .wh{
            width:60px;
            height:60px;
            background-color:#efefef;
            float:left;
            margin:10px;
        }
    </style>
    <body>
        <div class="container">
            <div class="row">
                <div class="col">
                    <div class="wh border border-success"></div>
                    <div class="wh border-top border-success"></div>
                    <div class="wh border-right border-success"></div>
                    <div class="wh border-bottom border-success"></div>
                    <div class="wh border-left border-success"></div>
                </div>
            </div>
            <div class="row">
                <div class="col">
                    <div class="wh border-success border-0"></div>
                    <div class="wh border-success border border-top-0"></div>
                    <div class="wh border-success border border-right-0"></div>
                    <div class="wh border-success border border-bottom-0"></div>
                    <div class="wh border-success border border-left-0"></div>
                </div>
            </div>
        </div>
    </body>
</html>
```

以上代码在 Chrome 浏览器中的运行效果如图 4-2 所示。

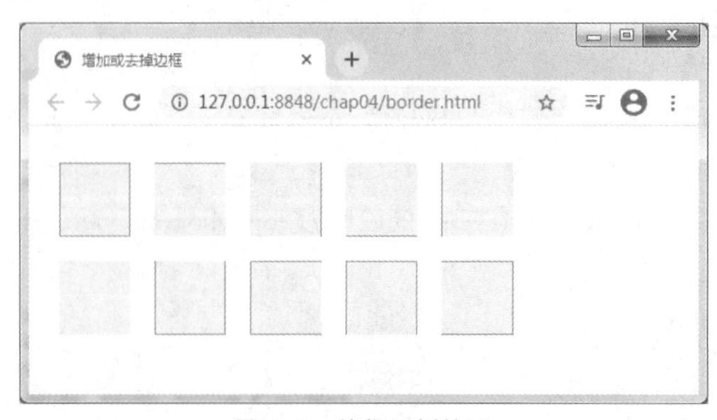

图 4-2　边框示例效果

说明：

（1）边框的默认颜色为浅灰色。这里，为了显示效果，使用.border-success 类将边框的颜色设置为绿色。

（2）第一行，对 div 分别使用 .border、.border-top、.border-right、.border-bottom、.border-left 来增加边框。

（3）第二行，先使用.border 增加边框，然后使用.border-*-0 去掉对应的边框。

4.2.2 边框的颜色

边框的默认颜色为浅灰色，如果觉得颜色太淡，可以使用.border-*设置想要的边框颜色。.border-*中的*的取值可以为：primary、secondary、success、danger、warning、info、light、dark、white。这里的颜色与前面的文本的颜色值一致。

【实例 4-3】（文件 border-color.html）

```
<div class="wh border border-primary"></div>
<div class="wh border border-secondary"></div>
<div class="wh border border-success"></div>
<div class="wh border border-danger"></div>
<div class="wh border border-warning"></div>
<div class="wh border border-info"></div>
<div class="wh border border-light"></div>
<div class="wh border border-dark"></div>
<div class="wh border border-white"></div>
```

以上代码在 Chrome 浏览器中的运行效果如图 4-3 所示。

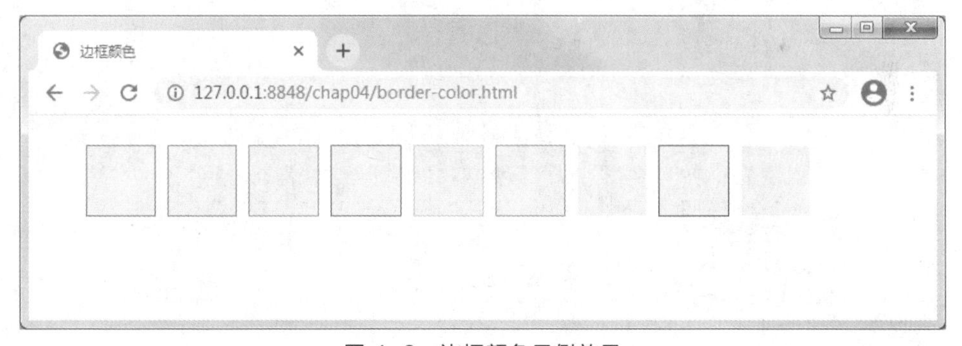

图 4-3 边框颜色示例效果

4.2.3 边框的圆角

使用.rounded 和.rounded-*可以实现各种方位的圆角、圆、椭圆，并设置圆角大小。

- .rounded：4 个角都是圆角。
- .rounded-top：上边 2 个角为圆角。
- .rounded-bottom：下边 2 个角为圆角。
- .rounded-left：左边 2 个角为圆角。

- .rounded-right：右边 2 个角为圆角。
- .rounded-circle：正圆。
- .rounded-pill：椭圆。
- .rounded-sm：小圆角。
- .rounded-lg：大圆角。
- .rounded-0：去掉边框圆角。

【实例 4-4】（文件 border-rounded.html）

```
<!DOCTYPE html>
<html>
 <head>
     <meta charset="utf-8"/>
     <title>边框圆角</title>
     <link rel="stylesheet" href="css/bootstrap.min.css"/>
 </head>
 <style>
     body{
         padding-top:20px;
     }
     img{
         width:60px;
         height:60px;
     }
 </style>
 <body>
     <div class="container">
         <div class="row">
             <div class="col">
                 <img src="img/flower.jpg" class="rounded"/>
                 <img src="img/flower.jpg" class="rounded-top"/>
                 <img src="img/flower.jpg" class="rounded-right"/>
                 <img src="img/flower.jpg" class="rounded-bottom"/>
                 <img src="img/flower.jpg" class="rounded-left"/>
             </div>
         </div>
         <div class="row">
             <div class="col">
                 <img src="img/flower.jpg" class="rounded-pill"/>
                 <img src="img/flower.jpg" class="rounded-0"/>
                 <img src="img/flower.jpg" class="rounded-sm"/>
                 <img src="img/flower.jpg" class="rounded-lg"/>
                 <img src="img/flower.jpg" style="width:150px;" class=
"rounded-circle"/>
             </div>
         </div>
     </div>
 </body>
</html>
```

以上代码在 Chrome 浏览器中的运行效果如图 4-4 所示。

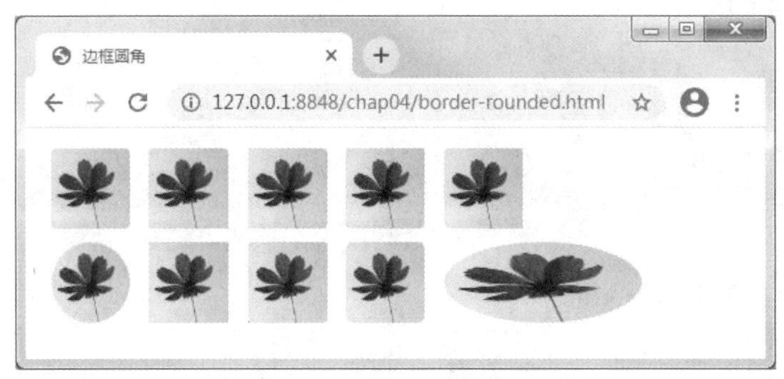

图 4-4　边框圆角示例效果

4.3 关闭按钮

通过给按钮<button>元素应用样式类.close 可以得到关闭按钮符号的样式，这种样式通常用于模态框和警告框。

【实例 4-5】（文件 close-button.html）

```
<button type="button" class="close" aria-label="关闭">
  <span aria-hidden="true">&times;</span>
</button>
```

以上代码在 Chrome 浏览器中的运行效果如图 4-5 所示。

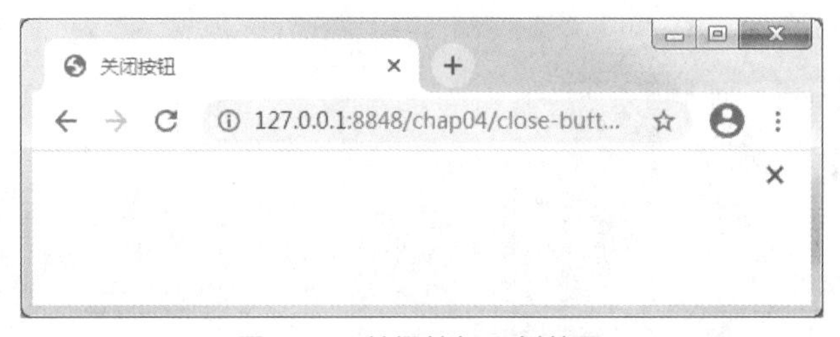

图 4-5　关闭按钮示例效果

说明：aria-label="关闭"是为屏幕识别器而设置的属性。当焦点落到按钮上时，屏幕识别器会读到“关闭”。aria-hidden="true"是让屏幕识别器忽略掉无关信息。

4.4 浮动

4.4.1 浮动

通过给任意元素应用样式类.float -left、.float -right 或 float-none，设置元素的浮动属性，从而使元素向左、向右浮动或者不浮动。

浮动样式的定义如下。

```
.float-left{
```

```
      float:left !important;
    }
    .float-right{
      float:right !important;
    }
    .float-none{
      float:none !important;
    }
```

【实例 4-6】（文件 float.html）

```
    <!DOCTYPE html>
    <html>
     <head>
         <meta charset="utf-8"/>
         <meta name="viewport" content="width=device-width,initial-scale=1,
shrink-to-fit=no">
         <title>浮动</title>
         <link rel="stylesheet" href="css/bootstrap.min.css"/>
     </head>
     <style>
         .wh{
             width:50px;
             height:50px;
             background-color:#EFEFEF;
             margin:5px;
         }
     </style>
     <body>
         <div class="container">
             <div class="row">
                 <div class="col">
                     <div class="wh float-left">Left</div>
                     <div class="wh float-right">Right</div>
                     <!--<div style="clear:both;"></div>-->
                     <div class="wh float-none">None</div>
                 </div>
             </div>
         </div>
     </body>
    </html>
```

以上代码在 Chrome 浏览器中的运行效果如图 4-6 所示。

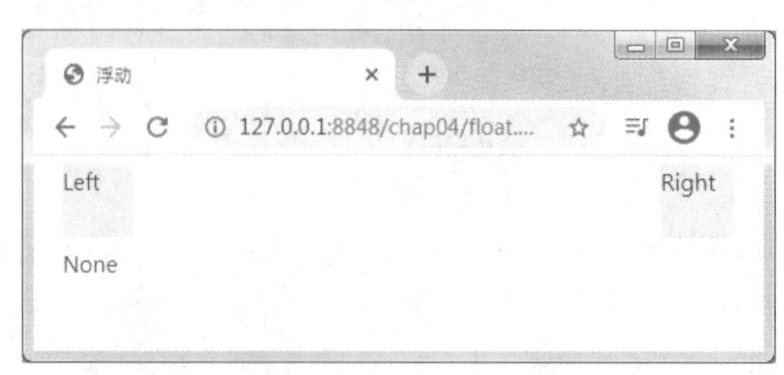

图 4-6　元素浮动示例效果

第 3 个 div 设置了 float-none，不浮动。但是因为前面 2 个 div 设置了浮动，导致这里的显示不正常。我们可以在第 2 个 div 的后面添加以下代码来清除浮动。

```
<div style="clear:both;">
```

添加清除浮动代码后的显示效果如图 4-7 所示。

图 4-7　清除浮动示例效果

在 Bootstrap 中，除了上面的 float-left、float-right、float-none 浮动类，还定义了 float-*-left、float-*-right、float-*-none（其中*为 sm、md、lg、xl）等响应式类，来设置浮动只在某些宽度的设备上生效。比如，float-md-left，只有当设备宽度达到 768px 时，才会浮动。读者可以将上述例子进行修改，然后在不同宽度的设备上浏览页面效果。

4.4.2　清除浮动

Bootstrap 定义了.clearfix 类来清除浮动。为父级元素添加.clearfix，可清除内部元素的浮动。

【实例 4-7】（float-clear.html）

```
<div class="bg-info clearfix">
    <button type="button" class="btn btn-secondary float-left">向左浮动按钮</button>
    <button type="button" class="btn btn-secondary float-right">向右浮动按钮</button>
</div>
```

以上代码在 Chrome 浏览器中的运行效果如图 4-8 所示。

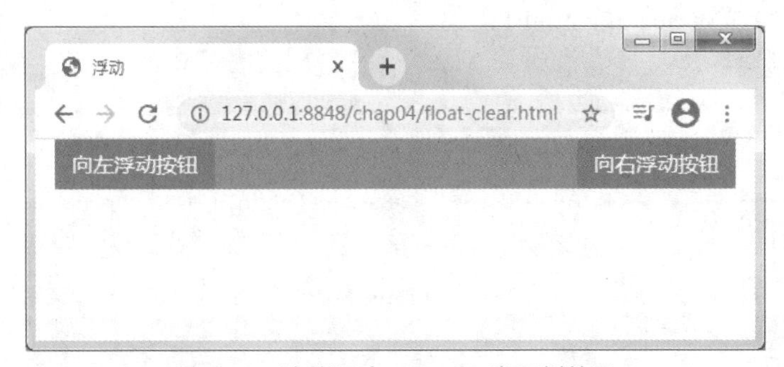

图 4-8　清除浮动.clearfix 类示例效果

说明：如果父元素 div 没有用.clearfix 类，则 div 无法覆盖这两个按钮，从而破坏了布局。

前面提到的【实例 4-6】，我们也可以使用以下代码来清除浮动。

```
<div class="clearfix">
    <div class="wh float-left">Left</div>
    <div class="wh float-right">Right</div>
</div>
<div class="wh float-none">None</div>
```

4.5 边距

Bootstrap 提供了一系列设置内边距和外边距的类，用来修饰元素外观。其格式如下。

```
{属性}{边}-{尺寸}
```

或者

```
{属性}{边}-{断点}-{尺寸}
```

属性：p 表示 padding；m 表示 margin。

边：t 代表 top；b 表示 bottom；l 表示 left；r 表示 right；x 表示 left 和 right；y 表示 top 和 bottom；空表示四边。

尺寸：0 表示 0px；1 表示 0.25rem；2 表示 0.5rem；3 表示 1rem；4 表示 1.5 rem；5 表示 3 rem；auto 表示设置外边距为 auto。

断点：sm、md、lg、xl。

归纳起来，在使用过程中有以下几种情况。

- 使用.p-*来设置内边距（padding），范围为 0～5 和 auto。
- 使用.m-*来设置外边距（margin），范围为 0～5 和 auto。
- 使用.pt-*或 mt-*来设置边缘的距离，这里的 t 可以是 top，其他还有 b(bottom)、l(left)、r(right)等。
- 使用.px-*或 mx-*来设置左右边缘距离，这里的 x 表示 left 或 right。
- 使用.py-*或 my-*来设置上下边缘距离，这里的 y 表示 top 或 bottom。
- 使用.pt-*-5（*可以是 md、lg、xl 等响应式的方式）来设置边缘。

【实例 4-8】（文件 spacing.html）

```
<!DOCTYPE html>
<html>
 <head>
     <meta charset="utf-8"/>
     <meta name="viewport" content="width=device-width,initial-scale=1,
shrink-to-fit=no">
     <title>边距</title>
     <link rel="stylesheet" href="css/bootstrap.min.css"/>
 </head>
 <style>
     .wh{
         width:50px;
         height:50px;
         background-color:#EFEFEF;
```

```
        }
    </style>
    <body>
        <div class="container">
            <div class="row">
                <div class="col">
                <div class="wh float-left ml-2 mt-1">div1</div>
                    <div class="wh float-left ml-1 mr-4 mt-2">div2</div>
                    <div class="wh float-left pl-2 mt-3">div3</div>
                </div>
            </div>
            <div class="row">
                <div class="col">
                    <div class="wh m-auto pt-2">居中</div>
                </div>
            </div>
        </div>
    </body>
</html>
```

以上代码在 Chrome 浏览器中的运行效果如图 4-9 所示。

图 4-9 边距示例效果

4.6 尺寸

Bootstrap 中定义了 w-*、h-*样式，用来改变元素的宽度和高度。这里*的取值为 25、50、75、100、auto，分别代表了 25%、50%、75%、100%、auto。

4.6.1 宽度

【实例 4-9】（文件 sizing-width.html）

```
<div class="w-25 p-2" style="background-color:#eee;">Width 25%</div>
<div class="w-50 p-2" style="background-color:#eee;">Width 50%</div>
<div class="w-75 p-2" style="background-color:#eee;">Width 75%</div>
<div class="w-100 p-2" style="background-color:#eee;">Width 100%</div>
<div class="w-auto p-2" style="background-color:#eee;">Width auto</div>
```

以上代码在 Chrome 浏览器中的运行效果如图 4-10 所示。

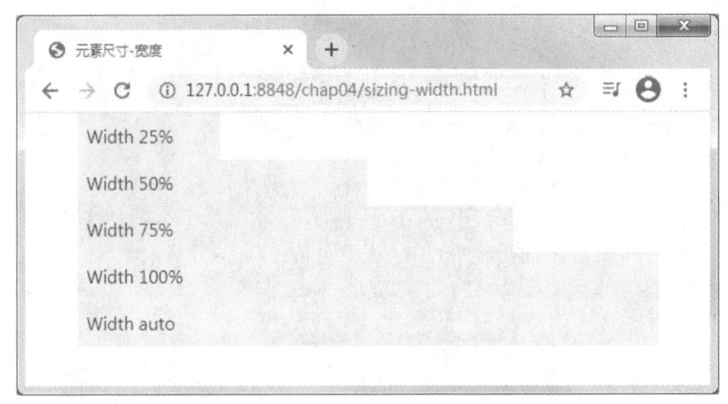

图 4-10　设置元素宽度示例效果

4.6.2　高度

【实例 4-10】（文件 sizing-height.html）

```
<style>
 .wdiv{
        width:70px;
        background-color:rgba(0,0,255,.1);
}
</style>
<body>
    <div class="container">
        <div class="row">
            <div class="col">
                <div style="height:100px; background-color:rgba(255,0,0,0.1);">
                   <div class="wdiv h-25 d-inline-block">高 25%</div>
                   <div class="wdiv h-50 d-inline-block">高 50%</div>
                   <div class="wdiv h-75 d-inline-block">高 75%</div>
                   <div class="wdiv h-100 d-inline-block">高 100%</div>
                   <div class="wdiv h-auto d-inline-block">高 auto</div>
                </div>
            </div>
        </div>
    </div>
</body>
```

以上代码在 Chrome 浏览器中的运行效果如图 4-11 所示。

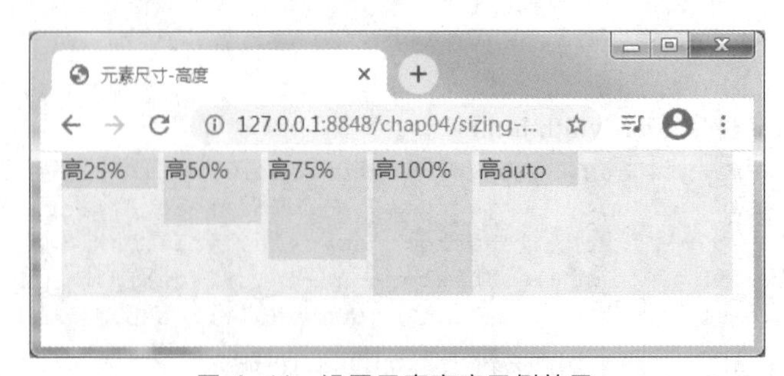

图 4-11　设置元素高度示例效果

说明：.d-inline-block 表示将 div 的 display 属性设置为 inline-block。

4.6.3 最大宽度高度

mw-100：最大宽度 100%。mh-100：最大高度 100%。

【实例 4-11】（文件 sizing-max.html）

```
<div style="height:60px;background-color:#2F92CA;" class="p-2">
    <img src="./img/logo.png" class="mh-100 float-left" alt="Logo">
    <div class="float-right" style="width:40px;">
        <img src="img/flower.jpg" class="mw-100"/>
    </div>
</div>
```

以上代码在 Chrome 浏览器中的运行效果如图 4-12 所示。

图 4-12 设置最大宽度高度示例效果

除此之外，我们还可以使用.min-vw-100 和.min-vh-100 来设置 min-width 和 min-height 的值相对窗口为 100%；使用.vw-100 和.vh-100 来设置尺寸相对于窗口为 100%。

4.7 定义 display

Bootstrap 4.6.0 中定义了 d-{value}或 d-*-{value}类，用来改变元素 display 属性的值。value 的取值为 none、inline、inline-block、block、table、table-cell、table-row、flex、inline-flex，常用的是 none、inline、inline-block、block、flex。*为屏幕宽度 sm、md、lg 和 xl。

其中部分取值含义如下。

d-none：元素不显示。

d-inline：内联显示，元素会成为行内元素，前后无换行，不能设置元素宽度和高度。

d-inline-block：内联块显示，显示在一行，但是可以设置元素宽度和高度。

d-block：块级显示，元素会换行显示，可以设置元素的宽度和高度。

【实例 4-12】（文件 display.html）

```
<div class="container">
    <div class="row">
        <div class="col py-3">
            <div class="d-inline p-2 border">将块级元素改为行内元素</div>
```

```
                <div class="d-inline p-2 border">将块级元素改为行内元素</div>
            </div>
        </div>
        <div class="row">
            <div class="col">
                <span class="d-block p-2 bg-warning">行内元素变为块级元素</span>
                <span class="d-block p-2 bg-info">行内元素变为块级元素</span>
            </div>
        </div>
    </div>
```

以上代码在 Chrome 浏览器中的运行效果如图 4-13 所示。

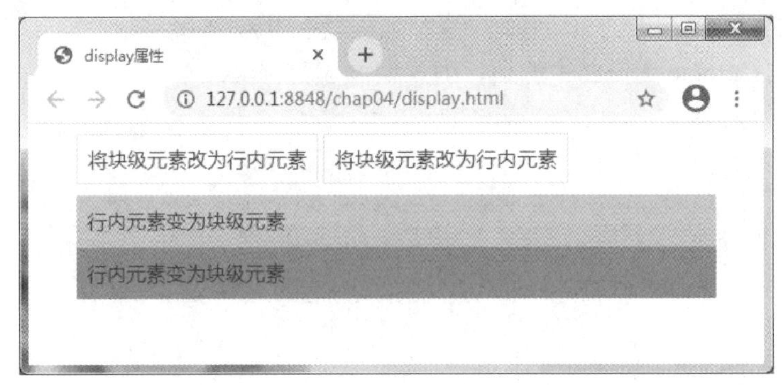

图 4-13　设置 display 属性示例效果

我们利用响应式 display 类，可以让页面在不同设备上显示不一样的效果。使用.d-none 类或.d-{sm,md,lg,xl}-none 类中的一个和其他 display 类搭配使用，可以使元素只在相应宽度的设备上显示。表 4-1 中列举了各种情况。

表 4-1　display 类搭配使用

类	显示效果
.d-none	所有设备上都不显示
.d-none、.d-sm-block	只在 xs 设备上隐藏
.d-sm-none、.d-md-block	只在 sm 设备上隐藏
.d-md-none、.d-lg-block	只在 md 设备上隐藏
.d-lg-none、.d-xl-block	只在 lg 设备上隐藏
.d-xl-none	只在 xl 设备上隐藏
.d-block	所有设备上都可见
.d-block、.d-sm-none	只在 xs 设备上可见
.d-none、.d-sm-block、.d-md-none	只在 sm 设备上可见
.d-none、.d-md-block、.d-lg-none	只在 md 设备上可见
.d-none、.d-lg-block、.d-xl-block	只在 lg 设备上可见
.d-none、.d-xl-block、.d-block	只在 xl 设备上可见

【实例 4-13】（文件 display-responsive.html）

```
<div class="container">
    <div class="row">
        <div class="col-lg-3 col-md-4">
            <img src="img/1.jpg" class="img-thumbnail"/>
        </div>
        <div class="col-lg-3 col-md-4">
            <img src="img/2.jpg" class="img-thumbnail"/>
        </div>
        <div class="col-lg-3 col-md-4">
            <img src="img/3.jpg" class="img-thumbnail"/>
        </div>
        <div class="col-lg-3 d-none d-lg-block">
            <img src="img/4.jpg" class="img-thumbnail"/>
        </div>
    </div>
</div>
```

以上代码在 Chrome 浏览器中的运行效果如图 4-14 和图 4-15 所示。

图 4-14　lg 设备显示示例效果

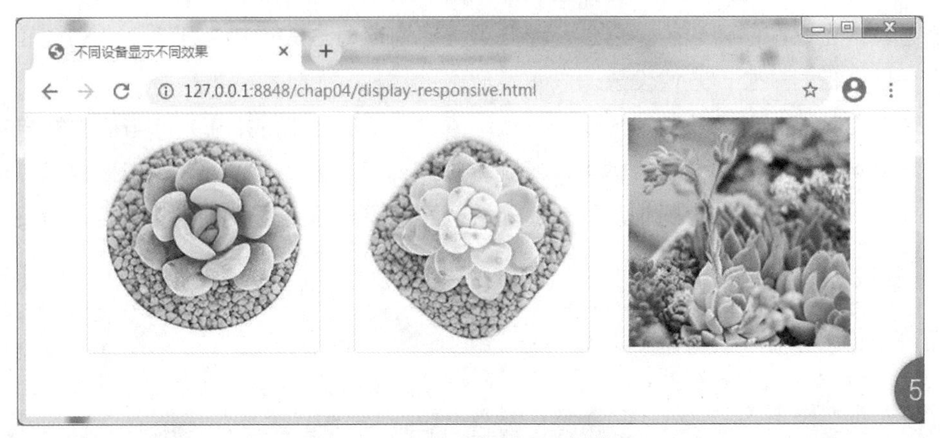

图 4-15　md 设备显示示例效果

Bootstrap 除了定义以上 display 类，还定义了 d-print-{value}，它可以结合 display 类，用来设置元素在屏幕上的显示效果，但不打印，或只打印不显示，或有条件地显示但总是打印，等等。

【实例 4-14】（文件 display-print.html）

```
<div class="container">
    <div class="row">
      <div class="col py-3">
        <div class="d-print-none">屏幕显示(不打印)</div>
        <div class="d-none d-print-block">仅打印(屏幕不显示)</div>
        <div class="d-none d-lg-block d-print-block">只在 lg、xl 上显示，总是打印</div>
      </div>
    </div>
</div>
```

以上代码在 Chrome 浏览器中的运行效果如图 4-16 所示。

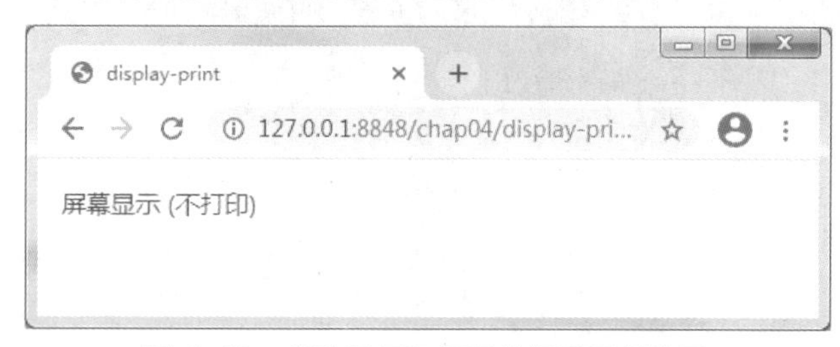

图 4-16　多种显示和打印的设置示例效果

第 2 个 div 没有显示，第 3 个 div 在 lg、xl 设备上显示，所以图 4-16 中没有显示，读者可以调整设备宽度，查看效果。

4.8 flex 布局

flex（flexible box）布局是在 CSS 3 中引入的，又称为“弹性盒模型”，使用 flex 布局可以轻松地创建响应式网页布局。弹性盒模型改进了块模型，既不使用浮动，也不会合并弹性盒容器与其内容之间的外边距。它是一种非常灵活的布局方法，就像几个小盒子放在一个大盒子里一样，相对独立，方便设置。

弹性盒由容器、子元素和轴构成。在默认情况下，子元素的排布方向与横轴的方向是一致的，如图 4-17 所示。弹性盒模型可以用简单的方式满足很多常见的复杂布局需求，它的优势在于开发人员只是声明布局应该具有的行为，而不需要给出具体的实现方式。

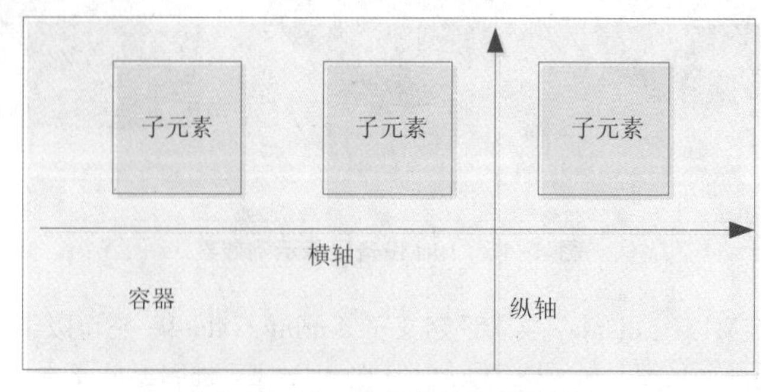

图 4-17　flex 盒子的结构示例效果

4.8.1 display 属性

display 属性用于指定元素容器的类型。默认值为 inline，意味着元素会被显示为一个内联元素，在元素前后没有换行符；如果设置 display 的值为 flex，则表示元素为 flex 的容器；如果设置 display 的值为 none，则表示元素不会被显示。

Bootstrap 中定义了 d-flex、d-inline-flex、d-none，对应 display 属性的 3 种取值。

【实例 4-15】（文件 flex.html）

```
<div class="container p-2">
    <div class="row mb-2">
        <div class="col">
            <div class="d-flex border border-dark">
                <div class="p-2 border border-success">one</div>
                <div class="p-2 border border-success">two</div>
                <div class="p-2 border border-success">three</div>
            </div>
        </div>
    </div>
    <div class="row">
        <div class="col">
            <div class=" d-inline-flex border border-dark">
                <div class="p-2 border border-success">one</div>
                <div class="p-2 border border-success">two</div>
                <div class="p-2 border border-success">three</div>
            </div>
        </div>
    </div>
</div>
```

以上代码在 Chrome 浏览器中的运行效果如图 4-18 所示。

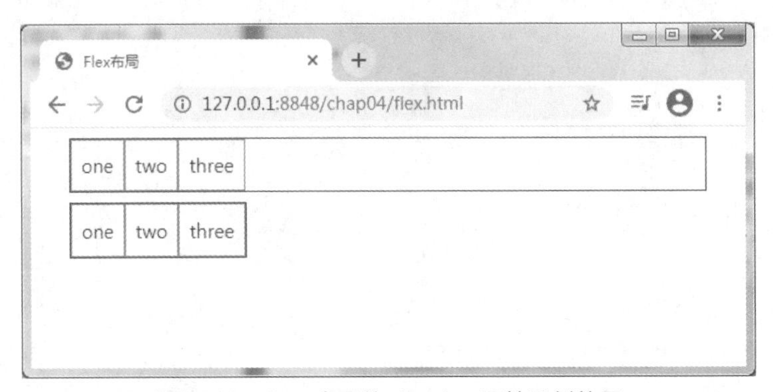

图 4-18　flex 盒子的 display 属性示例效果

4.8.2 flex-flow 属性

flex-flow 属性的值是 flex-direction 的值和 flex-wrap 的值的组合。

flex-direction 用于调整主轴的方向，可以调整为横向或者纵向。在默认情况下是横向，此时横轴为主轴，纵轴为侧轴；如果改为纵向，则纵轴为主轴，横轴为侧轴。

Bootstrap 中也定义了相应的类：.flex-{value}。value 的取值和含义如表 4-2 所示。

表 4-2　flex-flow 属性

取值	描述	类
row	弹性盒子元素按横轴方向顺序排列（默认值）	.flex-row
row-reverse	弹性盒子元素按横轴方向逆序排列	.flex-row-reverse
column	弹性盒子元素按纵轴方向顺序排列	.flex-column
column-reverse	弹性盒子元素按纵轴方向逆序排列	.flex-column-reverse

在后面的实例中，为了使效果更清晰，对 row 和 col 单独定义了样式，与“第 2 章　栅格系统”实例类似（后面的实例代码都只给出了核心代码，而非完整的文件）。

```
<style>
     .row{
        margin-bottom:15px;
     }
     [class*="col"]{
        background-color:rgba(86,61,124,0.15);
        border:1px solid rgba(86,61,124,.2);
     }
</style>
```

【实例 4-16】（文件 flex-direction.html）

```
<!DOCTYPE html>
<html>
 <head>
     <meta charset="utf-8"/>
     <meta name="viewport" content="width=device-width,initial-scale=1,
shrink-to-fit=no">
     <title>Flex 方向</title>
     <link rel="stylesheet" href="css/bootstrap.min.css"/>
     <style>
         .row{
             margin-bottom:15px;
         }
         [class*="col"]{
             background-color:rgba(86,61,124,0.15);
             border:1px solid rgba(86,61,124,.2);
         }
     </style>
 </head>

 <body>
     <div class="container p-2">
         <div class="row">
             <div class="col-6 d-flex flex-row p-0">
                 <div class="p-2 border border-success bg-light">one</div>
                 <div class="p-2 border border-success bg-light">two</div>
                 <div class="p-2 border border-success bg-light">three</div>
             </div>
```

```
            <div class="col-6 d-flex flex-row-reverse p-0">
                <div class="p-2 border border-success bg-light">one</div>
                <div class="p-2 border border-success bg-light">two</div>
                <div class="p-2 border border-success bg-light">three</div>
            </div>
        </div>
        <div class="row">
            <div class="col-6 d-flex flex-column p-0">
                <div class="p-2 border border-success bg-light">one</div>
                <div class="p-2 border border-success bg-light">two</div>
                <div class="p-2 border border-success bg-light">three</div>
            </div>
            <div class="col-6 d-flex flex-column-reverse p-0">
                <div class="p-2 border border-success bg-light">one</div>
                <div class="p-2 border border-success bg-light">two</div>
                <div class="p-2 border border-success bg-light">three</div>
            </div>
        </div>
    </div>
</body>
</html>
```

以上代码在 Chrome 浏览器中的运行效果如图 4-19 所示。

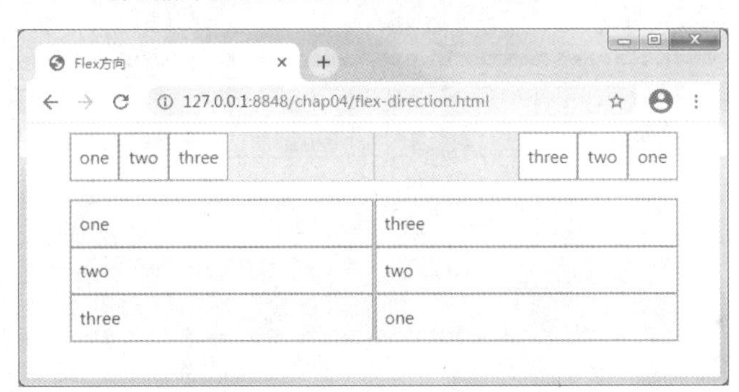

图 4-19　flex 盒子的方向设置示例效果

除此之外，Bootstrap 中还定义了响应式类：.flex-*-{value}。其中，*为 sm、md、lg、xl。读者可以自行修改上述代码，然后改变设备宽度，查看效果。

flex-wrap 用于在必要的时候换行弹性盒元素，取值和类如表 4-3 所示。

表 4-3　flex-wrap 属性

取值	描述	类
nowrap	容器为单行，该情况下 flex 子项可能会溢出容器。该值是默认属性值，不换行	.flex-nowrap
wrap	容器为多行，flex 子项溢出的部分会被放置到新行（换行），第一行显示在上方	.flex-wrap
wrap-reverse	反转 wrap 排列（换行），第一行显示在下方	.flex-reverse

【实例 4-17】（文件 flex-wrap.html）

```
<div class="container p-2">
    <div class="row mb-2">
```

```
        <div class="col-4">
            <div class="d-flex flex-row flex-nowrap border border-dark">
                <div class="p-2 border border-success bg-light">one</div>
                <div class="p-2 border border-success bg-light">two</div>
                <div class="p-2 border border-success bg-light">three</div>
                <div class="p-2 border border-success bg-light">four</div>
                <div class="p-2 border border-success bg-light">five</div>
            </div>
        </div>
    </div>
    <div class="row mb-2">
        <div class="col-4">
            <div class="d-flex flex-row flex-wrap border border-dark">
                <div class="p-2 border border-success bg-light">one</div>
                <div class="p-2 border border-success bg-light">two</div>
                <div class="p-2 border border-success bg-light">three</div>
                <div class="p-2 border border-success bg-light">four</div>
                <div class="p-2 border border-success bg-light">five</div>
            </div>
        </div>
    </div>
    <div class="row mb-2">
        <div class="col-4">
            <div class=" d-flex flex-row flex-wrap-reverse border border-dark">
                <div class="p-2 border border-success bg-light">one</div>
                <div class="p-2 border border-success bg-light">two</div>
                <div class="p-2 border border-success bg-light">three</div>
                <div class="p-2 border border-success bg-light">four</div>
                <div class="p-2 border border-success bg-light">five</div>
            </div>
        </div>
    </div>
</div>
```

以上代码在 Chrome 浏览器中的运行效果如图 4-20 所示。

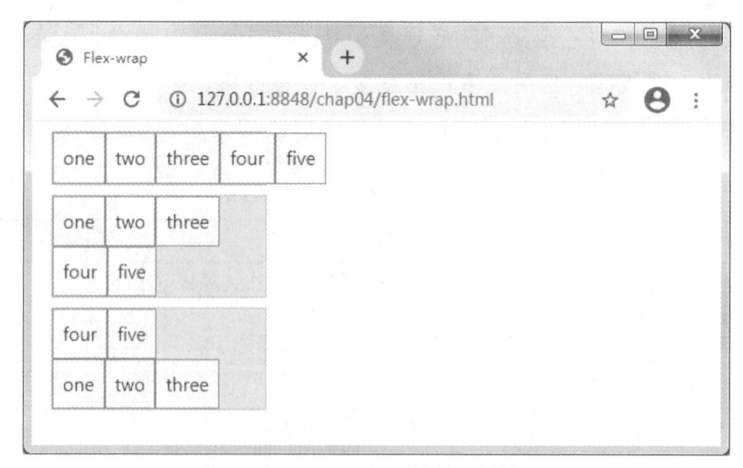

图 4-20　flex 盒子溢出示例效果

说明：在以上代码的第 3 行中，每行取了 1 列，占 4 格。第 1 行溢出不换行，第 2 行溢出换行，第 3 号溢出换行，但是第 1 行在最后面。

除此之外，Bootstrap 中还定义了响应式类：.flex-*-{value}。其中，*为 sm、md、lg、xl；value 的取值为 nowrap、wrap、reverse。读者可以自行修改上述代码，然后改变设备宽度，查看效果。

4.8.3 justify-content 属性

justify-content 属性能够设置子元素在主轴方向的排列方式，其取值和类如表 4-4 所示。

表 4-4 justify-content 属性

取值	描述	类
flex-start	弹性盒子元素将向行起始位置对齐（默认值）	.justify-content-start
flex-end	弹性盒子元素将向行结束位置对齐	.justify-content-end
center	弹性盒子元素将向行中间位置对齐	.justify-content-center
space-between	弹性盒子元素会平均分布在行里，第一个元素的边界与行的起始位置边界对齐，最后一个元素的边界与行结束位置的边界对齐	.justify-content-between
space-around	弹性盒子元素会平均分布在行里，两端保留子元素与子元素之间间距大小的一半	.justify-content-around

【实例 4-18】（文件 flex-justify-content.html）

```
<!DOCTYPE html>
<html>
 <head>
     <meta charset="utf-8"/>
     <meta name="viewport" content="width=device-width,initial-scale=1,
shrink-to-fit=no">
     <title>Flex-主轴排序</title>
     <link rel="stylesheet" href="css/bootstrap.min.css"/>
     <style>
         .row{
             margin-bottom:15px;
         }
         [class*="col"]{
             background-color:rgba(86,61,124,0.15);
             border:1px solid rgba(86,61,124,.2);
         }
     </style>
 </head>

 <body>
     <div class="container">
         <div class="row">
             <div class="col p-0 d-flex justify-content-start">
                 <div class="p-2 border border-success bg-light">flex item</div>
                 <div class="p-2 border border-success bg-light">flex item</div>
                 <div class="p-2 border border-success bg-light">flex item</div>
```

```
            </div>
        </div>
        <div class="row">
            <div class="col p-0 d-flex justify-content-end">
                <div class="p-2 border border-success bg-light">flex item</div>
                <div class="p-2 border border-success bg-light">flex item</div>
                <div class="p-2 border border-success bg-light">flex item</div>
            </div>
        </div>
        <div class="row">
            <div class="col p-0 d-flex justify-content-center">
                <div class="p-2 border border-success bg-light">flex item</div>
                <div class="p-2 border border-success bg-light">flex item</div>
                <div class="p-2 border border-success bg-light">flex item</div>
            </div>
        </div>
        <div class="row">
            <div class="col p-0 d-flex justify-content-between">
                <div class="p-2 border border-success bg-light">flex item</div>
                <div class="p-2 border border-success bg-light">flex item</div>
                <div class="p-2 border border-success bg-light">flex item</div>
            </div>
        </div>
        <div class="row">
            <div class="col p-0 d-flex justify-content-around ">
                <div class="p-2 border border-success bg-light">flex item</div>
                <div class="p-2 border border-success bg-light">flex item</div>
                <div class="p-2 border border-success bg-light">flex item</div>
            </div>
        </div>
    </div>
  </body>
</html>
```

以上代码在 Chrome 浏览器中的运行效果如图 4-21 所示。

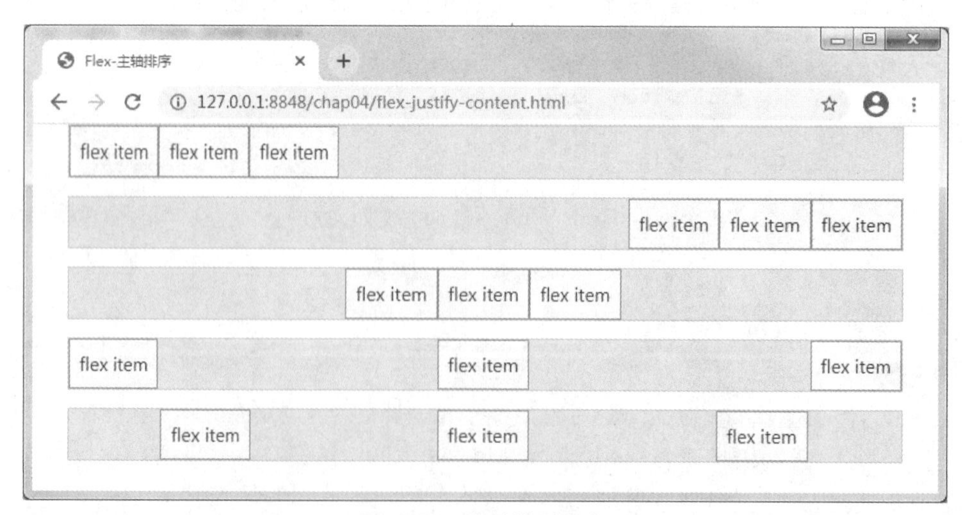

图 4-21　主轴排列方式

除此之外，Bootstrap 中还定义了响应式类：.justify-content-*-{value}。其中，*为 sm、md、lg、xl；value 的取值为 start、end、center、between、around。读者可以自行修改上述代码，然后改变设备宽度，查看效果。

4.8.4 align-items 属性

align-items 属性用于定义子元素在侧轴上的对齐方式，其取值如表 4-5 所示。

表 4-5 align-items 属性

取值	描述	类
flex-start	弹性盒子元素向垂直于轴的方向上的起始位置对齐	.align-items-start
flex-end	弹性盒子元素向垂直于轴的方向上的结束位置对齐	.align-items-end
center	弹性盒子元素向垂直于轴的方向上的中间位置对齐	.align-items-center
baseline	如果弹性盒子元素的行内轴（页面中文字的排列方向）与侧轴方向一致，则该值与 flex-start 等效。其他情况下，该值将与基线对齐	.align-items-baseline
stretch	默认值。如果指定侧轴大小的属性值为 auto，则其值会使项目的边距盒的尺寸尽可能接近所在行的尺寸，但同时会遵照 min/max-width/height 属性的限制	.align-items-stretch

【实例 4-19】（文件 flex-align-items.html）

```
<div class="container">
     <div class="row">
          <div class="col p-0 d-flex align-items-start">
               <div class="p-2 border border-success bg-light">flex item</div>
               <div class="p-2 border border-success bg-light">flex item</div>
               <div class="p-2 border border-success bg-light">flex item</div>
          </div>
     </div>
     <div class="row">
          <div class="col p-0 d-flex align-items-end">
               <div class="p-2 border border-success bg-light">flex item</div>
               <div class="p-2 border border-success bg-light">flex item</div>
               <div class="p-2 border border-success bg-light">flex item</div>
          </div>
     </div>
     <div class="row">
          <div class="col p-0 d-flex align-items-center">
               <div class="p-2 border border-success bg-light">flex item</div>
               <div class="p-2 border border-success bg-light">flex item</div>
               <div class="p-2 border border-success bg-light">flex item</div>
          </div>
     </div>
     <div class="row">
          <div class="col p-0 d-flex align-items-baseline">
               <div class="p-2 border border-success bg-light">flex item</div>
               <div class="p-2 border border-success bg-light">flex item</div>
               <div class="p-2 border border-success bg-light">flex item</div>
```

```
            </div>
        </div>
        <div class="row">
            <div class="col p-0 d-flex align-items-stretch">
                <div class="p-2 border border-success bg-light">flex item</div>
                <div class="p-2 border border-success bg-light">flex item</div>
                <div class="p-2 border border-success bg-light">flex item</div>
            </div>
        </div>
    </div>
```

以上代码在 Chrome 浏览器中的运行效果如图 4-22 所示。

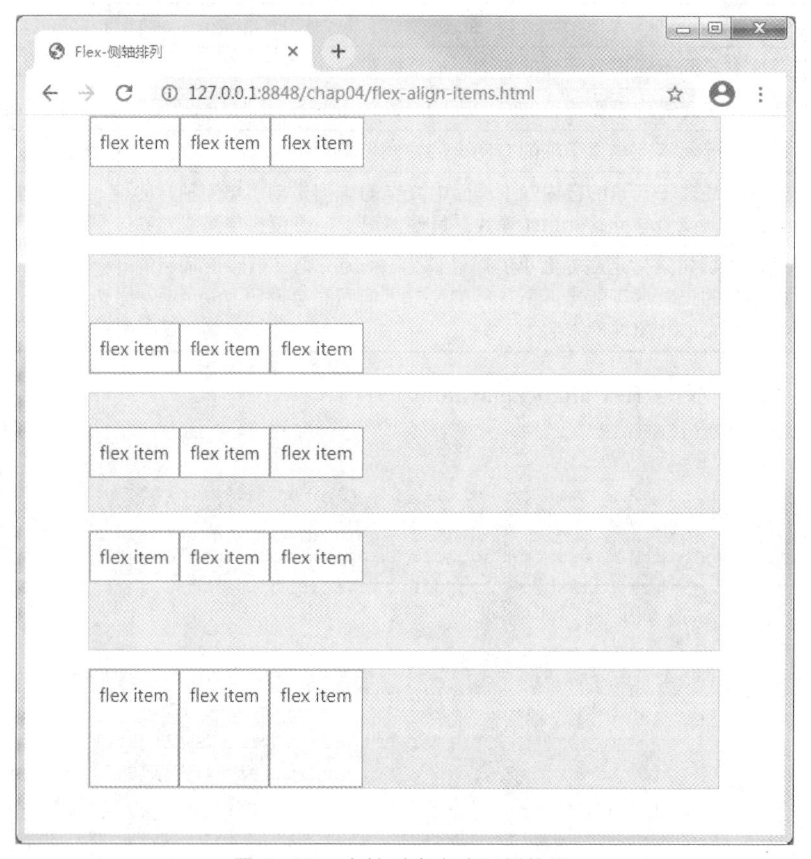

图 4-22　主轴对齐方式示例效果

除此之外，Bootstrap 中还定义了响应式类：.align-items -*-{value}。其中，*为 sm、md、lg、xl；value 的取值为 start、end、center、baseline、stretch。读者可以自行修改上述代码，然后改变设备宽度，查看效果。

4.8.5　align-self 属性

flex 布局可以使用 align-self 属性对单个子元素设置对齐方式。align-self 属性的取值有 auto、flex-start、flex-end、center、baseline、stretch，每个值的意义与 align-items 属性的取值

类似。Bootstrap 中对应的类名：align-self-{value}。value 的取值为 start、end、center、baseline、stretch。

【实例 4-20】（文件 flex-align-self.html）

```
<!DOCTYPE html>
<html>
 <head>
     <meta charset="utf-8"/>
     <meta name="viewport" content="width=device-width,initial-scale=1,
shrink-to-fit=no">
     <title>Flex-单个子元素侧轴排列</title>
     <link rel="stylesheet" href="css/bootstrap.min.css"/>
     <style>
         .row{
             margin-bottom:15px;
         }
         [class*="col"]{
             background-color:rgba(86,61,124,0.15);
             border:1px solid rgba(86,61,124,.2);
             height:100px;
         }
     </style>
 </head>

 <body>
     <div class="container">
         <div class="row">
             <div class="col p-0 d-flex">
                 <div class="p-2 border border-success bg-light">flex item</div>
                 <div class="p-2 border border-success bg-light align-
self-start">flex item</div>
                 <div class="p-2 border border-success bg-light">flex item</div>
             </div>
         </div>
         <div class="row">
             <div class="col p-0 d-flex">
                 <div class="p-2 border border-success bg-light">flex item</div>
                 <div class="p-2 border border-success bg-light align-
self-end">flex item</div>
                 <div class="p-2 border border-success bg-light">flex item</div>
             </div>
         </div>
         <div class="row">
             <div class="col p-0 d-flex">
                 <div class="p-2 border border-success bg-light">flex item</div>
                 <div class="p-2 border border-success bg-light align-
self-center">flex item</div>
                 <div class="p-2 border border-success bg-light">flex item</div>
             </div>
         </div>
         <div class="row">
             <div class="col p-0 d-flex">
                 <div class="p-2 border border-success bg-light">flex item</div>
```

```
                    <div class="p-2 border border-success bg-light align-
self-baseline">flex item</div>
                    <div class="p-2 border border-success bg-light">flex item</div>
                </div>
            </div>
            <div class="row">
                <div class="col p-0 d-flex">
                    <div class="p-2 border border-success bg-light">flex item</div>
                    <div class="p-2 border border-success bg-light align-
self-stretch">flex item</div>
                    <div class="p-2 border border-success bg-light">flex item</div>
                </div>
            </div>
        </div>
    </body>
</html>
```

以上代码在 Chrome 浏览器中的运行效果如图 4-23 所示。

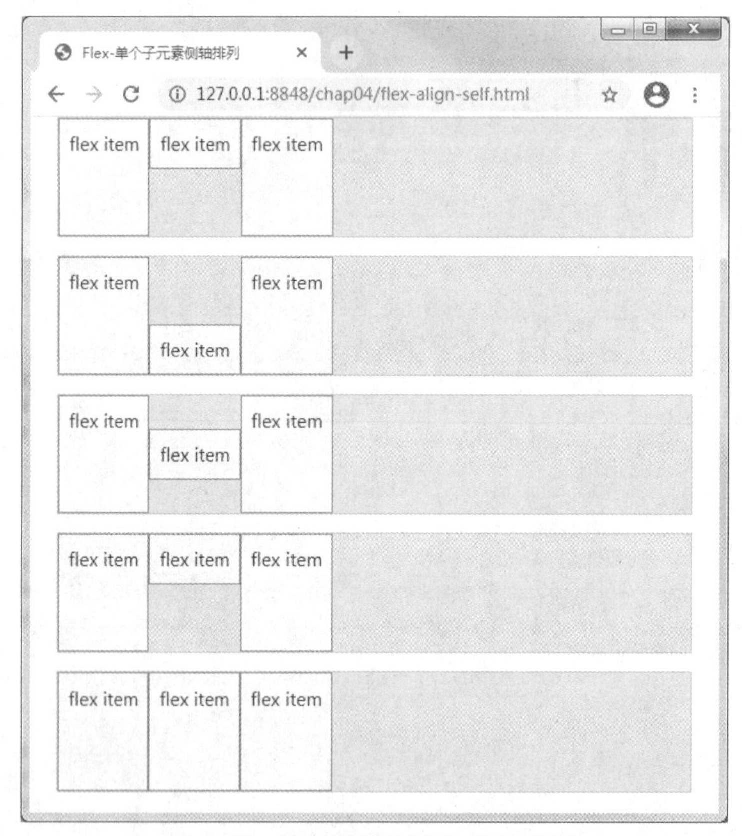

图 4-23　单个子元素对齐方式示例效果

说明：这里将 col 的 height 设置为 100px。

除此之外，Bootstrap 中还定义了响应式类：.align-self -*-{value}。其中，*为 sm、md、lg、xl；value 的取值为 start、end、center、baseline、stretch。读者可以自行修改上述代码，然后改变设备宽度，查看效果。

4.8.6 order 属性

order 属性用于设置子元素出现的排列顺序。其数值越小，排列越靠前，默认为 0。在 Bootstrap 中还可以定义类.order-*和.order-{sm、md、lg、xl}-*。其中，*的取值为 0～12。

【实例 4-21】（文件 flex-order.html）

```
    <div class="container p-2">
        <div class="row">
            <div class="col d-flex  flex-row p-0">
                <div class="p-2 border border-success bg-light order-2">one</div>
                <div class="p-2 border border-success bg-light order-3">two</div>
                <div class="p-2 border border-success bg-light order-1">three
</div>
            </div>
        </div>
    </div>
```

以上代码在 Chrome 浏览器中的运行效果如图 4-24 所示。

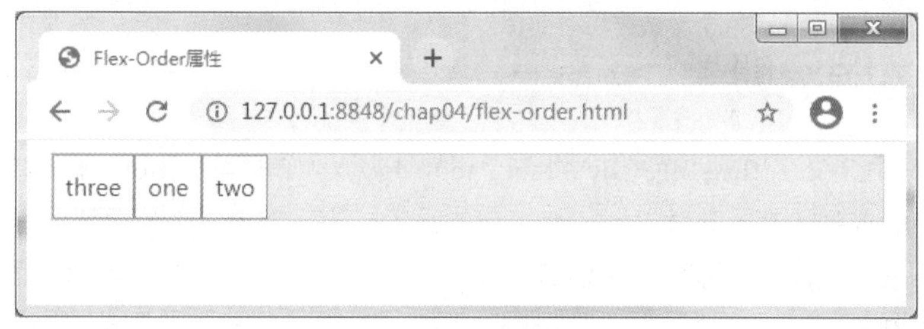

图 4-24　子元素排序

4.8.7 flex-grow 和 flex-shrink 属性

flex-grow 为扩展比率，flex-shrink 为收缩比率。在 Bootstrap 中可定义类 flex-grow-0、flex-grow-1、flex-shrink-0、flex-shrink-1；也可定义响应式的类 flex-{sm、md、lg、xl}-{grow|shrink}-{0|1}。

【实例 4-22】（文件 flex-grow-shrink.html）

```
    <div class="container p-2">
        <div class="row">
            <div class="col d-flex flex-row p-0">
                <div class="p-2 border border-success bg-light flex-grow-1">
one</div>
                <div class="p-2 border border-success bg-light">two</div>
                <div class="p-2 border border-success bg-light">three</div>
            </div>
        </div>
        <div class="row">
            <div class="col d-flex flex-row p-0">
```

```
                <div class="p-2 w-100 border border-success bg-light">Flex item
</div>
                <div class="p-2 flex-shrink-1 border border-success bg-light">
Flex item</div>
            </div>
        </div>
    </div>
```

以上代码在 Chrome 浏览器中的运行效果如图 4-25 所示。

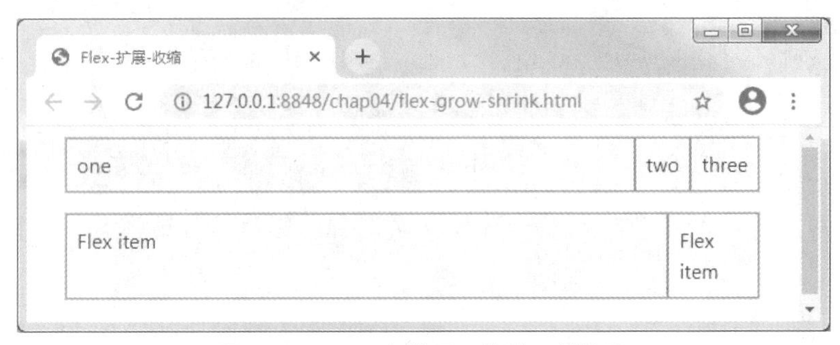

图 4-25　子元素扩展和收缩示例效果

4.8.8　.flex-fill 类

Bootstrap 中定义了.flex-fill、.flex-{sm、md、lg、xl}-fill 类。.flex-fill 强制让每个元素项目占据相等的水平宽度，同时占据所有可用的水平空间。如果多个项目同时设置了.flex-fill，则它们等比例分割宽度，以适合导航项目；如果其中一个或两个没有设置.flex-fill，则会被其他已设置的填充宽度。

.flex-fill 的定义如下。

```
.flex-fill{
 -ms-flex:1 1 auto !important;
 flex:1 1 auto !important;
}
```

其中，flex 属性的 3 个值分别代表 flex-grow:1、flex-shrink:1、flex-basis:auto。

【实例 4-23】（文件 flex-fill.html）

```
    <div class="container p-2">
        <div class="row">
            <div class="col d-flex flex-row p-0">
                <div class="p-2 flex-fill border border-success">Flex item 内容较
多的情况</div>
                <div class="p-2 flex-fill border border-success">Flex item</div>
                <div class="p-2 flex-fill border border-success">Flex item</div>
            </div>
        </div>
    </div>
```

以上代码在 Chrome 浏览器中的运行效果如图 4-26 所示。

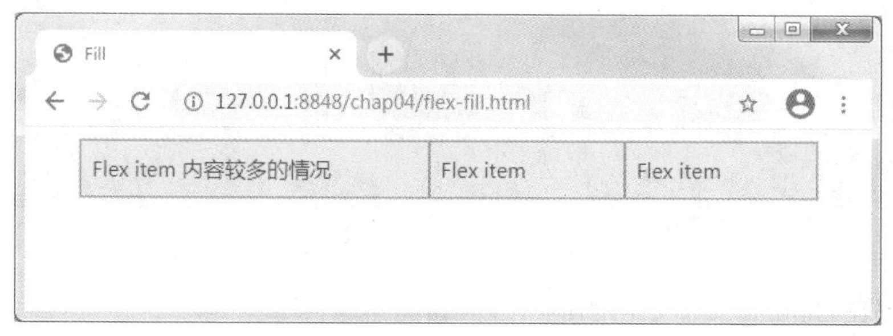

图 4-26　子元素等宽示例效果

4.8.9　自动外边距

如果用户将 flex 对齐与 auto margin 混用，flex 盒子也能正常运行。

水平方向上，使用.mr-auto，可以将后面的子元素右移；使用.ml-auto，将从自己开始的子元素右移。

垂直方向上，使用.mb-auto，可以将后面的子元素下移；使用.mt-auto，将从自己开始的子元素下移。

【实例 4-24】（文件 flex-auto-margin.html）

```
    <div class="container p-2">
        <div class="row">
            <div class="col d-flex flex-row p-0">
                <div class="mr-auto p-2 border border-success bg-light">Flex
item1</div>
                <div class="p-2 border border-success bg-light">Flex item2</div>
                <div class="p-2 border border-success bg-light">Flex item3</div>
            </div>
        </div>
        <div class="row">
            <div class="col d-flex flex-row p-0">
                <div class="p-2 border border-success bg-light">Flex item1</div>
                <div class="p-2 border border-success bg-light">Flex item2</div>
                <div class="ml-auto p-2 border border-success bg-light">Flex
item3</div>
            </div>
        </div>
        <div class="row">
            <div class="col d-flex align-itmes-start flex-column p-0" style=
"height:200px;">
                <div class="mb-auto p-2 border border-success bg-light w-25">
Flex item1</div>
                <div class="p-2 border border-success bg-light w-25">Flex item2
 </div>
                <div class="p-2 border border-success bg-light w-25">Flex item3
</div>
            </div>
        </div>
        <div class="row">
            <div class="col d-flex flex-column p-0" style="height:200px;">
```

```
                <div class="p-2 border border-success bg-light w-25">Flex item1
</div>
                <div class="p-2 border border-success bg-light w-25">Flex item2
</div>
                <div class="mt-auto p-2 border border-success bg-light w-25">
Flex item3</div>
            </div>
        </div>
    </div>
```

以上代码在 Chrome 浏览器中的运行效果如图 4-27 所示。

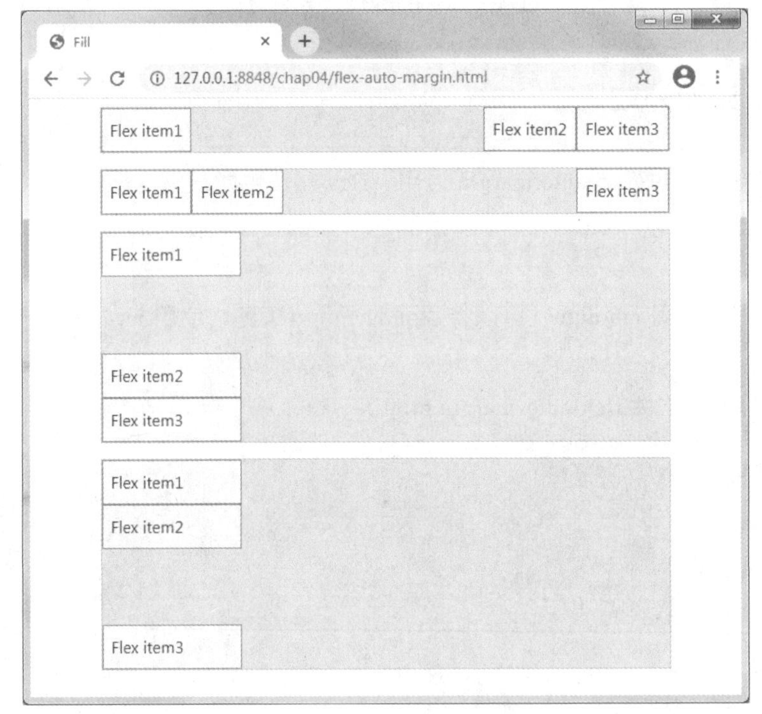

图 4-27　auto margin 示例效果

在【实例 4-24】中，第 1 行，第 1 个子元素上用了.mr-auto，后面 2 个子元素右移；第 2 行，第 3 个子元素上用了.ml-auto，自己右移；第 3 行，第 1 个子元素上用了.mb-auto，后 2 个子元素下移；第 4 行，第 3 个子元素上用了.mt-auto，自己下移。

4.9 嵌入

使用.embed-responsive 实现嵌入响应式，比如<iframe>、<embed>等，再使用.embed-responsive-16by9 实现响应式比例（还可以实现 21:9、4:3、1:1）。

【实例 4-25】（文件 embed.html）

```
<div class="embed-responsive embed-responsive-16by9">
    <iframe src="https://getbootstrap.net"></iframe>
</div>
```

以上代码在 Chrome 浏览器中的运行效果如图 4-28 所示。

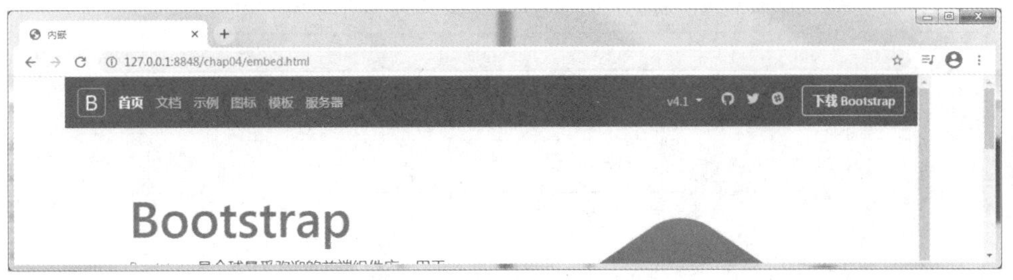

图 4-28 响应式内嵌示例效果

4.10 定位

Bootstrap 中定义了一系列的定位元素的类，方便用户快速设置元素位置。

.position-*类可快速设置元素的 position 属性值。这里，*的取值为 position 的属性值：static、relative、absolute、fixed、sticky。

.fixed-top、.fix-buttom 类，可以将一个元素固定在可见区域的顶部或底部。固定时，如果遮挡了其他元素，需要配合自定义的 CSS。

.sticky-top 类，当页面滚动时，将元素粘在顶部，必要时需配合自定义的 CSS。另外，这个效果不是所有浏览器都支持。

【实例 4-26】（文件 position.html）

```
    <div class="container">
        <div class="row">
            <div class="col p-0" style="height:800px;">
                <div class="position-static bg-light border border-success p-2">
static：正常文档流</div>
                <div class="position-relative bg-light border border-success
p-2" style="left:200px;">relative：相对正常位置右移 200px</div>
                <div class="position-fixed bg-light border border-success p-2"
style="top:150px;left:150px;">fixed：相对浏览器定位</div>
                <div class="position-sticky bg-light border border-success p-2"
style="top:0px;">sticky：滚动窗口时，粘在顶部、底部、左边或者右边，这里在顶部</div>
                <div class="position-absolute bg-light border border-success
p-2" style="top:200px;left:200px;">absolute：相对已定位的父级元素，绝对定位，离顶部
200px，离左边 50px</div>
                <div class="fixed-bottom bg-light border border-success p-2">
.fixed-buttom：固定在底部</div>
            </div>
        </div>
    </div>
```

为了演示效果，我们还为 col 设置了样式。

```
    [class*="col"]{
        background-color:rgba(86,61,124,0.15);
        border:1px solid rgba(86,61,124,.2);
    }
```

以上代码在 Chrome 浏览器中的运行效果如图 4-29 所示。

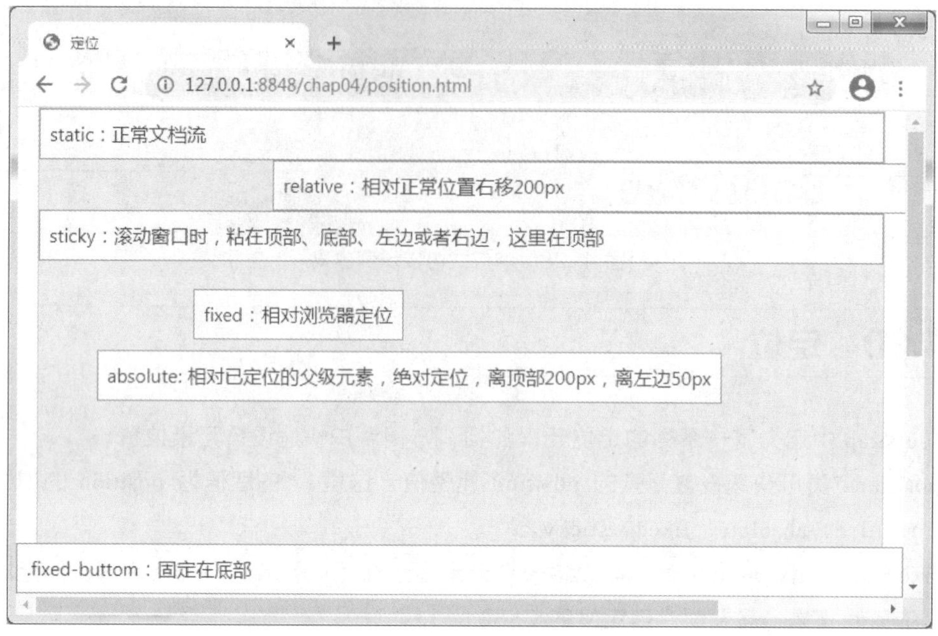

图 4-29　元素定位示例效果 1

说明：（1）为了演示效果，对定位的 div 设置了边框、背景和宽度。滚动右边的滚动条，在查看页面底部的内容时，可以看到，fixed 定位和 sticky 定位的效果，如图 4-30 所示。

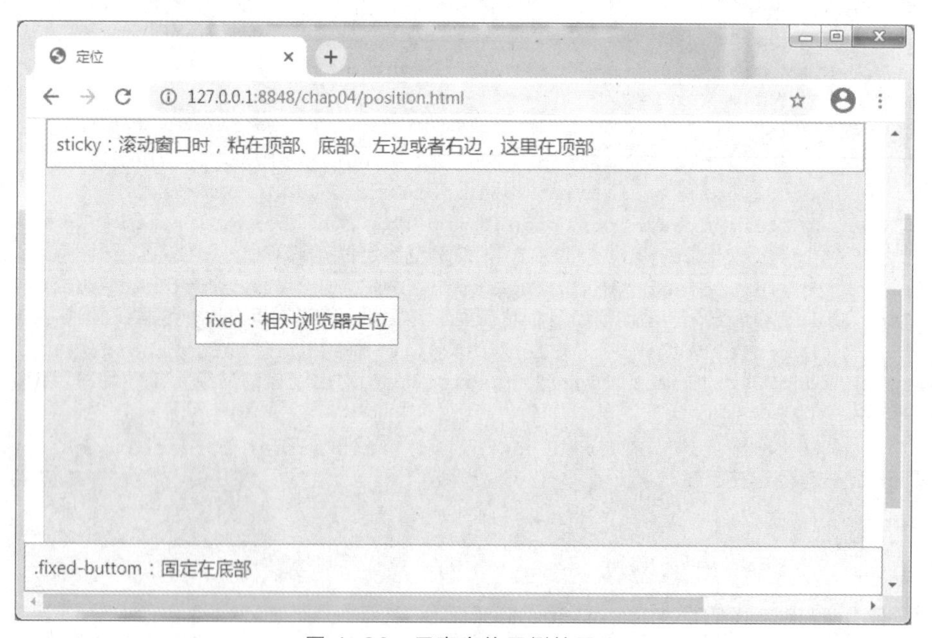

图 4-30　元素定位示例效果 2

（2）sticky 顶部粘连，可以使用.sticky-top 类。

（3）.fixed-buttom 的 position 属性为 fixed，并设置 left 为 0、right 为 0、buttom 为 0，其宽度为浏览器宽度。其在 Bootstrap 中的定义如下。

```
  .fixed-bottom{
    position:fixed;
    right:0;
    bottom:0;
    left:0;
    z-index:1030;
  }
```

（4）.position-fixed 和.position-absolute 的 div，因为在以上代码中都只设置了 left 和 top 两个属性值，所以，其宽度随文本大小变化。

4.11 阴影

使用.shadow 或.shadow-* 实现元素的阴影效果。其中，*的取值为 none、lg、sm。

【实例 4-27】（文件 shadow.html）

```
<div class="col">
    <div class="shadow-none p-3 bg-light rounded">无阴影</div>
</div>
<div class="col">
    <div class="shadow-sm p-3 bg-white rounded">小阴影</div>
</div>
<div class="col">
    <div class="shadow p-3 bg-white rounded">常规阴影</div>
</div>
<div class="col">
    <div class="shadow-lg p-3 bg-white rounded">大阴影</div>
</div>
```

以上代码在 Chrome 浏览器中的运行效果如图 4-31 所示。

图 4-31　阴影效果

4.12 垂直对齐

Bootstrap 中定义了垂直对齐类.align-*，使用这些类可设置元素在垂直方向上的对齐方式。其中，*的取值为 baseline、top、text-top、middle、bottom、text-bottom，如表 4-6 所示。注意：垂直对齐仅影响内联 inline、内联块 inline-block、内联表 inline-table、表格单元格 table cell 元素。

表 4-6　垂直对齐类

类	描述
.align-baseline	默认。元素放置在父元素的基线上
.align-top	将元素的顶端与行中最高元素的顶端对齐
.align-text-top	将元素的顶端与父元素字体的顶端对齐
.align-middle	将此元素放置在父元素的中部
.align-bottom	将元素的顶端与行中最低的元素的顶端对齐
.align-text-bottom	将元素的底端与父元素字体的底端对齐

【实例 4-28】（文件 align.html）

```
<table class="table table-bordered" style="height:100px;">
    <tbody>
        <tr>
            <td class="align-baseline">baseline</td>
            <td class="align-top">top</td>
            <td class="align-middle">middle</td>
            <td class="align-bottom">bottom</td>
            <td class="align-text-top">text-top</td>
            <td class="align-text-bottom">text-bottom</td>
        </tr>
    </tbody>
</table>
```

以上代码在 Chrome 浏览器中的运行效果如图 4-32 所示。

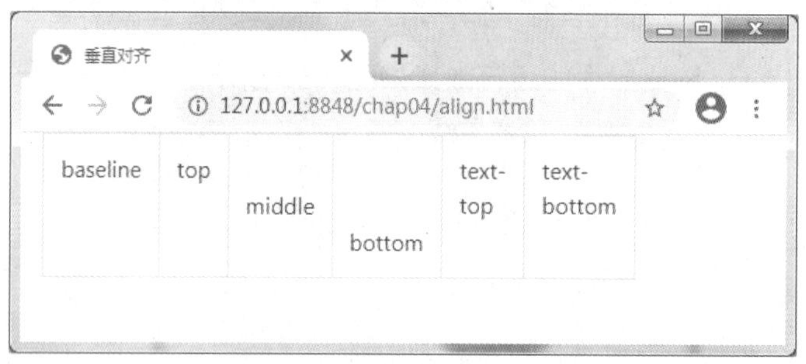

图 4-32　垂直对齐示例效果

4.13　可见性

使用.visible 和.invisible 类可控制 HTML 元素的可见性，并且不会修改 display 的设置，也不会对布局产生影响，设置.invisible 的 HTML 元素仍然占据页面空间。

【实例 4-29】（文件 visible.html）

```
<img src="img/1.jpg" class="invisible"/>
<img src="img/2.jpg" class="visible"/>
```

以上代码在 Chrome 浏览器中的运行效果如图 4-33 所示。

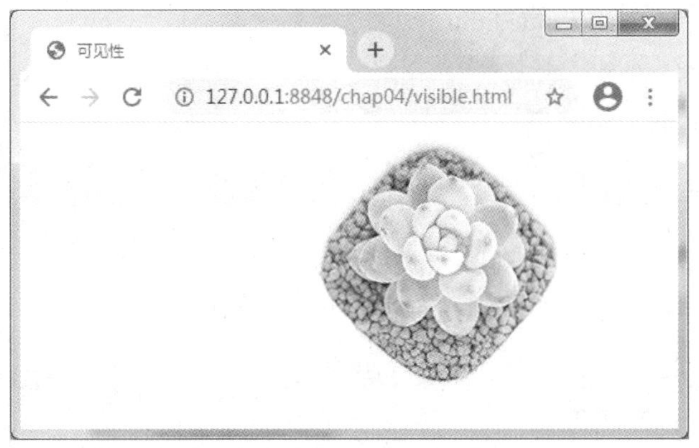

图 4-33 .visible 和.invisible 类示例效果

4.14 溢出

使用.overflow-auto 和.overflow-hidden 可设置区域显示方式。当溢出时，使用 overflow-auto 会出现滚动条；使用.overflow-hidden，则溢出部分不可见。

【实例 4-30】（文件 overflow.html）

```
    <div class="col">
        <div class="overflow-auto" style="max-height:150px;">层叠样式表(英文全称：…
</div>
    </div>
    <div class="col">
        <div class="overflow-hidden" style="max-height:150px;">层叠样式表(英文全称：…
</div>
    </div>
```

以上代码在 Chrome 浏览器中的运行效果如图 4-34 所示。

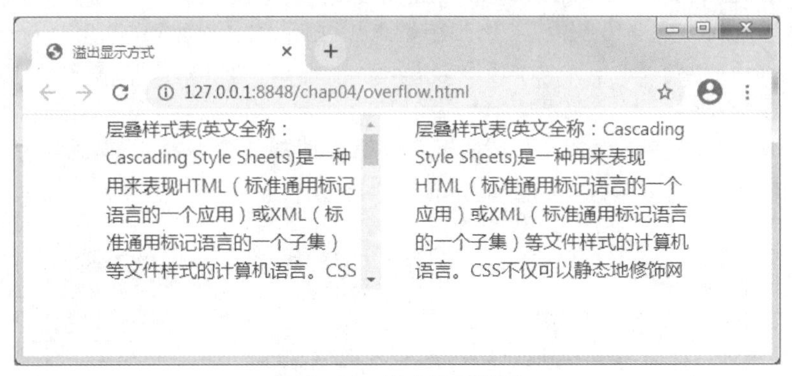

图 4-34 溢出示例效果

4.15 图像替换

使用样式类.text-hide 可以隐藏文本元素，同时在样式中定义背景图像来替换文本。

【实例 4-31】（文件 text-hide.html）

```
<h1 class="text-hide">图像替换标题</h1>
```

其中添加了下面的 CSS 样式。

```
.text-hide{
background:url(img/bg.jpg);
height:100px;
}
```

以上代码在 Chrome 浏览器中的运行效果如图 4-35 所示。

图 4-35　文本替换为图像示例效果

4.16　屏幕阅读器

Bootstrap 提供了样式类.sr-only，可以使元素对所有设备隐藏，除了屏幕阅读器。此外，还提供了样式类.sr-only-focusable，可以使元素在操作键盘得到焦点时显示。

【实例 4-32】（文件 sronly.html）

```
<div class="container">
    <p>.sr-only 类除了屏幕阅读器外，其他设备上都隐藏元素:</p>
    <a class="sr-only" href="#">跳转到主要内容</a>
    <p>与.sr-only 类结合使用，在元素获取焦点时显示(如: 键盘操作的用户):</p>
    <a class="sr-only sr-only-focusable" href="#">跳转到主要内容</a>
</div>
```

在 Chrome 浏览器中浏览页面，然后按 Tab 键，使第 2 个<a>标签得到焦点，则该<a>标签会显示。以上代码的运行效果如图 4-36 所示。

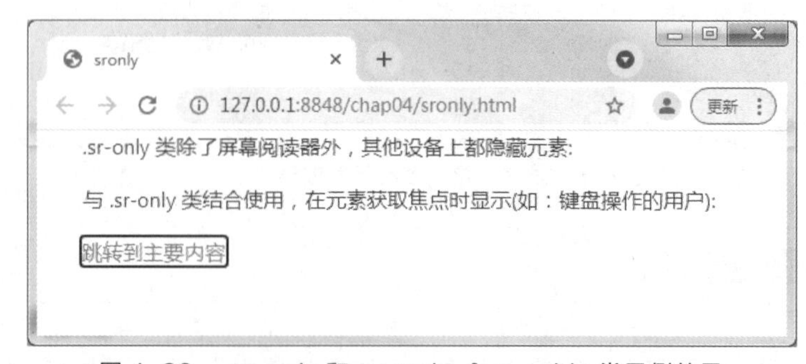

图 4-36　.sr-only 和.sr-only-focusable 类示例效果

4.17 案例：学习电台页面

案例视频 4

本案例将制作“学习强国”网站中的“学习电台”页面。效果如图 4-37 所示。这个案例综合应用了前几章及本章部分知识点，比如栅格系统、段落、标题、列表、图片、表格等，以及各种工具类。

（1）在 HBuilderX 中新建一个 Web 项目，将 Bootstrap 4.6.0 的 CSS 文件复制到项目中，并在 CSS 文件夹下新建一个 main.css，然后在<head>元素中引用。本案例中需要使用 Bootstrap 图标，这里直接通过 CDN 引用。有关 Bootstrap 图标可参考“6.12　图标”。

图 4-37 “学习电台”页面

具体代码如下。

```
    <head>
        <meta charset="utf-8"/>
        <meta name="viewport" content="width=device-width,initial-scale=1,
shrink-to-fit=no">
        <title>学习电台</title>
        <link href="css/bootstrap.min.css" rel="stylesheet"/>
        <link rel="stylesheet" href="https://cdn.jsdelivr.net/npm/bootstrap-ic
ons@1.4.1/font/bootstrap-icons.css">
        <link href="css/main.css" rel="stylesheet" />
    </head>
```

（2）页面一共有 5 行，先搭建总体结构。具体代码如下。

```
    <body>
```

```
    <div class="container">
        <div class="row"><!--页首-->
            <div class="col"></div>
        </div>
        <div class="row"><!--导航-->
            <div class="col"></div>
        </div>
        <div class="row"><!--内容 1-->
            <div class="col"></div>
        </div>
        <div class="row"><!--内容 2-->
            <div class="col"></div>
        </div>
        <div class="row"><!--页尾-->
            <div class="col"></div>
        </div>
    </div>
</body>
```

（3）完成页首部分。这里横线用 hr 元素。具体代码如下。

```
<div class="col text-center">
    <hr color="#bc050a" class="d-inline-block w-25 align-middle">
    <img src="img/xxdt.JPG"/>
    <hr color="#bc050a" class="d-inline-block w-25 align-middle">
</div>
```

（4）完成第 2 行——页面导航条。该行侧重于灵活运用 flex 布局。设置<ul>的布局为 flex 布局，<li>使用.flex-fill 类，让每个导航项等宽。设置<li>内边距为 0，导航用内联列表实现，<li>应用.mx-1，这样导航项就有间距。具体代码如下。

```
<div class="row">
    <div class="col">
        <ul class="d-flex list-inline text-center mynav">
            <li class="flex-fill bg-light mx-1"><a href="#" class="text-dark
p-3">听原著</a></li>
            <li class="flex-fill bg-light mx-1"><a href="#" class="text-dark
p-3">听法律</a></li>
            <li class="flex-fill bg-light mx-1"><a href="#" class="text-dark
p-3">听党规</a></li>
            <li class="flex-fill bg-light mx-1"><a href="#" class="text-dark
p-3">听科技</a></li>
            <li class="flex-fill bg-light mx-1"><a href="#" class="text-dark
p-3">听健康</a></li>
            <li class="flex-fill bg-light mx-1"><a href="#" class="text-dark
p-3">听文化</a></li>
        </ul>
    </div>
</div>
```

在 main.css 中添加 css 代码，主要是为了设置导航项中<a>的文字间距、外边距，鼠标指针滑过时，背景变红色、文字变白色。<li>的内边距为 0。具体代码如下。

```
.mynav a{
    letter-spacing:0.5rem;
    display:block;
    margin:0;
}
.mynav li{
    padding:0rem;
}
.mynav li a:hover{
    text-decoration:none;
    background-color:#bc050a;
    color:#F7F7F7 !important;
}
```

（5）第 3 行分为 2 列，大屏下分别占 6 个栅格。在台式机显示器、平板电脑或手机设备下，垂直显示。

左边为一张图片，占 6 格，<img> 应用.img-fluid 和.w-100，成为响应式图片；因为.col 有内边距，导致左右 2 列内容间隔太大，故使用.pr-lg-1 修改左边列的内边距。为避免垂直显示时图片太高，设置列的宽度为 320px，溢出时隐藏。左边列的代码如下。

```
<div class="col-lg-6  pr-lg-1 overflow-hidden" style="height:320px;">
    <a href="#"><img src="img/mrdb.JPG" class="img-fluid w-100"/></a>
</div>
```

右边大屏 6 格，左边内边距设置为.pl-lg-1。右边列中放一个 div，并设置 flex 布局，主轴为垂直方向，边框为灰色。第 1 行图片，居中显示；第 2 行段落 p，p 内有个<a>元素，设置右浮动；第 3 行表格，在表格中使用内联<i class="bi bi-volume-up ">，显示一个声音字体图标。右边列的代码如下。

```
<div class="col-lg-6 pl-lg-1">
    <div class="border border-secondary pt-1 px-2 d-flex flex-column">
        <div class="text-center">
            <img src="img/mrdb2.JPG"/>
        </div>
        <div class="pb-2 mb-2" style="border-bottom:1px dotted;">
            <p class="">
                <strong>今日关注点：</strong>1.《人民日报》加强改进乡村治理，创新探
索特色举措；
                2.《光明日报》守护中石油双湖加油站；
                3.《中国纪检监察报》正心以为本，修身以为基；
                4.《工人日报》2021 年全国先进女职工集体和个人表彰大会在京举行；
                5.《中国妇女报》注重乡村妇女实用技能培训； <a href="#" class="btn
btn-outline-danger btn-sm float-right">【点击详情】</a>
            </p>

        </div>
```

```
        <table class="table table-borderless w-100 table-sm text-center">
            <tr class=" table-primary">
                <td><a href="#"><i class="bi bi-volume-up mr-1"></i>每日读报
|4月19日</a></td>
                <td><a href="#"><i class="bi bi-volume-up mr-1"></i>每日读报
|4月16日</a></td>
            </tr>
            <tr>
                <td><a href="#"><i class="bi bi-volume-up mr-1"></i>每日读报
|4月15日</a></td>
                <td><a href="#"><i class="bi bi-volume-up mr-1"></i>每日读报
|4月14日</a></td>
            </tr>
            <tr class="table-primary">
                <td><a href="#"><i class="bi bi-volume-up mr-1"></i>每日读报
|4月13日</a></td>
                <td><a href="#"><i class="bi bi-volume-up mr-1"></i></i> 每
日读报|4月12日</a></td>
            </tr>
        </table>
    </div>
</div>
```

（6）第4行，在md、lg和xl设置屏幕显示时，6列每列2个栅格的布局；在sm和xs设备中显示时，4列每列3个栅格的布局，其中有2个图文框，不显示。具体代码如下。

```
<div class="row mt-3">
 <div class="col-3 col-md-2">
     <figure class="figure rounded border border-danger pb-2">
          <img src="img/1.png" class="figure-img img-fluid rounded" alt="云学习">
          <figcaption class="figure-caption text-center font-weight-bold">听
英语</figcaption>
     </figure>
 </div>
 <div class="col-3 col-md-2">
     <figure class="figure rounded border border-danger pb-2">
         <img src="img/2.png" class="figure-img img-fluid rounded" alt="听音乐">
         <figcaption class="figure-caption text-center font-weight-bold"> 听
音乐</figcaption>
     </figure>
 </div>
 <div class="col-3 col-md-2">
     <figure class="figure rounded border border-danger pb-2">
         <img src="img/3.png" class="figure-img img-fluid rounded" alt="听节目">
         <figcaption class="figure-caption text-center font-weight-bold"> 听
节目</figcaption>
     </figure>
 </div>
```

```
    <div class="col-3 col-md-2">
        <figure class="figure rounded border border-danger pb-2">
            <img src="img/4.png" class="figure-img img-fluid rounded" alt="听游记">
            <figcaption class="figure-caption text-center font-weight-bold">听
游记</figcaption>
        </figure>
    </div>
    <div class="col-md-2 d-none d-md-block">
        <figure class="figure rounded border border-danger pb-2">
            <img src="img/5.png" class="figure-img img-fluid rounded" alt="听小说">
            <figcaption class="figure-caption text-center font-weight-bold">听
歌曲</figcaption>
        </figure>
    </div>
    <div class="col-md-2 d-none d-md-block">
        <figure class="figure rounded border border-danger pb-2">
            <img src="img/6.png" class="figure-img img-fluid rounded" alt="听小说">
            <figcaption class="figure-caption text-center font-weight-bold">听
小说</figcaption>
        </figure>
    </div>
</div>
```

（7）页脚部分。具体代码如下。

```
<div class="row">
    <div class="col bg-light p-2 text-center">
        <p class="mb-0">ICP 备案/许可证编号：京 ICP 备****** 京公网安备 1104010****号</p>
        <p class="small mb-0 text-secondary">Copyright© 2021-2023 by www.******.
edu.cn all rights reserved</p>
    </div>
</div>
```

说明：本案例中大量使用本章的各个工具样式类。这些类的使用可以大大提高开发人员的工作效率。

本章小结

本章通过具体实例介绍了 Bootstrap 中边框、颜色、flex、溢出、定位等工具样式类。

实训项目：个人简历网页

完成一个个人简历网页，最终效果如图 4-38 所示（其中，图标内容参考第 6 章的“6.12 图标”）。

图 4-38　个人简历网页

实训拓展

于敏、申纪兰、孙家栋、李延年、张富清、袁隆平、黄旭华、屠呦呦、钟南山是共和国勋章获得者，共和国勋章作为中华人民共和国最高荣誉勋章，为什么颁发给他们 9 位，你了解吗？请查询相关资料，利用本章所学知识，做一个相关的介绍网页。

第5章 表单

本章导读

本章将介绍 Bootstrap 中的表单和表单元素等内容。包括基础表单、输入框、下拉框、复选框和单选按钮、表单焦点、表单禁用、验证样式等内容，最后通过一个具体实例来展示表单的应用。

5.1 基础表单

表单是 Web 页面中不可缺少的元素，用于和用户做数据交互。常见的表单元素包括：文本输入框（text）、下拉选择框（select）、单选按钮（radio）、复选按钮（checkbox）、文本域（textarea）和按钮（button）等。

5.1.1 垂直表单

Bootstrap 的表单控制与 class 一起在重置表单样式上作延伸。使用这些 class 来选择自定义显示，以便在浏览器和设备之间进行更一致的呈现。

把成对的标签和控件放在一个带有 class="form-group" 的 div 中，这是获取最佳间距所必需的。

文本形式的控件（如 <input>、<select> 和 <textarea>）使用 .form-control 进行样式化。包括一般外观、focus 状态、尺寸等的样式。

【实例 5-1】（文件 form_basic.html）

```
<!DOCTYPE html>
<html lang="en">
     <head>
          <meta charset="UTF-8">
          <meta name="viewport" content="width=device-width,initial-scale=1.0">
          <link rel="stylesheet" type="text/css" href="css/bootstrap.css"/>
          <title>基本实例</title>
     </head>
     <body class="bg-secondary">
          <div class="container bg-white p-3">
```

```
                <div class="row">
                    <div class="col-12">
                        <form class="border bg-light p-3">
                            <!--文本输入框：账号-->
                            <div class="form-group">
                                <label for="username">账号</label>
                                <input type="text" id="username" class=
"form-control" placeholder="请输入你的邮箱或手机号"name="username"/>
                            </div>
                            <!--密码框：密码-->
                            <div class="form-group">
                                <label for="password">密码</label>
                                <input type="password" id="password"
class="form-control" placeholder="请输入你的密码"name="password"/>
                            </div>
                            <!--提交按钮-->
                            <button type="submit" class="btn btn-primary">
注册</button>
                        </form>
                    </div>
                </div>
            </div>
        </body>
    </html>
```

以上代码在 Chrome 浏览器中的运行效果如图 5-1 所示。

图 5-1　垂直表单示例效果

Bootstrap 提供了 3 种类型的表单布局：垂直表单（默认）、内联表单和水平表单。从图 5-1 可以看到，label 标签中的内容和输入框不在同一行，Bootstrap 表单元素默认是垂直的，即垂直表单。另外，建议读者将表单中需输入的组件都添加 name 属性。这样，在提交时，可以在地址栏看到页面提交的内容。如果无 name 属性，则对应的组件不提交值。

5.1.2　内联表单

如果我们需要在一行中显示一系列标签、表单控制项、按钮，可以在 form 元素上使用

class= "form-inline"，来实现这一效果。在标签 label 上使用 .sr-only，可以隐藏内联表单的标签。具体代码见【实例 5-2】。

【实例 5-2】（文件 form_inline.html）

```
    <form role="form" class="form-inline border bg-light p-3">
        <div class="form-group mr-3">
            <label for="username" class="sr-only">账号: </label>
            <input type="text" class="form-control" id="username" placeholder=
"请输入用户名"name="username"/>
        </div>
        <div class="form-group mr-3">
            <label for="password" class="sr-only">密码: </label>
            <input type="password" class="form-control" id="password"
placeholder="请输入密码"name="password"/>
        </div>
        <button type="button" class="btn btn-primary">登录</button>
    </form>
```

以上代码在 Chrome 浏览器中的运行效果如图 5-2 所示。

当屏幕宽度≥576px 时，<form>内联表单的所有元素都显示在了同一行。当屏幕宽度小于 576px 时，其显示效果如图 5-3 所示，输入框和按钮会堆叠在一起。

图 5-2　内联表单

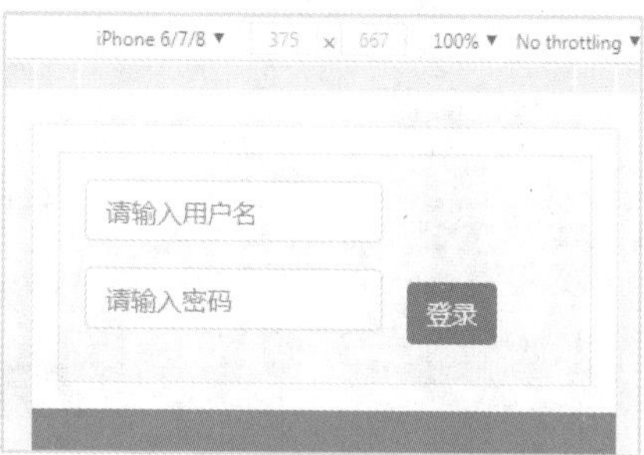

图 5-3　内联表单（sm 设备显示）

5.1.3　水平表单

水平表单的呈现形式是一组标签和控件水平放置，不同组的标签控件垂直放置。创建水平表单的要点如下。

（1）把一组标签和控件放在一个带有 class="form-group row" 的 div 中。

（2）为每个标签 label 添加 class="col-form-label"。

（3）在每个表单控件的外层加一个 div。

（4）通过.col-xx-xx 栅格的方式为左侧的 label 和右侧的 div 分配宽度比例。

【实例 5-3】（文件 form_horiziontal.html）

```
    <form role="form" class="border bg-light p-3">
        <div class="form-group row">
            <label for="username" class="col-form-label col-md-3 text-md-right">
```

```
账号：</label>
            <div class="col-md-6">
                <input type="text" class="form-control" id="username"
placeholder="请输入用户名"/>
            </div>
        </div>
        <div class="form-group row">
            <label for="password" class="col-form-label col-md-3 text-md-
right">密码：</label>
            <div class="col-md-6">
              <input type="password" class="form-control" id="password"
placeholder="请输入密码"/>
            </div>
        </div>
        <div class="form-group row">
            <div class="col-md-6 offset-md-3">
                <button type="submit" class="btn btn-primary">注册</button>
            </div>
        </div>
    </form>
```

以上代码在 Chrome 浏览器中的运行效果如图 5-4 所示。

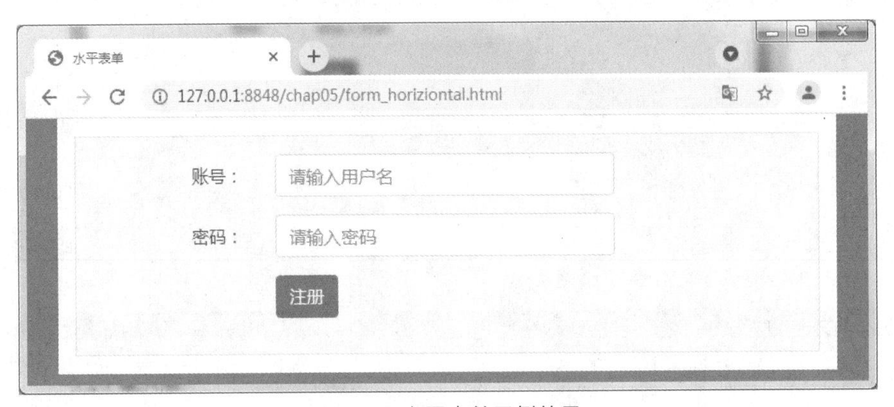

图 5-4　水平表单示例效果

从上面的代码可以看出，每一组标签和控件都放在一个带有 class="form-group row" 的 div 中，标签 label 和控件就相当于栅格系统里一行中的两个 col。由于 input 是行内元素，需要在外层套一个 div，然后在 div 上添加 col-xx-xx 栅格属性，才能实现两列并排放的效果。

因为“注册”按钮左边没有标签，但又需要与上方的控件对齐，所以左侧需要添加与标签同宽的偏移量。标签 label 使用的是 col-md-3，故按钮需要加上 offset-md-3 的偏移量。

使用栅格系统可以实现更复杂、更多样的表单。在使用栅格系统时，将.row 换为.flow-row，可以得到更紧凑的表单。读者可以试着将【实例 5-3】中的.row 换为.flow-row 后，再浏览页面查看效果。本章 5.9 节中的案例就是用栅格系统布局表单的。

5.2 表单控件

5.2.1 输入框

输入框（input）是常见的表单文本控件。用户可以在其中输入大多数必要的表单数据。Bootstrap 提供了对所有原生的 HTML5 的 input 类型的支持，包括 text、password、datetime、datetime-local、date、month、time、week、number、email、url、search、tel 和 color。适当的 type 声明是必需的，这样才能让 input 获得完整的样式。

【实例 5-4】（文件 form_input.html）

```
<form class="border bg-light p-3">
    <div class="form-group">
        <label for="username">账号</label>
        <input type="text" id="username" class="form-control" placeholder=
"请输入你的邮箱或手机号" name="username"/>
    </div>
    <div class="form-group">
        <label for="password">密码</label>
        <input type="password" id="password" class="form-control" placeholder=
"请输入你的密码" name="password"/>
        <small id="passwordHelpBlock" class="form-text text-muted">
            你的密码长度必须为 8～20 个字符，包含字母、数字、特殊字符中的 2 种
        </small>
    </div>
    <div class="form-group">
        <label for="usertype">用户类型</label>
        <input type="text" id="usertype" class="form-control" placeholder=
"管理员（此处不可写）" name="usertype" readonly/>
    </div>
    <div class="form-group">
        <label for="color">设置颜色值</label>
        <input type="range" class="form-control-range" id="color" max="255"
 min="0" value="50" name="color"/>
    </div>
    <div class="form-group">
        <label for="upfile">上传文件</label>
        <input type="file" class="form-control-file" id="upfile" name=
"filename"/>
    </div>
    <button type="submit" class="btn btn-primary">提交</button>
</form>
```

以上代码在 Chrome 浏览器中的运行效果如图 5-5 所示。

图 5-5　输入框示例效果

说明：

（1）上面的 5 个 input 组件分别设置 type 为 text、password、text、range、file。

（2）对于 range 组件和 file 组件，分别用了类.form-control-range、.form-control-file，而不是.form-control。

（3）输入框的 password 类型默认将密码显示为 ·。

（4）帮助文本：密码框下面有一段帮助文本，使用的是内联标签<small>，并应用了类.form-text。

（5）只读文本：在<input>上添加布尔属性 readonly 以防止修改输入的值。只读输入的意义就如禁用输入，但保留标准光标。如果要将<input readonly>表单中的元素设置为纯文本样式，就使用.form-control-plaintext 代替.form-control，该类将删除默认的表单字段样式并保留正确的边距和填充。

5.2.2　下拉框

下拉框（select）也是表单中的基本组件，允许用户从多个选项中进行选择。Bootstrap 中的下拉菜单在使用时需要在<select>标签中添加 class="form-control"。使用<select>展示列表选项。在默认情况下，只能选择一个选项，如果需要实现多选，可以设置属性 multiple="multiple"。【实例 5-5】的代码定义了两个 select 组件，第一个是单选，第二个是多选。

【实例 5-5】（文件 form_select.html）

```
<form class="border bg-light p-3">
    <div class="form-group">
        <label>入学年份</label>
        <select class="form-control">
            <option value="2021">2021</option>
            <option value="2020">2020</option>
            <option value="2019">2019</option>
            <option value="2018">2018</option>
        </select>
    </div>
</form>
<form class="border bg-light p-3 mt-3">
    <div class="form-group">
        <label>选修课程</label>
        <select class="form-control" multiple="multiple">
            <option value="handwriting">书法</option>
            <option value="vocal">声乐</option>
            <option value="volleyball">排球</option>
            <option value="english">职业英语</option>
        </select>
    </div>
</form>
```

以上代码在 Chrome 浏览器中的运行效果如图 5-6 所示。

图 5-6 下拉框示例效果

5.2.3 文本域

文本域（textarea）的使用方式和 HTML 的默认用法一致，当需要进行多行输入时，则可以使用文本框。在样式修饰上也是使用 class="form-control"，如果使用了该样式，则无须使用 cols 属性。

【实例 5-6】（文件 form_select.html）

```
<form class="border bg-light p-3">
     <div class="form-group">
          <label for="comment">发表评论</label>
          <textarea id="comment" class="form-control" rows="4"></textarea>
     </div>
</form>
```

以上代码在 Chrome 浏览器中的运行效果如图 5-7 所示。

图 5-7　文本域示例效果

5.2.4 单选按钮和复选框

单选按钮和复选框用于让用户从一系列预设置的选项中进行选择。在创建表单时，如果允许用户选择若干个选项，使用复选框；如果用户只能选择一个选项，使用单选按钮。

将一组标签与选项放入一个使用了 class="form-check"的 div 中，为标签 label 添加 class= class="form-check-label"，为单选按钮或复选框添加 form-check-input。选中的项添加 checked 属性。

【实例 5-7】（文件 form_radio_checkbox.html）

```
<div class="row">
     <div class="col-6">
          <form class="border bg-light p-3">
             <div class="form-group">
               <label class="control-label">性别：</label>
               <div class="form-check">
                    <input class="form-check-input" type="radio"  name=
"gender" id="genderm" value="male"  checked/>
                         <label class="form-check-label" for="genderm">男</label>
               </div>
               <div class="form-check">
                    <input class="form-check-input" type="radio" name=
"gender"  id="genderf" value="female"/>
                    <label class="form-check-label" for="genderf">女</label>
               </div>
```

```
            </div>
         </form>
      </div>
      <div class="col-6">
         <form class="border bg-light p-3">
            <div class="form-group">
               <label class="control-label">专业课：</label>
               <div class="form-check">
         <input class="form-check-input" type="checkbox" name="courses"
id="js" value="javascript"/>
                  <label class="form-check-label" for="js">JavaScript
</label>
               </div>
               <div class="form-check">
                  <input class="form-check-input" type="checkbox" name=
"courses" id="sql" value="mysql" checked/>
                  <label class="form-check-label" for="sql">MySQL</label>
               </div>
               <div class="form-check">
                  <input class="form-check-input" type="checkbox" nam
e="courses" id="bs" value="bootstrap" />
                  <label class="form-check-label" for="bs">Bootstrap</label>
               </div>
            </div>
         </form>
      </div>
   </div>
```

默认情况下，同级任意数量的单选按钮和复选框是垂直堆叠的。以上代码在 Chrome 浏览器中的运行效果如图 5-8 所示。

图 5-8　单选按钮和复选框示例效果

如果需要将一组单选按钮或复选框水平堆叠，在.form-check 之后再添加.form-check-inline 即可。

【实例 5-8】（文件 form_radio_checkbox_inline.html）

```
   <div class="form-check form-check-inline">
      <input class="form-check-input" type="radio" name="gender" id="genderm"
 value="male"/>
      <label class="form-check-label" for="genderm">男</label>
   </div>
```

这里只列举了一项，对其他项也都添加.form-check-inline。

以上代码在 Chrome 浏览器中的运行效果如图 5-9 所示。

图 5-9 水平摆放的单选按钮和复选框示例效果

在前面的例子里面，单选按钮和复选框都有对应的文本信息与之关联。无关单选按钮或复选框在没有文本时，需要对其添加.position-static。否则，会显示异常。代码如下。

```
    <div class="form-check">
      <input class="form-check-input position-static" type="radio"  name="gender"
id="genderm" value="male" checked/>
    </div>
    <div class="form-check">
      <input class="form-check-input position-static" type="radio" name="gender"
id="genderf" value="female"/>
    </div>
```

5.3 表单焦点

焦点状态是一个表单的细节处理，在单击文本形式的控件（如 input、select 和 textarea）时，该控件会获得一个突出的显示效果。Bootstrap 中的焦点状态是通过 form-control:focus 来实现的。在 Bootstrap 中，表单控件的焦点状态删除了 outline 的默认样式，重新添加了阴影效果，从而实现焦点状态下 input 出现柔和的阴影边框。bootstrap.css 中可实现该效果，具体代码如下。

```
.form-control:focus{
      color:#495057;
      background-color:#fff;
      border-color:#80bdff;
      outline:0;
      box-shadow:0 0 0 0.2rem rgba(0,123,255,0.25);
}
```

【实例 5-9】（文件 form_focus.html）

```
<form class="border bg-light p-3">
     <div class="form-group">
          <input type="text" class="form-control" placeholder="非焦点状态"/>
     </div>
     <div class="form-group">
          <input type="text" class="form-control" placeholder="表单获得焦点"/>
     </div>
</form>
```

以上代码在 Chrome 浏览器中的运行效果如图 5-10 所示。单击第 2 个文本框，可以看到文本框获得焦点的样式。

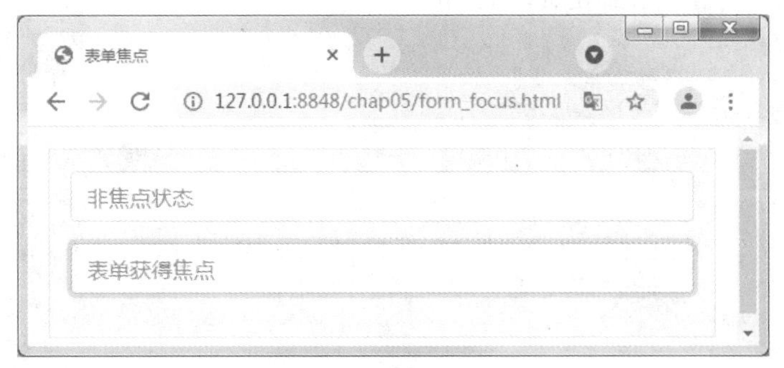

图 5-10　表单焦点示例效果

5.4　表单禁用

在 Bootstrap 中，表单元素的禁用和普通 HTML 元素禁用一样，只需要添加 disabled="disabled"属性，该元素就不能被单击。Bootstrap 的禁用在样式上做了一定的处理。例如，要禁用一个输入框 input，不仅会禁用输入框，还会改变输入框的样式以及当鼠标指针悬停在元素上时，鼠标指针的样式。

【实例 5-10】（文件 form_disabled.html）

```
<form class="border bg-light p-3">
    <div class="form-group">
        <input type="text" class="form-control" placeholder="正常状态下的效果"/>
    </div>
    <div class="form-group">
        <input type="text" class="form-control" placeholder="禁用状态下的效果" disabled="disabled"/>
    </div>
</form>
```

以上代码在 Chrome 浏览器中的运行效果如图 5-11 所示。第 2 个文本输入框被禁用了。

图 5-11　表单禁用示例效果

表单元素的禁用也适用于 select、radio、checkbox、textarea、button 等元素。如果将 disabled 属性添加到<fieldset>上，则禁用其中的所有表单组件。

【实例 5-11】（文件 form_disabled2.html）

```
<form class="border bg-light p-3">
    <div class="form-group">
        <label>下拉框</label>
        <select class="form-control" disabled="disabled">
            <option value="2021">2021</option>
            <option value="2020">2020</option>
            <option value="2019">2019</option>
            <option value="2018">2018</option>
        </select>
    </div>
    <div class="form-group">
        <label>单选按钮：</label>
        <div class="form-check form-check-inline">
            <input class="form-check-input" type="radio"/>
            <label class="form-check-label">正常的</label>
        </div>
        <div class="form-check form-check-inline">
            <input class="form-check-input" type="radio" disabled="disabled"/>
            <label class="form-check-label">禁用的</label>
        </div>
    </div>
    <div class="form-group">
        <label>复选框：</label>
        <div class="form-check form-check-inline">
            <input class="form-check-input" type="checkbox"/>
            <label class="form-check-label">正常的</label>
        </div>
        <div class="form-check form-check-inline">
            <input class="form-check-input" type="checkbox" disabled=
"disabled" />
            <label class="form-check-label">禁用的</label>
        </div>
    </div>
    <div class="form-group">
        <label for="comment">文本域</label>
        <textarea id="comment" class="form-control" rows="4" disabled=
"disabled"></textarea>
    </div>
    <div class="form-group">
        <label>按钮</label>
        <div>
            <button type="button" class="btn btn-primary" disabled=
"disabled">按钮禁用</button>
        </div>
    </div>
</form>
```

以上代码在 Chrome 浏览器中的运行效果如图 5-12 所示。

图 5-12　其他表单控件的禁用状态示例效果

5.5 元素大小

5.5.1 高度

前面使用的表单控件都是默认正常的大小，Bootstrap 提供了两个类来改变表单控件的大小：.form-control-lg 和.form-control-sm。

以上两个样式适用于 input、textarea 和 select 控件。这两个样式主要在默认大小的基础上增大或减小了控件的 height、padding、font-size、border-radius 的值，从而达到整体变大或变小的效果。

Bootstrap 还提供了另外两个类：col-form-label-lg 和 col-form-label-sm，用来改变标签 label 的大小。

【实例 5-12】（文件 form_size_height.html）

```
<form>
    <div class="form-group row">
        <label for="username" class="col-form-label col-form-label-lg
col-md-3 text-md-right">大号标签：</label>
        <div class="col-md-6">
            <input class="form-control form-control-lg" type="text"
placeholder="较高的控件框">
        </div>
    </div>
    <div class="form-group row">
        <label for="username" class="col-form-label col-md-3 text-md-
```

```
right">默认标签：</label>
            <div class="col-md-6">
                <input class="form-control form-control" type="text" placeholder=
"默认大小控件框">
            </div>
        </div>
        <div class="form-group row">
            <label for="username" class="col-form-label col-form-label-sm
col-md-3 text-md-right">小号标签：</label>
            <div class="col-md-6">
                <input class="form-control form-control-sm" type="text"
placeholder="较矮的控件框">
            </div>
        </div>
    </form>
```

以上代码在 Chrome 浏览器中的运行效果如图 5-13 所示。

图 5-13　表单元素高度示例效果

5.5.2　宽度

上面的例子是修改标签和控件的高度，如果要修改控件的宽度，可以使用栅格系统的属性来进行设置。

在表示行的 div 上添加 class="form-row"，在表示列的 div 上添加 col-xx-xx 类型的栅格宽度属性。

【实例 5-13】（文件 form_size_width.html）

```
    <form>
        <div class="form-row">
            <div class="form-group col-sm-3">
                <input class="form-control" type="text" placeholder="col-sm-3"/>
            </div>
            <div class="form-group col-sm-3">
                <input class="form-control" type="password" placeholder="col-
sm-3"/>
            </div>
            <div class="form-group col-sm-6">
                <input class="form-control" type="password" placeholder="col-
sm-6"/>
```

```
            </div>
        </div>
    </form>
```

以上代码在 Chrome 浏览器中的运行效果如图 5-14 所示。

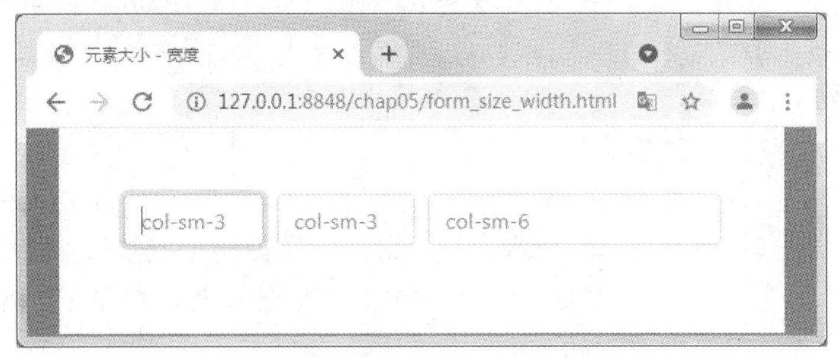

图 5-14　表单控件宽度示例效果

5.6 自定义表单

Bootstrap 4.6.0 可以自定义一些表单的样式来替换浏览器默认的样式。

【实例 5-14】展示了表单控件的自定义样式，如图 5-15 所示。

（1）单选按钮、复选框

自定义一个单选按钮，可以设置 div 为父元素，添加 class="custom-control custom-radio"，单选按钮作为子元素放在该 div 中，然后在 input 中设置其 type="radio"，添加 class="custom-control-input"。为标签 label 添加 class="custom-control-label"，label 的 for 属性值需要匹配单选按钮的 id。

自定义复选框的方式与自定义单选按钮类似。

对于 checkbox 组件，用. custom-switch 替换.custom-checkbox，即可实现开关的效果。

（2）自定义选择组件

自定义<select>菜单只需要一个自定义类.custom-select 来触发自定义样式。自定义选择组件同样支持 multiple 属性。选择框的大小，可以使用.select-lg、.select-sm 来设定。

（3）range 组件

对<input type="range">使用类.custom-range，以实现自定义范围组件。

（4）文件选择

与单选按钮类似，首先在其外层添加<div class="custom-file">，其次对<input>应用类.custom-file-input，最后对<label>应用类.custom-file-label。

【实例 5-14】（文件 form_custom_control.html）

```
<div class="row">
    <div class="col-4">
        <form>
            <div class="form-group">
                <label class="control-label">性别</label>
                <div class="custom-control custom-radio">
                    <input type="radio" class="custom-control-input"
id="customRadio" name="gender">
```

```
                        <label class="custom-control-label" for="customRadio">
女（自定义单选按钮）</label>
                    </div>
                    <div class="form-check">
                        <input class="form-check-input" type="radio" id=
"defaultRadio"name="gender"/>
                        <label class="form-check-label" for="defaultRadio">
男（默认的单选按钮）</label>
                    </div>
                </div>
                <div class="form-group">
                    <label class="control-label">选修课程</label>
                    <div class="custom-control custom-checkbox">
                        <input type="checkbox" class="custom-control-input"
 id="customCheck"name="course"/>
                        <label class="custom-control-label" for="customCheck">
JS（自定义复选框）</label>
                    </div>
                    <div class="form-check">
                        <input class="form-check-input" type="checkbox"
name="course"/>
                        <label class="form-check-label">CSS(默认的复选框)</label>
                    </div>
                </div>
                <div class="form-group">
                    <div class="custom-control custom-switch">
                        <input type="checkbox" class="custom-control-input"
 id="customSwitch1"name="course"/>
                        <label class="custom-control-label" for=
"customSwitch1">开启音效</label>
                    </div>
                </div>
            </form>
        </div>
        <div class="col-4">
            <form>
                <div class="form-group">
                    <select class="custom-select" id="selectcity">
                        <option selected>选择城市</option>
                        <option value="wh">武汉</option>
                        <option value="bj">北京</option>
                        <option value="sh">上海</option>
                    </select>
                </div>
                <div class="form-group">
                    <label for="selectcolor">选择颜色</label>
                    <select class="custom-select" multiple id="selectcolor">
                        <option value="red" selected>红色</option>
                        <option value="yellow">黄色</option>
                        <option value="blue">蓝色</option>
                        <option value="white">白色</option>
```

```
                    </select>
                </div>
            </form>
        </div>
        <div class="col-4">
            <form>
                <div class="form-group">
                    <label for="customRange1">范围</label>
                    <input type="range" class="custom-range" id="customRange1"
 min="0" max="100" step="10">
                </div>
                <div class="form-group">
                    <div class="custom-file">
                        <input type="file" class="custom-file-input" id=
"customFile">
                        <label class="custom-file-label" for="customFile">
选择文件</label>
                    </div>
                </div>
            </form>
        </div>
    </div>
```

以上代码在 Chrome 浏览器中的运行效果如图 5-15 所示。

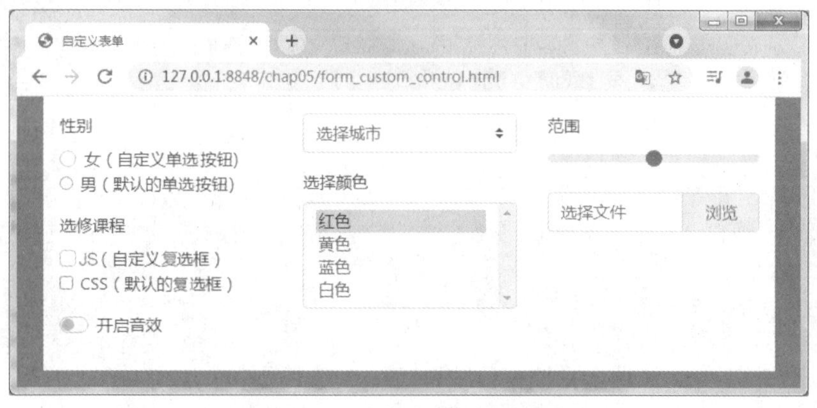

图 5-15　自定义表单示例效果

5.7 表单验证

Bootstrap 对 HTML 表单验证是通过 CSS 的两个伪类——:invalid 和 :valid 来实现的，适用于 input、select、textarea、radio 和 checkbox 等表单控件。当在表单元素 form 上添加 class= ".was-validated"时，会去验证表单内容是否符合要求。若符合，显示:valid 的外观样式；若不符合，则显示:invalid 的外观样式。

文本框、下拉框的:valid 样式呈现效果是框体绿色边框，右侧有绿色“√”图标；单选按钮与复选框的:valid 样式呈现效果是标签文字为绿色。文本框、下拉框的:invalid 样式呈现效果是框体红色边框，右侧有红色警告图标；单选按钮与复选框的:invalid 样式呈现效果是标签文字为红色；所有表单控件:invalid 状态时都会在下方显示红色反馈文字。

为了实现验证功能，要在需要用户填写或选中的表单控件上加上 required 属性，对用户输入的值有格式要求的控件还需要加上相应的正则表达式。

在控件下方要加上用于反馈错误信息的 div，如为其添加 class="invalid-feedback"，当该控件不符合验证要求时，会出现反馈信息。

【实例 5-15】（文件 form_validation.html）

```
<form class="border bg-light p-3 mb-3 was-validated">
    <div class="form-group">
        <label for="email">邮箱</label>
        <input type="email" class="form-control" required="required">
        <div class="invalid-feedback">请输入正确格式的邮箱</div>
    </div>
    <div class="form-group">
        <label for="password">密码</label>
        <input type="password" class="form-control" pattern="[A-Za-z0-9]
{6,30}" required="required">
        <div class="invalid-feedback">密码长度至少为 6 位,只能是大小写字母或数字</div>
    </div>
    <div class="form-group">
        <div class="form-check">
            <input class="form-check-input" type="checkbox" id="protocol"
value="" required="required">
            <label for="protocol" class="form-check-label">
                同意遵守协议条款
            </label>
            <div class="invalid-feedback">
                必须选中此项
            </div>
        </div>
    </div>
    <button type="submit" class="btn btn-primary">注册</button>
</form>
```

以上代码在 Chrome 浏览器中的运行效果如图 5-16 所示。

图 5-16　表单验证示例效果

我们可以用.{valid|invalid}-tooltip 代替.{valid|invalid}-feedback，将反馈信息以提示框的样式显示。请读者自行修改后查看效果。

5.8 输入框组

在文本框的左侧、右侧或两侧加上文字、按钮、下拉菜单等附加组件，形成一个表单元素的组合效果，我们称之为输入框组，例如图 5-17 所示的百度搜索框。

图 5-17　百度搜索框

将输入框、左侧或右侧的附加组件放入一个父元素 div 中，并为 div 添加 class="input-group"。若附加组件放置在文本框左侧，则在文本框代码前添加一个 div，加上 class="input- group-prepend"；若附加组件放置在文本框右侧，则在文本框代码后添加一个 div，加上 class="input-group-append"。

如果附加组件中的内容是文本，将下列代码添加到带有.input-group-append 的 div 中。

```
<span class="input-group-text">附加组件中的文字</span>
```

如果附加组件中的内容是按钮、复选框、单选按钮或下拉菜单等，则将<span>改为<div>，然后在 div 中写按钮、复选框等的代码，最后将其添加到带有.input-group-append 的 div 中。

```
<div class="input-group-text"> <input type="checkbox"/> </div>
```

【实例 5-16】（文件 input_group.html）

```
<form>
     <div class="form-row my-3">
          <div class="input-group col-md-6">
               <div class="input-group-prepend">
                    <span class="input-group-text">@</span>
               </div>
               <input type="text" class="form-control" placeholder="微博账号"/>
          </div>
          <div class="input-group col-md-6">
               <input type="text" class="form-control" placeholder="邮箱"/>
               <div class="input-group-append">
                    <span class="input-group-text">@qq.com</span>
               </div>
          </div>
     </div>
     <div class="form-row my-3">
          <div class="input-group col-md-12">
               <div class="input-group-prepend">
                    <span class="input-group-text">http://</span>
               </div>
               <input type="text" class="form-control" placeholder="URL"/>
               <div class="input-group-prepend">
                    <button type="button" class="btn btn-secondary">前往</button>
               </div>
          </div>
     </div>
</form>
```

以上代码在 Chrome 浏览器中的运行效果如图 5-18 所示。

图 5-18　输入框组示例效果

与设置表单控件大小类似，输入框组的大小可以通过.input-group-sm 和.input-group-lg 来控制。

【实例 5-17】（文件 input_group_size.html）

```
<form>
    <div class="form-row">
        <div class="input-group input-group-sm my-2">
            <div class="input-group-prepend">
                <span class="input-group-text">小号输入框组</span>
            </div>
            <input type="text" class="form-control"/>
        </div>
        <div class="input-group my-2">
            <div class="input-group-prepend">
                <span class="input-group-text">默认输入框组</span>
            </div>
            <input type="text" class="form-control"/>
        </div>
        <div class="input-group input-group-lg my-2">
            <div class="input-group-prepend">
                <span class="input-group-text">大号输入框组</span>
            </div>
            <input type="text" class="form-control"/>
        </div>
    </div>
</form>
```

以上代码在 Chrome 浏览器中的运行效果如图 5-19 所示。

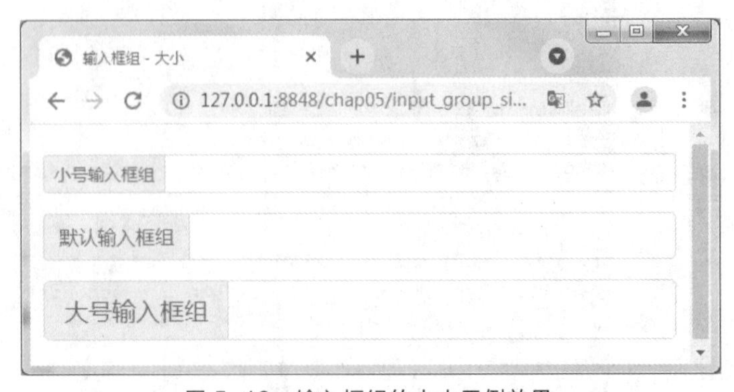

图 5-19　输入框组的大小示例效果

5.9 案例：创建“注册新账号”页面

本案例将创建一个账号注册页面，效果如图 5-20 所示。这个案例综合应用了本章以及前面章节的知识点，比如表单的布局方式、表单控件类型、表单验证等，也用到了第 2 章栅格系统的知识点，以及第 4 章的一些工具类，比如颜色、间距等。

案例视频 5

图 5-20 “注册新账号”页面

具体操作步骤如下。

（1）在 HBuilderX 中新建一个 Web 项目，将 Bootstrap 的 CSS 文件复制到项目的 CSS 目录中，然后在<head>元素中引用。具体代码如下。

```
<head>
    <meta charset="UTF-8">
    <meta name="viewport" content="width=device-width,initial-scale=1.0">
    <link rel="stylesheet" type="text/css" href="css/bootstrap.css"/>
    <title>实例 —— 一个表单页面</title>
</head>
```

（2）为页面添加背景颜色、间距等样式，添加标题与表单元素 form。具体代码如下。

```
<body class="bg-secondary">
     <div class="container bg-white p-5">
          <h3 class="text-info mb-5">注册新账号</h3>
          <!--表单-->
          <form>
```

```
            </form>
        </div>
    </body>
```

（3）在表单标记 form 中逐行添加表单元素。每一行的表单元素装在一个<div class="form-row">中，每一列的表单元素装在一个添加了栅格属性的<div class="form-group">中，具体代码如下。

```
    <form>
        <!--第1行-->
        <div class="form-row">
            <!--账号-->
            <div class="form-group col-sm-6">
                <label for="email">账号</label>
                <input class="form-control" type="email" id="email" placeholder=
"请输入邮箱"/>
            </div>
            <!--密码-->
            <div class="form-group col-sm-6">
                <label for="password">密码</label>
                <input class="form-control" type="password" id="password"
placeholder="请输入密码" />
            </div>
        </div>
        <!--第2行 -->
        <div class="form-row">
            <!--详细地址-->
            <div class="form-group col-sm-12">
                <label for="address">地址</label>
                <input class="form-control" type="text" id="address"
placeholder="街道 小区 单元"/>
            </div>
        </div>
        <!--第3行-->
        <div class="form-row">
            <!--省份-->
            <div class="form-group col-sm-4">
                <label for="province">省份</label>
                <select name="province" class="form-control">
                    <option value="">- 省份 -</option>
                    <option value="Hubei">湖北省</option>
                    <option value="Zhejiang">浙江省</option>
                    <option value="Guangdong">广东省</option>
                </select>
            </div>
            <!--城市-->
            <div class="form-group col-sm-4">
                <label for="city">城市</label>
```

```
                <input class="form-control" type="text" id="city" placeholder=
"城市"/>
            </div>
            <!--邮编 -->
            <div class="form-group col-sm-4">
                <label for="code">邮编</label>
                <input class="form-control" type="text" id="code" placeholder=
"邮编"/>
            </div>
        </div>
        <!--第 4 行-->
        <div class="form-row">
            <!--推送-->
            <div class="form-group col-sm-12">
                <input type="checkbox" name="news" value="yes" />
                <label>接收最新推送</label>
            </div>
        </div>

        <button type="submit" class="btn btn-info">提交注册</button>
    </form>
```

（4）添加表单验证，在需要用户填写或选中的表单控件上加上 required 属性，对用户输入的值有格式要求的控件，如在密码输入框上，还要添加相应的正则表达式。具体代码如下。

```
    <form class="was-validated">
        <!--第 1 行-->
        <div class="form-row">
            <!--账号-->
            <div class="form-group col-sm-6">
                <label for="email">账号</label>
                <input class="form-control" type="email" id="email"
placeholder="请输入邮箱" required="required"/>
                <div class="invalid-feedback">请输入正确格式的邮箱</div>
            </div>
            <!--密码-->
            <div class="form-group col-sm-6">
                <label for="password">密码</label>
                <input class="form-control" type="password" id="password"
placeholder="请输入密码" pattern="[A-Za-z0-9]{8,15}" required="required"/>
                <div class="invalid-feedback">请输入 8～15 位由数字和大小写字母组
成的密码</div>
            </div>
        </div>
        <!--第 2 行-->
        <div class="form-row">
            <!--详细地址-->
```

```
            <div class="form-group col-sm-12">
                <label for="address">地址</label>
                <input class="form-control" type="text" id="address"
placeholder="街道 小区 单元" required="required"/>
                <div class="invalid-feedback">请输入详细地址</div>
            </div>
        </div>
        <!--第 3 行-->
        <div class="form-row">
            <!--省份-->
            <div class="form-group col-sm-4">
                <label for="province">省份</label>
                <select name="province" class="form-control" required="required">
                    <option value="">- 省份 -</option>
                    <option value="Hubei">湖北省</option>
                    <option value="Zhejiang">浙江省</option>
                    <option value="Guangdong">广东省</option>
                </select>
                <div class="invalid-feedback">请选择省份</div>
            </div>
            <!--城市-->
            <div class="form-group col-sm-4">
                <label for="city">城市</label>
                <input class="form-control" type="text" id="city" placeholder=
"城市" required="required"/>
                <div class="invalid-feedback">请输入城市</div>
            </div>
            <!--邮编-->
            <div class="form-group col-sm-4">
                <label for="code">邮编</label>
                <input class="form-control" type="text" id="code" placeholder=
"邮编" required="required"/>
                <div class="invalid-feedback">请输入邮编</div>
            </div>
        </div>
        <!--第 4 行-->
        <div class="form-row">
            <!--推送-->
            <div class="form-group col-sm-12">
                <input type="checkbox" name="news" value="yes"/>
                <label>接收最新推送</label>
            </div>
        </div>
        <button type="submit" class="btn btn-info">提交注册</button>
    </form>
```

以上步骤最后呈现的是图 5-20 所示的“注册新账号”页面。

本章小结

本章通过具体实例详细介绍了 Bootstrap 常用表单控件类型，表单的 3 种布局方式，表单焦点、表单禁用、表单大小等样式控制，自定义表单，表单验证以及输入框组。

实训项目：表单部分

完成图 5-21 和图 5-22 所示的页面效果。

图 5-21 “联系我们”页面

图 5-22 注册页面

实训拓展

党的二十大报告指出，国家安全是民族复兴的根基，必须坚定不移贯彻总体国家安全观，把维护国家安全和社会稳定基层基础，建设更高水平的平安中国，以新安全格局保障新发展格局。对于 Web 应用，表单数据有效性验证尤为重要，严谨的表单验证为系统安全提供保证。请查询相关资料，为本章的实训项目提供数据验证。

第6章 CSS组件

06

本章导读

Bootstrap 为用户提供了很多组件。组件是由多个基础 HTML 元素组合而成的，我们可以将其看成一个封装好了具有一定特效以及功能的元素。使用 Bootstrap，我们能够快速地开发 Web 页面，其中必不可少的就是这些组件。本章将一一介绍这些组件的使用方法，其中包括下拉菜单、导航、导航条、分页导航、徽章、卡片、进度条、列表组、媒体对象、巨幕、旋转图标、图标以及按钮组等。

6.1 下拉菜单

下拉菜单是可切换的、以列表格式显示链接的上/下文菜单。

6.1.1 基本用法

一个基本下拉菜单由触发按钮和下拉列表构成，创建方法如下。

- 所有下拉菜单内容必须放在一个容器<div>元素中，并给它添加.dropdown 类。若设置为.dropup、.dropleft、.dropright，则可以让菜单向上、向左、向右弹出。
- 在该 div 元素中放入一个 button 元素作为触发按钮，给 button 元素添加.dropdown-toggle 类以及 data-toggle="dropdown"的属性。
- 在按钮 button 元素的下面添加 ul 列表创建一个下拉列表，给 ul 元素添加.dropdown-menu 类，给 li 元素中的超链接 a 元素添加.dropdown-item 类。
- 由于下拉展开是一个动态效果，需要 JavaScript 来实现，在代码的最下方依次引入 jQuery.js 和 Bootstrap.bundle.js 文件。

【实例 6-1】（文件 dropdown_basic.html）

```
<!DOCTYPE html>
<html lang="en">
    <head>
        <meta charset="UTF-8">
        <meta name="viewport" content="width=device-width, initial-scale=1.0">
```

```
        <link rel="stylesheet" type="text/css" href="css/bootstrap.css"/>
        <title>下拉菜单基本用法</title>
    </head>
    <body>
        <div class="container p-3">
            <div class="row">
                <div class="col-12">
                    <div class="dropdown">
                        <!--触发的按钮-->
                        <button type="button" class="btn btn-outline-
primary dropdown-toggle" data-toggle="dropdown">系统设置</button>
                        <!--展开的菜单-->
                        <ul class="dropdown-menu">
                            <!--菜单项-->
                            <li><a href="#" class="dropdown-item">画面
设置</a></li>
                            <li><a href="#" class="dropdown-item">声音
设置</a></li>
                            <li><a href="#" class="dropdown-item">网络
设置</a></li>
                            <li><a href="#" class="dropdown-item">高级
</a></li>
                        </ul>
                    </div>
                </div>
            </div>
        </div>
        <script src="js/jquery-3.4.1.js" type="text/javascript" charset=
"utf-8"></script>
        <script src="js/bootstrap.bundle.js" type="text/javascript"
charset="utf-8"></script>
    </body>
</html>
```

以上代码在 Chrome 浏览器中的运行效果如图 6-1 所示。

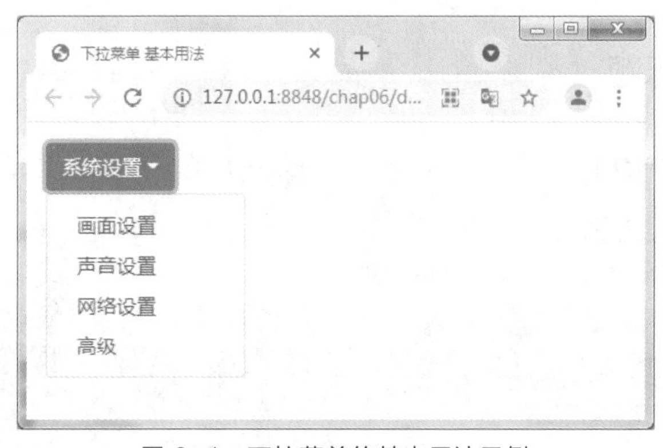

图 6-1 下拉菜单的基本用法示例

说明：读者可以将 class="dropdown"中的 dropdown 改为 dropup、dropleft、dropright，然

后查看菜单效果。

6.1.2 分割线

通过给下拉菜单中 li 元素添加 dropdown-divider 类，可以在菜单项中添加分割线，来实现菜单项分组的效果。

【实例 6-2】（文件 dropdown_divider.html）

```
    <div class="dropdown">
        <button type="button" class="btn btn-outline-primary dropdown-toggle"
data-toggle="dropdown">系统设置</button>
        <ul class="dropdown-menu">
            <li><a href="#" class="dropdown-item">画面设置</a></li>
            <li><a href="#" class="dropdown-item">声音设置</a></li>
            <li class="dropdown-divider"></li>
            <li><a href="#" class="dropdown-item">网络设置</a></li>
            <li><a href="#" class="dropdown-item">高级</a></li>
        </ul>
    </div>
```

以上代码在 Chrome 浏览器中的运行效果如图 6-2 所示。

图 6-2　下拉菜单的分割线示例效果

6.1.3 菜单标题

通过给下拉菜单中的 li 元素添加 dropdown-header 类，可以在菜单项中添加分组标题，标题默认样式比菜单项字号略小、颜色略浅。

【实例 6-3】（文件 dropdown_header.html）

```
    <div class="dropdown">
        <button type="button" class="btn btn-outline-primary dropdown-toggle"
data-toggle="dropdown">系统设置</button>
        <ul class="dropdown-menu">
            <li class="dropdown-header">基础设置</li>
            <li><a href="#" class="dropdown-item">画面设置</a></li>
            <li><a href="#" class="dropdown-item">声音设置</a></li>
```

```
        <li class="dropdown-divider"></li>
        <li class="dropdown-header">高级设置</li>
        <li><a href="#" class="dropdown-item">网络设置</a></li>
        <li><a href="#" class="dropdown-item">高级</a></li>
    </ul>
</div>
```

以上代码在 Chrome 浏览器中的运行效果如图 6-3 所示。

图 6-3　下拉菜单的标题

6.1.4　对齐方式

默认情况下，展开的下拉菜单自动沿着触发按钮的左侧对齐。为下拉列表 ul 元素添加.dropdown-menu-right 类，可以让菜单沿着触发按钮的右侧对齐。若添加.dropdown-menu-left 类，可以让菜单沿着触发按钮的左侧对齐（默认样式）。

【实例 6-4】（文件 dropdown_align.html）

```
<div class="dropdown">
    <button type="button" class="btn btn-outline-primary dropdown-toggle" 
data-toggle="dropdown">系统设置</button>
    <ul class="dropdown-menu dropdown-menu-right">
        <li class="dropdown-header">基础设置</li>
        <li><a href="#" class="dropdown-item">画面设置</a></li>
        <li><a href="#" class="dropdown-item">声音设置</a></li>
        <li class="dropdown-divider"></li>
        <li class="dropdown-header">高级设置</li>
        <li><a href="#" class="dropdown-item">网络设置</a></li>
        <li><a href="#" class="dropdown-item">高级</a></li>
    </ul>
</div>
```

以上代码在 Chrome 浏览器中的运行效果如图 6-4 所示。

如果想使用响应式对齐，可通过在 dropdown 上添加 data-display="static"属性禁用动态定位，并使用响应式变体类。例如，【实例 6-4】在.dropdown-menu-right 之后再添加.dropdown-menu-lg-left，实现的效果是菜单靠右对齐，但当屏幕处于 lg 大小范围时（992px～1200px），菜单靠左对齐。

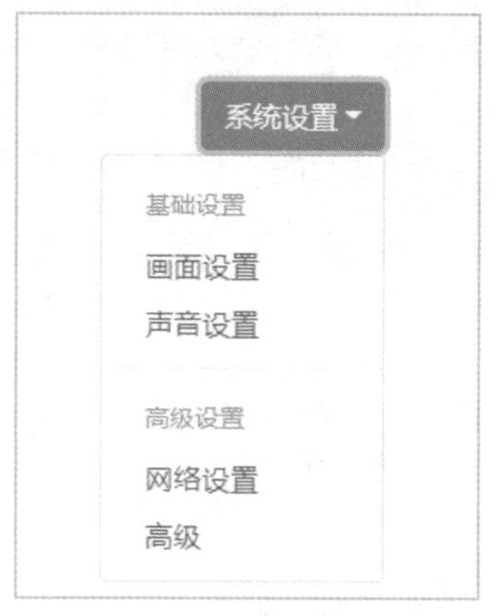

图 6-4　下拉菜单的对齐方式

6.1.5　禁用菜单项

在菜单项中的超链接 a 元素上添加.disabled 类，可将该项设为禁用。

【实例 6-5】（文件 dropdown_disabled.html）

```
<div class="dropdown">
        <button type="button" class="btn btn-outline-primary dropdown-toggle" data-toggle="dropdown">系统设置</button>
        <ul class="dropdown-menu dropdown-menu-right">
            <li class="dropdown-header">基础设置</li>
            <li><a href="#" class="dropdown-item">画面设置</a></li>
            <li><a href="#" class="dropdown-item">声音设置</a></li>
            <li class="dropdown-divider"></li>
            <li class="dropdown-header">高级设置</li>
            <li><a href="#" class="dropdown-item">网络设置</a></li>
            <li><a href="#" class="dropdown-item disabled">高级</a></li>
        </ul>
</div>
```

以上代码在 Chrome 浏览器中的运行效果如图 6-5 所示。

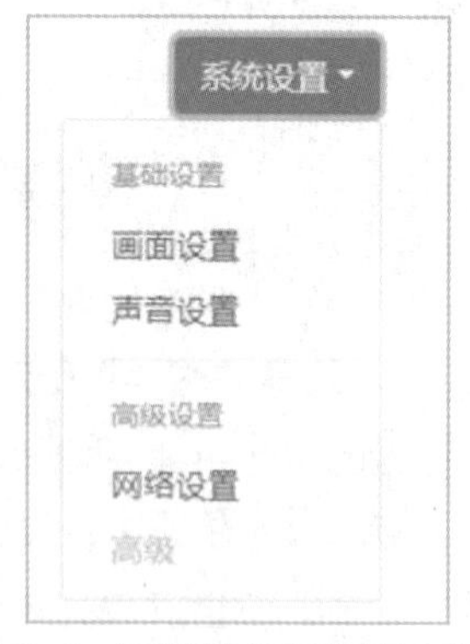

图 6-5　下拉菜单项的禁用状态

6.2 导航

6.2.1 导航基础样式

通过给 ul 元素或 nav 元素添加一个.nav 类，可以创建一个导航组件。在超链接 a 元素上需添加.nav-link 类，在 li 元素上需添加.nav-item 类。

【实例 6-6】（文件 nav_basic.html）

```
<div class="row">
    <div class="col-12">
        <h5 class="text-danger">导航写法 1：使用列表+超链接</h5>
        <ul class="nav">
            <li class="nav-item"><a href="#" class="nav-link">HTML</a></li>
            <li class="nav-item"><a href="#" class="nav-link">CSS</a></li>
            <li class="nav-item"><a href="#" class="nav-link">JavaScript
</a></li>
            <li class="nav-item"><a href="#" class="nav-link">jQuery</a></li>
            <li class="nav-item"><a href="#" class="nav-link">Bootstrap
</a></li>
        </ul>
    </div>
</div>
<div class="row mt-3">
    <div class="col-12">
        <h5 class="text-danger">导航写法 2：nav+超链接</h5>
        <nav class="nav">
            <a href="#" class="nav-link">HTML</a>
            <a href="#" class="nav-link">CSS</a>
            <a href="#" class="nav-link">JavaScript</a>
            <a href="#" class="nav-link">jQuery</a>
            <a href="#" class="nav-link">Bootstrap</a>
        </nav>
    </div>
</div>
```

以上代码在 Chrome 浏览器中的运行效果如图 6-6 所示。无论是用列表+超链接的方式，还是用 nav+超链接的方式，呈现的效果都是一样的。

图 6-6 导航基础样式

.nav 是一个基类，在基类的基础上添加一个修饰类.nav-tabs 或.nav-pills，可以改变导航的样式，衍生为选项卡导航和 Pills 导航。

6.2.2 选项卡导航

在 ul 元素或 nav 元素上，除添加一个.nav 基类外，再添加一个.nav-tabs 类，可以创建选项卡导航。在超链接 a 元素上添加.active 类，表示该链接是激活状态，可以让该链接获得选项卡导航特有的突出效果。接下来以 nav+超链接的方式为例展开介绍。

【实例 6-7】（文件 nav_tabs.html）

```
<nav class="nav nav-tabs">
     <a href="#" class="nav-link active">HTML</a>
     <a href="#" class="nav-link">CSS</a>
     <a href="#" class="nav-link">JavaScript</a>
     <a href="#" class="nav-link">jQuery</a>
     <a href="#" class="nav-link">Bootstrap</a>
</nav>
```

以上代码在 Chrome 浏览器中的运行效果如图 6-7 所示。

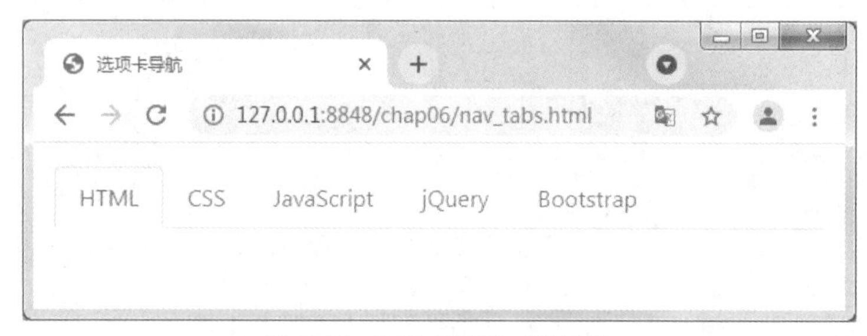

图 6-7　选项卡导航示例效果

6.2.3 Pills 导航

在 ul 元素或 nav 元素上，除添加一个.nav 基类外，再添加一个.nav-pills 类，可以创建 Pills 导航。在超链接 a 元素上添加.active 类，表示该链接是激活状态，可以让该链接获得 Pills 导航特有的突出效果。接下来以 nav+超链接的方式为例进行介绍。

【实例 6-8】（文件 nav_pills.html）

```
<nav class="nav nav-pills">
          <a href="#" class="nav-link active">HTML</a>
          <a href="#" class="nav-link">CSS</a>
          <a href="#" class="nav-link">JavaScript</a>
          <a href="#" class="nav-link">jQuery</a>
          <a href="#" class="nav-link">Bootstrap</a>
</nav>
```

以上代码在 Chrome 浏览器中的运行效果如图 6-8 所示。

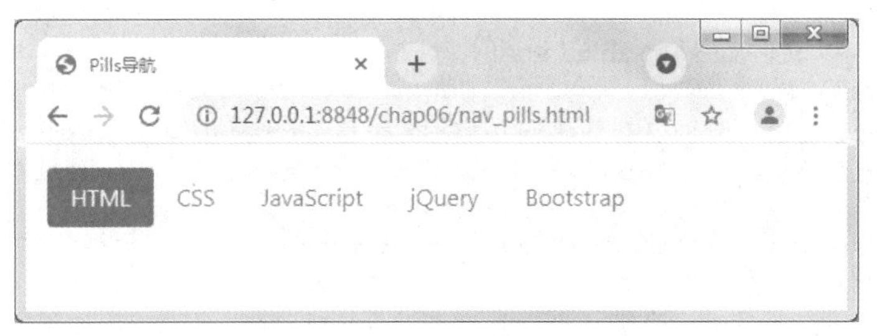

图 6-8　Pills 导航示例效果

6.2.4　垂直导航

通过在 ul 元素或 nav 元素上添加.flex-column 类，可以让导航垂直显示。如果选项卡导航使用了.active 类，则其将无法在垂直显示时获得良好的外观，因此一般只将基础导航或 Pills 导航设为垂直导航。并且会为导航添加栅格系统属性，让其作为侧边栏导航使用。

【实例 6-9】（文件 nav_flex_colomn.html）

```
<div class="col-3">
    <nav class="nav nav-pills flex-column">
        <a href="#" class="nav-link active">HTML</a>
        <a href="#" class="nav-link">CSS</a>
        <a href="#" class="nav-link">JavaScript</a>
        <a href="#" class="nav-link">jQuery</a>
        <a href="#" class="nav-link">Bootstrap</a>
    </nav>
</div>
```

以上代码在 Chrome 浏览器中的运行效果如图 6-9 所示。

图 6-9　垂直导航示例效果

6.2.5　导航禁用状态

前文中介绍了在导航的超链接 a 元素上添加.active 类，可以让其获得激活状态。【实例 6-10】在超链接 a 元素上添加.disabled 类，使其变为禁用状态，从而实现链接为灰色且无法单击的效果。

【实例 6-10】（文件 nav_disabled.html）

```
<nav class="nav nav-pills">
          <a href="#" class="nav-link active">HTML</a>
          <a href="#" class="nav-link">CSS</a>
          <a href="#" class="nav-link">JavaScript</a>
          <a href="#" class="nav-link disabled">jQuery</a>
          <a href="#" class="nav-link">Bootstrap</a>
</nav>
```

以上代码在 Chrome 浏览器中的运行效果如图 6-10 所示。

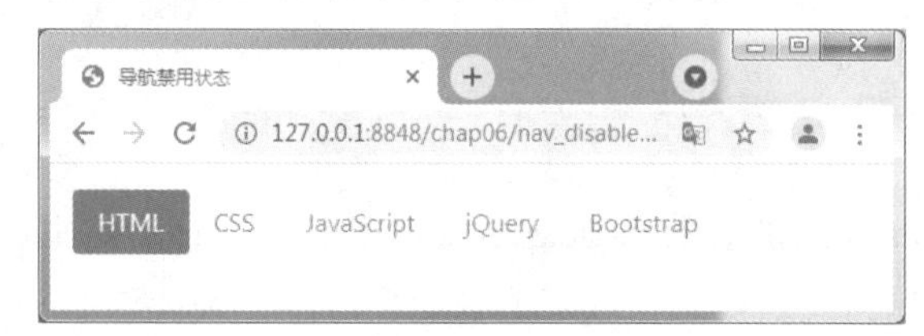

图 6-10　导航禁用状态

6.2.6　导航对齐方式

导航的默认对齐方式为居左对齐，但在 ul 元素或 nav 元素上添加.justify-content-center 类或.justify-content-end 类，可以实现居中对齐或居右对齐。

【实例 6-11】（文件 nav_align1.html）

```
<h5 class="text-danger ">导航居中对齐</h5>
<nav class="nav nav-tabs justify-content-center">
     <a href="#" class="nav-link active">HTML</a>
     <a href="#" class="nav-link">CSS</a>
     <a href="#" class="nav-link">JavaScript</a>
</nav>
<h5 class="text-danger my-3">导航居右对齐</h5>
<nav class="nav nav-tabs justify-content-end">
     <a href="#" class="nav-link active">HTML</a>
     <a href="#" class="nav-link">CSS</a>
     <a href="#" class="nav-link">JavaScript</a>
</nav>
```

以上代码在 Chrome 浏览器中的运行效果如图 6-11 所示。

图 6-11　导航居中/居右对齐示例效果

.nav-justified 和.nav-fill 类都可以让导航项占据所有的空间。

若在 ul 元素或 nav 元素上添加.nav-justified，所有的水平宽度都将被导航占用，每个导航元素会均分宽度，并且随着窗口大小的变化，响应式地变化。

如果将.nav-justified 换为.nav-fill，导航也会占据整个水平宽度，但并不是每个导航项等宽。

【实例 6-12】（文件 nav_align2.html）

```
    <div class="col-12">
        <nav class="nav nav-pills nav-justified">
            <a href="#" class="nav-link active">HTML</a>
            <a href="#" class="nav-link">CSS</a>
            <a href="#" class="nav-link">JavaScript</a>
            <a href="#" class="nav-link">jQuery</a>
            <a href="#" class="nav-link">Bootstrap</a>
        </nav>
    </div>
    <div class="row py-3">
        <div class="col-12">
            <nav class="nav nav-pills nav-fill">
                <a href="#" class="nav-link active">HTML</a>
                <a href="#" class="nav-link">CSS</a>
                <a href="#" class="nav-link">JavaScript 程序设计基础（导航项较长）
</a>
                <a href="#" class="nav-link">jQuery</a>
                <a href="#" class="nav-link">Bootstrap</a>
            </nav>
        </div>
    </div>
```

以上代码在 Chrome 浏览器中的运行效果如图 6-12 所示。

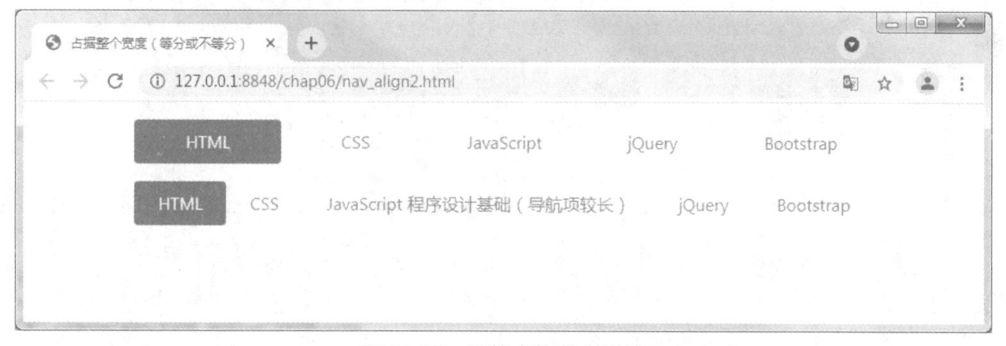

图 6-12　导航占据整个宽度

6.2.7　导航二级菜单

向导航元素中嵌套下拉菜单，即可实现导航二级菜单效果。

无论是使用列表+超链接，还是 nav 元素+超链接的方式去制作导航，无论是使用选项卡导航的外观还是 Pills 导航的外观，均可以实现导航二级菜单的效果。【实例 6-13】将分别以列表+超链接，nav 元素+超链接的方式，以及选项卡导航的样式风格，演示实现导航的二级菜单。

【实例 6-13】（文件 nav_dropdown.html）

```
<div class="row">
    <div class="col-12">
        <h4 class="text-danger">导航写法 1：使用列表+超链接</h4>
        <ul class="nav nav-tabs">
            <li class="nav-item"><a href="#" class="nav-link">HTML</a></li>
            <li class="nav-item"><a href="#" class="nav-link">CSS</a></li>
            <li class="nav-item"><a href="#" class="nav-link">JavaScript
</a></li>
            <li class="nav-item"><a class="nav-link" href="#">jQuery</a>
</li>
            <li class="nav-item dropdown">
                <a class="nav-link dropdown-toggle" data-toggle="dropdown"
href="#">Bootstrap</a>
                <ul class="dropdown-menu">
                    <li><a href="#" class="dropdown-item">栅格系统</a></li>
                    <li><a href="#" class="dropdown-item">CSS 布局</a></li>
                    <li><a href="#" class="dropdown-item">组件</a></li>
                    <li><a href="#" class="dropdown-item">JavaScript 插件
</a></li>
                </ul>
            </li>
        </ul>
    </div>
</div>
<div class="row mt-3">
    <div class="col-12">
        <h4 class="text-danger">导航写法 2：使用 nav+超链接</h4>
        <nav class="nav nav-tabs">
            <a href="#" class="nav-link">HTML</a>
            <a href="#" class="nav-link">CSS</a>
            <a href="#" class="nav-link">JavaScript</a>
            <a href="#" class="nav-link">jQuery</a>
            <div class=" dropdown">
                <a class="nav-link dropdown-toggle" data-toggle="dropdown"
 href="#">Bootstrap</a>
                <ul class="dropdown-menu">
                    <li><a href="#" class="dropdown-item">栅格系统
</a></li>
                    <li><a href="#" class="dropdown-item">CSS 布局</a></li>
                    <li><a href="#" class="dropdown-item">组件</a></li>
                    <li><a href="#" class="dropdown-item">JavaScript
插件</a></li>
                </ul>
            </div>
        </nav>
    </div>
</div>
```

以上代码在 Chrome 浏览器中的运行效果如图 6-13 所示。

图 6-13　导航二级菜单示例效果

6.2.8　面包屑导航

Bootstrap 中的面包屑导航是一个简单的带有 .breadcrumb 类的无序列表。默认样式的导航具有灰色背景颜色，导航链接之间用“/”分隔。

【实例 6-14】（文件 breadcrumb.html）

```
<ul class="breadcrumb">
      <li class="breadcrumb-item"><a href="#">HTML</a></li>
      <li class="breadcrumb-item"><a href="#">CSS</a></li>
      <li class="breadcrumb-item"><a href="#">JavaScript</a></li>
      <li class="breadcrumb-item"><a href="#">jQuery</a></li>
      <li class="breadcrumb-item"><a href="#">Bootstrap</a></li>
</ul>
```

以上代码在 Chrome 浏览器中的运行效果如图 6-14 所示。

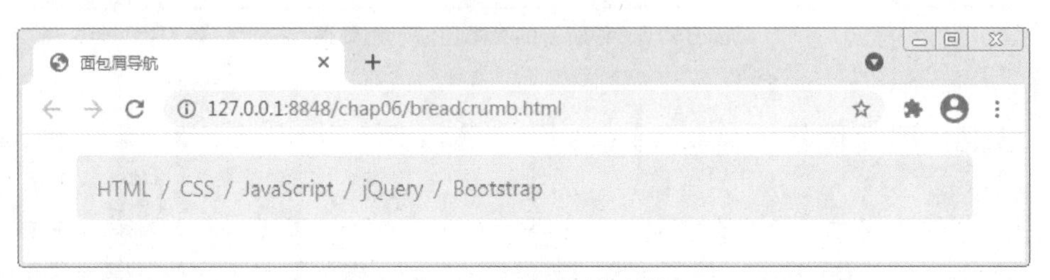

图 6-14　面包屑导航示例效果

6.3　导航条

6.3.1　导航条的基本用法

我们可以通过在 nav 元素上添加 .navbar 类来创建一个标准的导航栏，后面紧跟.navbar-expand{-sm|-md|-lg|-xl}类来创建响应式的导航栏。即，在宽屏时，导航栏水平铺开；小屏幕时，导航栏垂直展开。在 nav 元素上还需要添加导航条配色方案的类来设置导航条的背景颜色及文字颜色，这部分内容将在“6.3.8　导航条配色方案”中详细介绍。

在 nav 元素中添加一个带有.navbar-header 类的超链接 a 元素作为导航条的头部。在导航条中还可以添加超链接、表单元素、文本、二级菜单等（这些内容将在 6.3.3～6.3.6 小节依次介绍）。

下面的【实例 6-15】将提前使用部分元素做一个完整导航条的展示。

【实例 6-15】（文件 navbar_basic.html）

```
<nav class="navbar navbar-expand-md bg-light navbar-light">
     <a href="#" class="navbar-brand">Bootstrap 4</a>
     <ul class="navbar-nav mr-auto">
          <li class="nav-item"><a href="#" class="nav-link">布局</a></li>
          <li class="nav-item"><a href="#" class="nav-link">样式</a></li>
          <li class="nav-item"><a href="#" class="nav-link">组件</a></li>
          <li class="nav-item"><a href="#" class="nav-link">工具</a></li>
     </ul>
     <form class="form-inline">
          <button type="button" class="btn btn-smbtn-secondary mr-3">登录</button>
          <button type="button" class="btn btn-smbtn-secondary">注册</button>
     </form>
</nav>
```

以上代码在 Chrome 浏览器中的运行效果如图 6-15 所示。

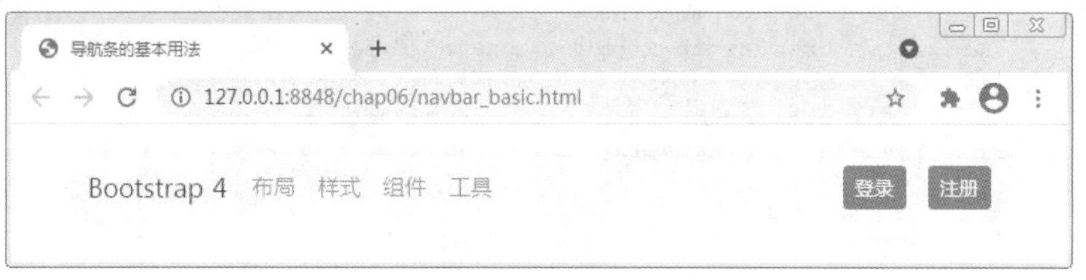

图 6-15　导航条的基本用法示例效果

6.3.2　品牌图标

在 nav 元素中添加一个带有.navbar-header 类的元素作为导航条的头部。这个元素可以是超链接 a 元素、div 元素或者其他大多数元素。其中，用超链接 a 元素的效果最好。在导航条的头部可以使用文本，也可以使用图像，作为品牌图标。如果将图像添加到导航条的头部，可根据需要通过自定义样式或使用一些工具类来正确调整图像大小。

【实例 6-16】（文件 navbar_brand.html）

```
<nav class="navbar navbar-expand-md bg-light navbar-light">
     <a href="#" class="navbar-brand"><imgsrc="img/bootstrap.png" width=
"30"></a>
</nav>
```

以上代码在 Chrome 浏览器中的运行效果如图 6-16 所示。

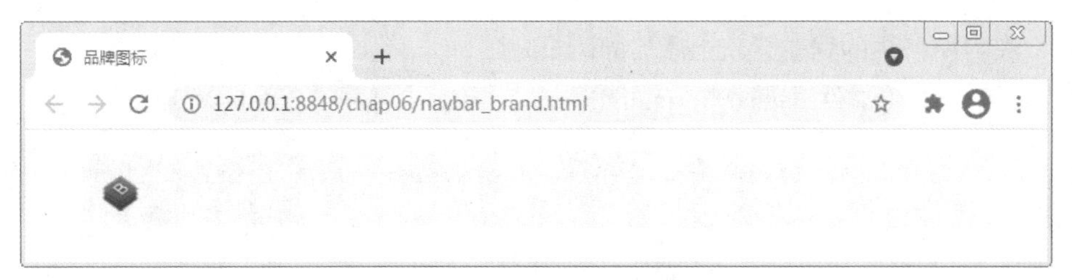

图 6-16　品牌图标示例效果

6.3.3　导航条上的链接

导航条中的链接或者说导航条中的导航元素，是在“6.2　导航”的基础上添加导航条的专属 class 而成，用法与“6.2　导航”几乎一致。

在“6.2　导航”中使用的是.nav 类，而此处使用的是.navbar-nav 类。要设置某个链接为激活状态，还是添加.active 类，要设置某个链接为禁用状态，还是添加.disabled 类，这一点与“6.2　导航”的用法一致。

【实例 6-17】（文件 navbar_link.html）

```
<nav class="navbar navbar-expand-md bg-light navbar-light">
    <a href="#" class="navbar-brand"><imgsrc="img/bootstrap.png" width=
"30"></a>
    <nav class="navbar-nav">
        <a href="#" class="nav-link">布局</a>
        <a href="#" class="nav-link">样式</a>
        <a href="#" class="nav-link active">组件</a>
        <a href="#" class="nav-link disabled">工具</a>
    </nav>
</nav>
```

以上代码在 Chrome 浏览器中的运行效果如图 6-17 所示。在导航条上添加了一组链接，其中“组件”设置了激活状态，“工具”设置了禁用状态。

图 6-17　导航条上的链接

6.3.4　导航条上的表单

如果要将各种表单控件或输入框组放在导航条中，需要在表单 form 元素上添加.form-inline 类。表单控件或输入框组的样式设置，与“第 5 章　表单”的内容一致。

默认情况下，导航栏中的表单是居左放置的，如果已经添加了链接，希望表单能居右放置，可以在导航条中的导航元素上添加.mr-auto类。

【实例 6-18】（文件 navbar_form.html）

```
    <nav class="navbar navbar-expand-md bg-light navbar-light">
        <a href="#" class="navbar-brand"><imgsrc="img/bootstrap.png" width=
"30"></a>
        <nav class="navbar-navmr-auto">
            <a href="#" class="nav-link">布局</a>
            <a href="#" class="nav-link">样式</a>
            <a href="#" class="nav-link active">组件</a>
            <a href="#" class="nav-link disabled">工具</a>
        </nav>
        <form class="form-inline">
            <!--此处用输入框组的形式展现表单元素-->
            <div class="input-group input-group-sm">
                <input type="text" class="form-control" />
                <div class="input-group-append">
                    <button type="button" class="btn btn-secondary">搜索</button>
                </div>
            </div>
        </form>
    </nav>
```

以上代码在 Chrome 浏览器中的运行效果如图 6-18 所示。

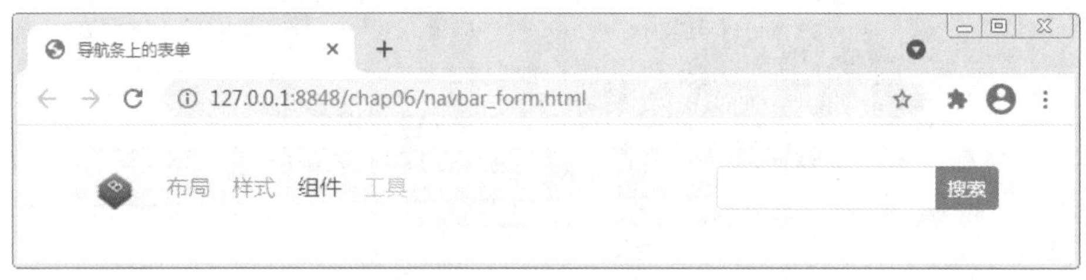

图 6-18　导航条中的表单

6.3.5　导航条上的文本

将文本内容装在使用了.navbar-text 类的 span 元素中，便能在导航条中添加非链接的纯文本了。根据需要，可以与其他导航条的元素混合使用。

【实例 6-19】（文件 navbar_form.html）

```
    <nav class="navbar navbar-expand-md bg-light navbar-light">
        <a href="#" class="navbar-brand"><imgsrc="img/bootstrap.png" width=
"30"></a>
        <nav class="navbar-nav mr-auto">
            <a href="#" class="nav-link">布局</a>
            <a href="#" class="nav-link">样式</a>
            <a href="#" class="nav-link active">组件</a>
            <a href="#" class="nav-link disabled">工具</a>
        </nav>
```

```
        <span class="navbar-text">Bootstrap 4 中文文档</span>
    </nav>
```

以上代码在 Chrome 浏览器中的运行效果如图 6-19 所示。

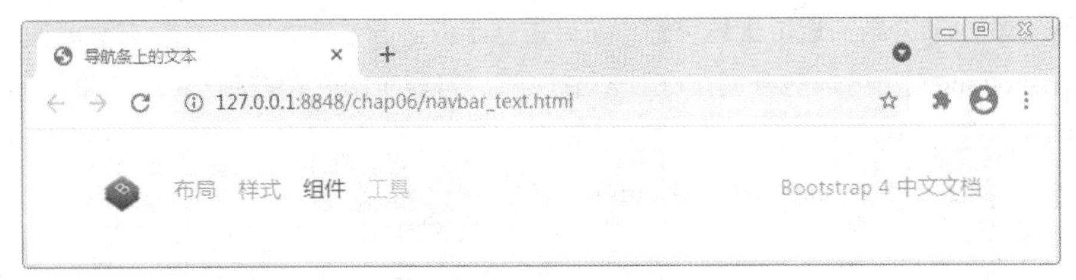

图 6-19　导航条上的文本

6.3.6　导航条中的二级菜单

在导航条的链接中添加二级菜单，其操作与“6.2.7　导航二级菜单”中的操作一致。

【实例 6-20】（文件 navbar_dropdown.html）

```
    … <!--此处省略代码和【实例 6-19】一样-->
    <a href="#" class="nav-link">样式</a>
    <div class="dropdown">
        <a class="nav-link dropdown-toggle" data-toggle="dropdown" href="#">组件</a>
            <!--下拉菜单的展开内容-->
            <ul class="dropdown-menu">
                <li><a href="#" class="dropdown-item">下拉菜单</a></li>
                <li><a href="#" class="dropdown-item">导航</a></li>
                <li><a href="#" class="dropdown-item">导航条</a></li>
            </ul>
    </div>
    <a href="#" class="nav-link">工具</a>
     …<!--此处省略代码和【实例 6-19】一样-->
    <script src="js/jquery-3.4.1.js" type="text/javascript" charset="utf-8">
</script>
    <script src="js/bootstrap.bundle.js" type="text/javascript" charset="utf-
8"></script>
```

以上代码在 Chrome 浏览器中的运行效果如图 6-20 所示。

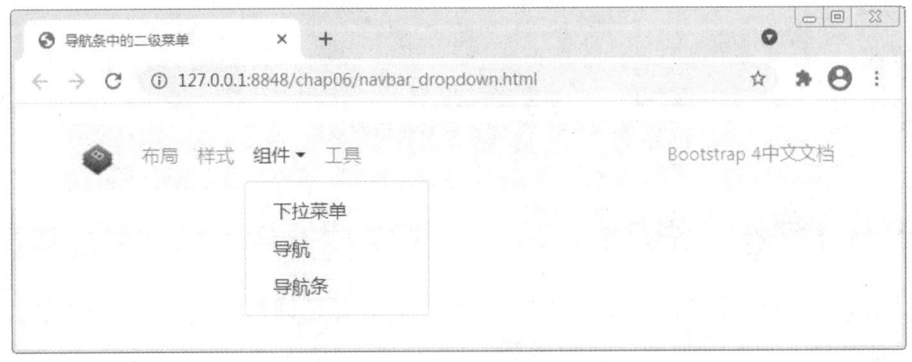

图 6-20　导航条中的二级菜单

6.3.7 固定导航条

利用 4.10 小节介绍的定位工具可对导航条进行定位。通过给导航条元素 nav 添加.fixed-top 类或.fixed-bottom 类，将导航条固定在顶部或底部。当导航条固定在顶部或底部时，导航条的宽度不再与父元素同宽，而是与浏览器窗口同宽。

【实例 6-21】（文件 navbar_fixed.html）

```
<div class="row my-3">
    <div class="col-12">
    <!--固定在顶部的导航条-->
    <nav class="navbar navbar-expand-md bg-light navbar-light fixed-top">
        …<!--导航条中内容省略-->
    </nav>
    </div>
</div>
<div class="row my-3">
    <div class="col-12">
        <!--固定在底部的导航条-->
        <nav class="navbar navbar-expand-md bg-light navbar-light fixed-bottom">
            …<!--导航条中内容省略-->
        </nav>
    </div>
</div>
```

以上代码在 Chrome 浏览器中的运行效果如图 6-21 所示。

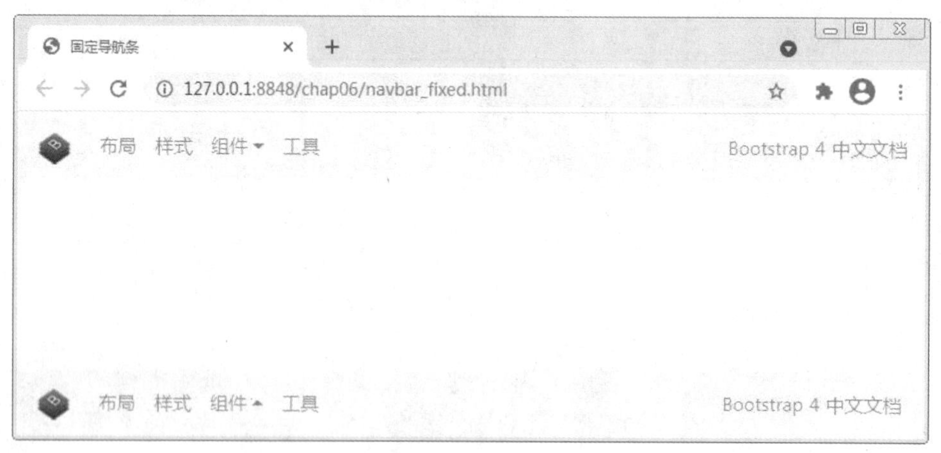

图 6-21 固定导航条示例效果

6.3.8 导航条配色方案

为导航条 nav 元素添加.bg-颜色词的类以及.navbar-颜色词的类，即可设置导航条的背景颜色与文本颜色。

.bg-颜色词设置的是导航栏的背景颜色。颜色有很多选择，例如.bg-info、.bg-dark，详细内容参考“4.1 颜色”。

.navbar-颜色词设置的是导航栏的文字颜色，只有.navbar-dark 和.navbar-light 两种选择。注意，类名和实际的文字颜色正好相反，比如.navbar-dark 并不是深色字，而是为了搭配深色背景而显示的浅色字；反之，.navbar-light 是为了搭配浅色背景而显示的深色字。

【实例 6-22】（文件 navbar_color.html）

```
<nav class="navbar navbar-expand-md bg-info navbar-light">
        …<!--导航条中内容省略-->
</nav>
```

以上代码在 Chrome 浏览器中的运行效果如图 6-22 所示。

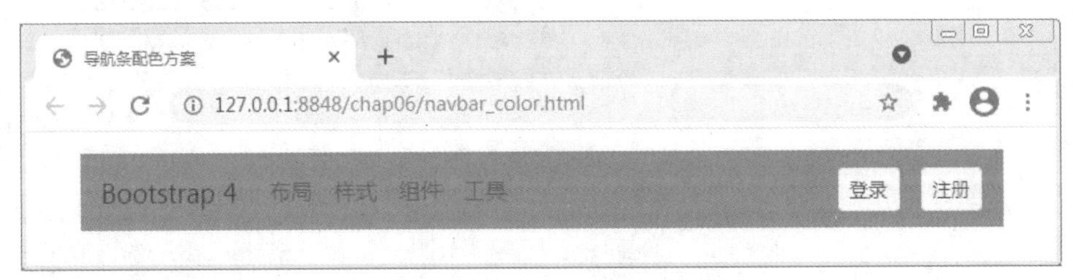

图 6-22 导航条配色方案示例效果

6.4 分页导航

分页导航组件可以显示页码。这个组件使用非常方便，易点击、易缩放、点击区域大，在页面中使用频率高。

分页是使用列表 ul 元素构建的，如在 ul 元素上添加.pagination 类，或在 li 元素上添加.page-item 类、在超链接 a 元素上添加.page-link 类，然后将列表 ul 放入 nav 元素中，生成一个分页组件。由于页面中可能有多个 nav 元素，例如各种导航，因此建议在 nav 元素上添加描述性的内容 aria-label = "page"。

【实例 6-23】（文件 page.html）

```
<nav aria-label="page">
    <ul class="pagination">
        <li class="page-item"><a href="#" class="page-link">上一页</a></li>
        <li class="page-item"><a href="#" class="page-link">1</a></li>
        <li class="page-item"><a href="#" class="page-link">2</a></li>
        <li class="page-item"><a href="#" class="page-link">3</a></li>
        <li class="page-item"><a href="#" class="page-link">下一页</a></li>
    </ul>
</nav>
```

以上代码在 Chrome 浏览器中的运行效果如图 6-23 所示。

也可以使用图标或符号代替某些分页链接中的文本，但是需要使用适当的屏幕阅读器支持 aria 属性和 .sr-only 工具。

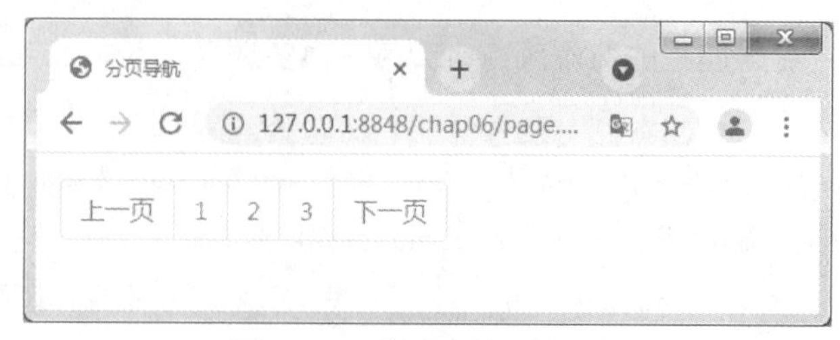

图 6-23　分页导航示例效果

【实例 6-24】（文件 page2.html）

```
<nav aria-label="page">
    <ul class="pagination">
        <li class="page-item">
            <a class="page-link" href="#" aria-label="Previous">
                <span aria-hidden="true">&laquo;</span>
                <span class="sr-only">上一页</span>
            </a>
        </li>
        <li class="page-item"><a href="#" class="page-link">1</a></li>
        <li class="page-item"><a href="#" class="page-link">2</a></li>
        <li class="page-item"><a href="#" class="page-link">3</a></li>
        <li class="page-item">
            <a class="page-link" href="#" aria-label="Next">
                <span aria-hidden="true">&raquo;</span>
                <span class="sr-only">下一页</span>
            </a>
        </li>
    </ul>
</nav>
```

以上代码在 Chrome 浏览器中的运行效果如图 6-24 所示。

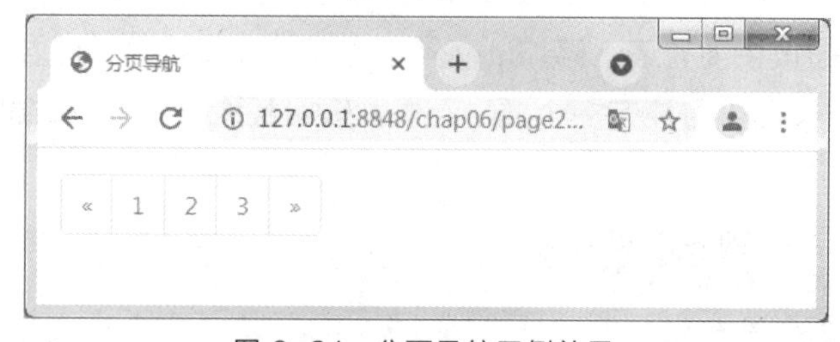

图 6-24　分页导航示例效果

分页导航也可以通过添加.active 类设置成激活状态，通过添加.disabled 类设置成禁用状态。添加.pageination-lg 或者.pageination-sm，可以设置大一点或小一点的分页导航。

另外，4.8.3 小节曾介绍过 flexbox 工具类.justify-content-*，将其中*取值{start|center|end|between| around }，也可用来设置分页导航的排列位置。

【实例 6-25】（文件 page_active_disabled.html）

```
<nav aria-label="page">
    <ul class="pagination pagination-lg justify-content-center">
        <li class="page-item"><a href="#" class="page-link">上一页</a></li>
        <li class="page-item"><a href="#" class="page-link">1</a></li>
```

```
            <li class="page-item active"><a href="#" class="page-link active">
2</a></li>
            <li class="page-item disabled"><a href="#" class="page-link">3
</a></li>
            <li class="page-item"><a href="#" class="page-link">下一页</a></li>
        </ul>
    </nav>
```

以上代码在 Chrome 浏览器中的运行效果如图 6-25 所示。

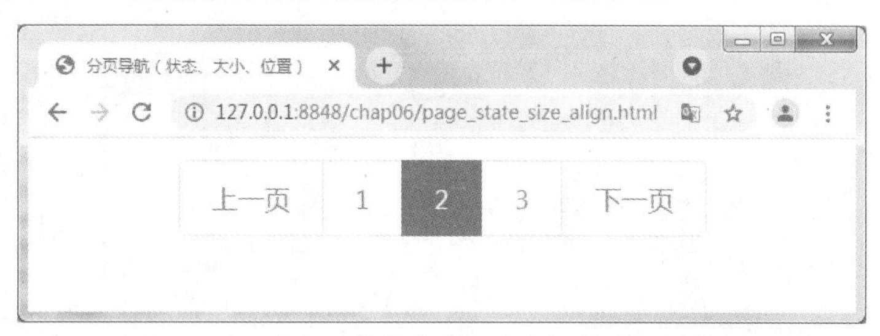

图 6-25　分页导航的状态、大小、位置示例效果

6.5 徽章

徽章是一个具有内间距、背景颜色、圆角等样式的简单组件，外观与按钮有些相似，通常会搭配其他元素一起使用。徽章的颜色可以通过.badge-color 系列类来选择。

为显示新出炉的新闻效果，常常将徽章与标题放在一起使用。

【实例 6-26】（文件 badge_title.html）

```
<div class="container p-3">
    <div class="row">
        <div class="col-12">
            <h1>一篇文章的标题<span class="badge badge-secondary">新</span></h1>
            <h2>一篇文章的标题<span class="badge badge-primary">新</span></h2>
            <h3>一篇文章的标题<span class="badge badge-success">新</span></h3>
            <h4>一篇文章的标题<span class="badge badge-warning">新</span></h4>
            <h5>一篇文章的标题<span class="badge badge-danger">新</span></h5>
            <h6>一篇文章的标题<span class="badge badge-info">新</span></h6>
        </div>
    </div>
</div>
```

以上代码在 Chrome 浏览器中的运行效果如图 6-26 所示。

为显示有多少条未读消息的效果，常常将徽章与按钮搭配使用。

利用 4.2.3 小节介绍的边框圆角工具类可修饰徽章的外观，也可用.badge-pill 类来修饰徽章，从而得到比较美观的样式。

【实例 6-27】（文件 badge_button.html）

```
<div class="col-6">
    <button type="button" class="btn btn-primary">
        未读邮件 <span class="badge badge-light ">12</span>
```

```
        </button>
    </div>
    <div class="col-6">
        <button type="button" class="btn btn-primary">
          未读邮件 <span class="badge badge-light badge-pill">12</span>
        </button>
    </div>
```

以上代码在 Chrome 浏览器中的运行效果如图 6-27 所示。

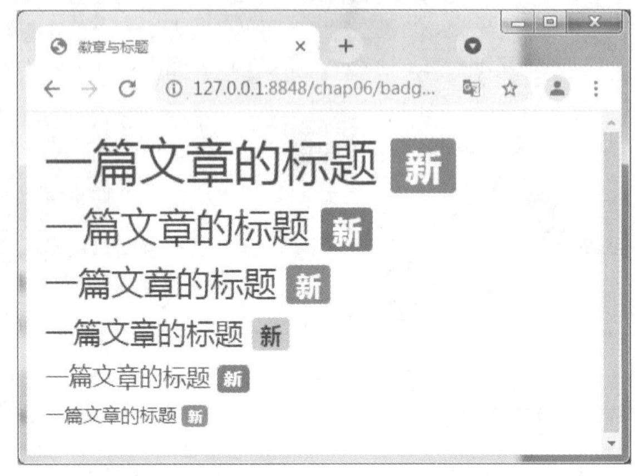

图 6-26 徽章与标题一起搭配使用的示例效果

图 6-27 修饰徽章示例效果

6.6 卡片

6.6.1 基本卡片

卡片是一个灵活可扩展的内容容器。在内容上，它可以随意组合填装图片、标题、段落、超链接、按钮、列表组等多种元素；在样式上，可以为卡片添加页眉和脚注，来设置背景颜色、边框、宽度。Bootstrap 4.6.0 取消了 Bootsrap 3.3.7 原有的 panels、wells、thumbnails 等组件，并将这些组件类似的功能整合到了卡片中。【实例 6-28】是卡片基本结构的展示。

【实例 6-28】（文件 card_basic.html）

```
<div class="card">
    <imgsrc="img/card_img.jpg" class="card-img-top">
    <div class="card-body">
        <p class="card-text">丽江的玉龙雪山是国家……</p>
```

```
    </div>
</div>
```

以上代码在 Chrome 浏览器中的运行效果如图 6-28 所示。

图 6-28 基本卡片示例效果

6.6.2 卡片的内容设计

卡片支持各种内容，如图像、文本、超链接、列表组等。基本的卡片结构包括卡片主体和图片。

（1）卡片主体

卡片主体是一个添加了.card-body 类的 div，里面可以装入标题、段落、超链接、按钮、列表组、引用等。Bootstrap 4.6.0 中定义了对应的类：标题类.card-title、副标题类.card-subtitle、文本类.card-text、类链接.card-link。

（2）图片和卡片主体的组合

图片和卡片主体在组合放置时，若是图片放在卡片主体上方，给 img 元素添加.card-img-top 类，则图片左上角与右上角会添加圆角效果；同理，若是图片放在卡片主体下方，添加.card-img-bottom 类，则图片左下角与右下角会添加圆角效果。如果卡片没有文字，直接使用.card-img，此时，图片的 4 个角都添加了圆角效果。

图片和卡片主体组合时，图片可以设置为卡片主体的背景。只需要在.card-body 的 div 里添加. card-img-overlay 即可。对【实例 6-28】进行简单的修改（请读者自行查看效果），代码如下。

```
<div class="card">
    <img src="img/card_img.jpg" class="card-img">
    <div class="card-body card-img-overlay text-white">
        <h5 class="card-title">玉龙雪山</h5>
        <p class="card-text">丽江的玉龙雪山是国家 5A 级风景区，终年积雪。</p>
    </div>
</div>
```

（3）卡片的大小

卡片默认为100%宽度。我们可以通过栅格系统、CSS样式、宽度工具（内容见4.6.1小节）等来设定。

（4）文本的排列

文本的排列样式，可利用文本排列工具类.text-{left|right|center}来实现。

【实例6-29】（文件 card_body_contents.html）

```
<div class="row">
    <div class="col">
        <div class="card">
            <img src="img/card_img1.jpg" class="card-img-top">
            <div class="card-body">
                <h5 class="card-title">品质生活</h5>
                <p class="card-text ">心要像伞，撑得开，收得起。</p>
                <a href="#" class="card-link">查看全文</a>
            </div>
        </div>
    </div>
    <div class="col">
        <div class="card">
            <img src="img/card_img2.jpg" class="card-img-top">
            <div class="card-body  text-center">
                <h5 class="card-title">品质生活</h5>
                <p class="card-text">心要像伞，撑得开，收得起。</p>
                <a href="#" class="btn btn-secondary">查看全文</a>
            </div>
        </div>
    </div>
</div>
```

以上代码在Chrome浏览器中的运行效果如图6-29所示。一般情况下，我们会将多个卡片一起使用，以获得类似博文展示区或商品展示区的效果。本例中就使用了两个卡片，添加栅格属性，形成响应式效果。

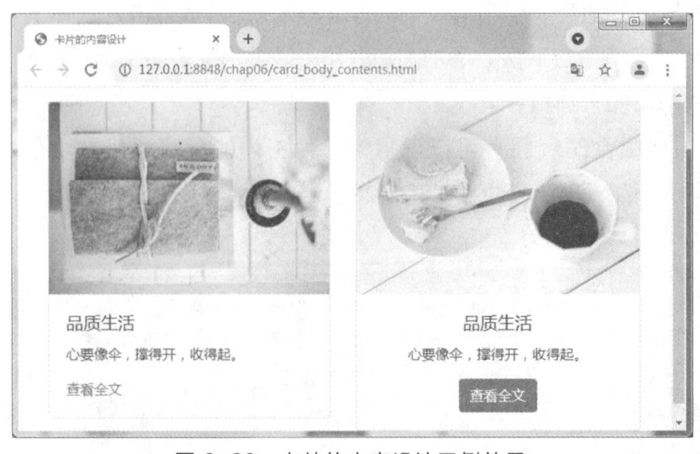

图6-29 卡片的内容设计示例效果

6.6.3 卡片的页眉和脚注

在设计卡片时，还可以选择性地添加页眉（.card-header）或脚注（.card-footer）。

【实例 6-30】（文件 card_header_footer.html）

```
<div class="card mb-3">
    <div class="card-header text-center">考证培训通知</div>
    <div class="card-body">
        <h5 class="card-title">1+X Web前端开发</h5>
        <p class="card-text">初级涵盖：HTML、CSS、JavaScript、jQuery</p>
        <p class="card-text">中级涵盖：HTML……</p>
    </div>
    <div class="card-footer">
        <button type="button" class="btn btn-info btn-sm float-right">
点此报名</button>
    </div>
</div>
```

以上代码在 Chrome 浏览器中的运行效果如图 6-30 所示。

图 6-30 卡片的页眉和脚注设计示例效果

6.6.4 卡片样式

更改卡片的外观，可以通过第 3 章和第 4 章介绍的文本（.text-*）、背景（.bg-*）、边框工具（.border-*）类来实现。这里的*为颜色值。

【实例 6-31】（文件 card_style.html）

```
<div class="row">
    <div class="col">
        <div class="card bg-info text-white mb-3">
            <!--此处卡片内容省略，与【实例 6-30】相同-->
        </div>
```

```
            </div>
            <div class="col">
                 <div class="card border-info mb-3">
                      <div class="card-header text-center">考证培训通知</div>
                      <div class="card-body text-info">
                           <h5 class="card-title">1+X Web前端开发</h5>
                           <p class="card-text">初级涵盖：HTML、CSS、JavaScript、
jQuery</p>
                      </div>
                      <div class="card-footer">
                           <button type="button" class="btn btn-info btn-sm float-
right">点此报名</button>
                      </div>
                 </div>
            </div>
            <div class="col">
                 <div class="card border-info mb-3">
                      <div class="card-header text-center bg-transparent border-
info">考证培训通知</div>
                      <div class="card-body">
                           <h5 class="card-title">1+X Web前端开发</h5>
                           <p class="card-text">初级涵盖:HTML、CSS、JavaScript、jQuery</p>
                      </div>
                      <div class="card-footer bg-transparent border-info">
                           <button type="button" class="btn btn-info btn-sm float-
right">点此报名</button>
                      </div>
                 </div>
            </div>
       </div>
```

以上代码在 Chrome 浏览器中的运行效果如图 6-31 所示。

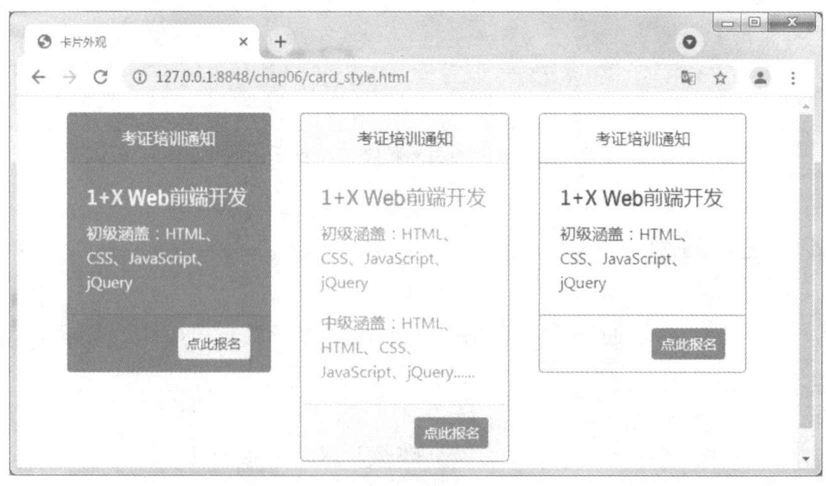

图 6-31　卡片外观设计示例效果

说明：为每个 card 添加.h-100 可以解决不等高的问题。

6.6.5 水平卡片

借助栅格系统，可以将图片和文字部分水平显示。在.row 元素上使用.no-gutters，可去掉行的左/右外边距和列的内边距。【实例 6-32】展示了具体使用方法。

【实例 6-32】（文件 card_horizontal.html）

```
<div class="card ">
     <div class="row no-gutters">
          <div class="col-4">
               <img src="img/card_img2.jpg" class="card-img h-100">
          </div>
          <div class="col-8">
               <div class="card-body">
                    <h5 class="card-title">开心甜点屋</h5>
                    <p class="card-text">伴着樱花淡淡的清香，来一口甜美的点心再惬意不过啦！</p>
               </div>
          </div>
     </div>
</div>
```

以上代码在 Chrome 浏览器中的运行效果如图 6-32 所示。

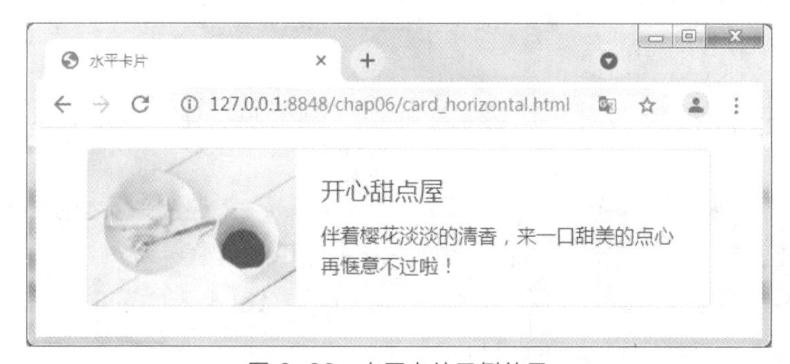

图 6-32　水平卡片示例效果

6.6.6 卡片组

在【实例 6-31】中，采用栅格系统布局将多个卡片并列放置。但是当这些卡片的内容长度不一致时，并排的卡片会不等高。当然，我们可以在每个 card 上添加.h-100。

在 Bootstrap 中，使用卡片组可将卡片呈现为具有相等宽度和高度列的单个附加元素。卡片组类包括.card-group、.card-deck。其中，.card-group 卡片组的卡片之间无间隙，并等高等宽。.card-deck 卡片组的卡片之间不相连，并等高等宽。

【实例 6-33】（文件 card_group.html）

```
<div class="card-deck">
     <div class="card">
          <!--此处省略内容类似【实例 6-30】-->
```

```
        </div>
        <div class="card">
            <!--此处省略内容类似【实例 6-30】-->
        </div>
        <div class="card">
            <!--此处省略内容类似【实例 6-30】-->
        </div>
</div>
```

以上代码在 Chrome 浏览器中的运行效果如图 6-33 所示。

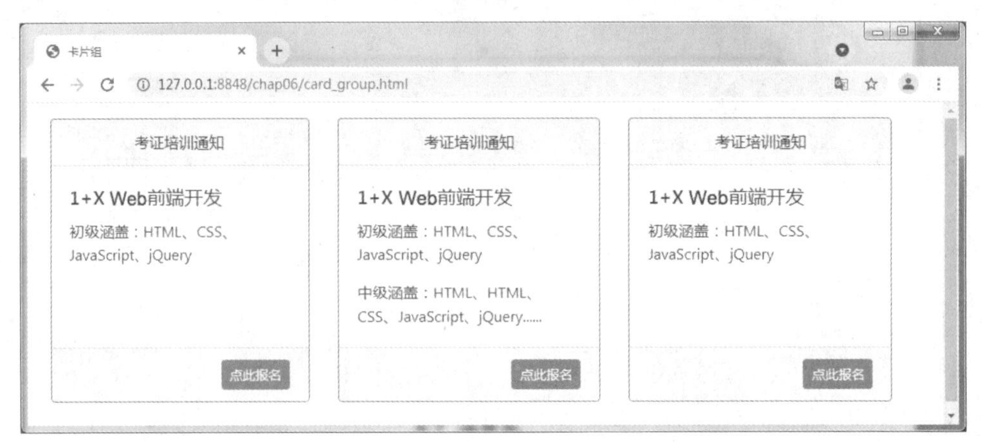

图 6-33　卡片组设计示例效果

6.6.7　卡片布局

（1）在使用栅格系统布局卡片时，可以使用.row-cols-*来控制每行显示的列数，其中*的取值为 1～5 的数字。比如，.row-cols-2 表示一行只显示 2 列。

将【实例 6-31】做如下修改：row 上添加. row-cols-2， .col 上添加 mb-3，.card 上添加.h-100。

【实例 6-34】（文件 card_gridcard.html）

```
<div class="row row-cols-2">
    <div class="col mb-3">
        <div class="card bg-info text-white mb-3 h-100">…</div>
    </div>
    <div class="col mb-3">
        <div class="card border-info mb-3 h-100">…</div>
    </div>
    <div class="col mb-3">
        <div class="card border-info mb-3 h-100">…</div>
    </div>
</div>
```

以上代码在 Chrome 浏览器中的运行效果如图 6-34 所示。

（2）对于一组卡片，可以使用. card-columns，让卡片按列排列，并且每行 3 列。排列顺序为从上到下，从左往右。

图 6-34　网格卡片示例效果

【实例 6-35】（文件 card-columns.html）

```
<div class="card-columns">
    <div class="card">
        <!--此处省略内容类似【实例 6-30】-->
    </div>
    <!--这里注意对卡片编号-->
    <div class="card">
        <!--此处省略内容类似【实例 6-30】-->
    </div>
</div>
```

以上代码在 Chrome 浏览器中的运行效果如图 6-35 所示。

图 6-35　按列排列示例效果

6.7 进度条

6.7.1 基础进度条

进度条简单、灵活，可以为当前工作流程或动作提供实时反馈。

进度条由嵌套的两个 div 构建，外层 div 上添加.progress 类，用作进度条的“槽”；内层 div 上添加.progress-bar 类，用来表示当前进度。进度的长短由行内样式的 width 属性来设置。

【实例 6-36】（文件 progress_basic.html）

```
<div class="progress my-3">
    <div class="progress-bar" style="width:25%;">进度 25%</div>
</div>
<div class="progress my-3">
    <div class="progress-bar" style="width:50%;">进度 50%</div>
</div>
<div class="progress my-3">
    <div class="progress-bar" style="width:75%;">进度 75%</div>
</div>
<div class="progress my-3">
    <div class="progress-bar" style="width:100%;">进度 100%</div>
</div>
```

以上代码在 Chrome 浏览器中的运行效果如图 6-36 所示。

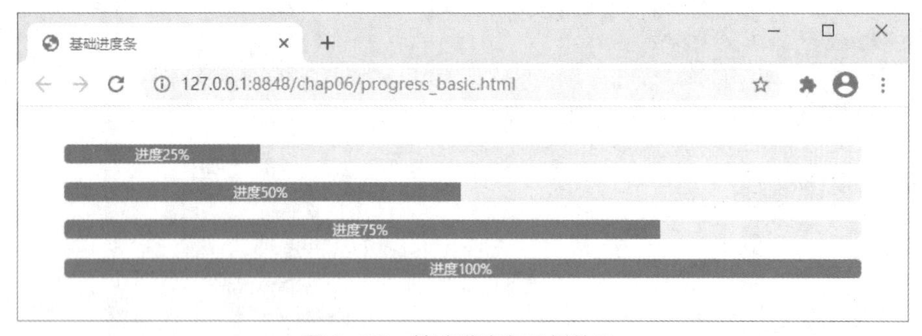

图 6-36 基础进度条示例效果

6.7.2 进度条的颜色

进度条的颜色可以通过在进度条内层 div.progress-bar 中添加背景颜色类.bg-*的方式来设置。

【实例 6-37】（文件 progress_color.html）

```
<div class="progress my-3">
```

```
        <div class="progress-bar bg-danger" style="width:30%;">30%</div>
    </div>
    <div class="progress my-3">
        <div class="progress-bar bg-warning" style="width:60%;">60%</div>
    </div>
    <div class="progress my-3">
        <div class="progress-bar bg-success" style="width:90%;">90%</div>
    </div>
```

以上代码在 Chrome 浏览器中的运行效果如图 6-37 所示。本例中依次给 3 个进度条设置了.bg-danger、.bg-warning 和.bg-success 这 3 种颜色。

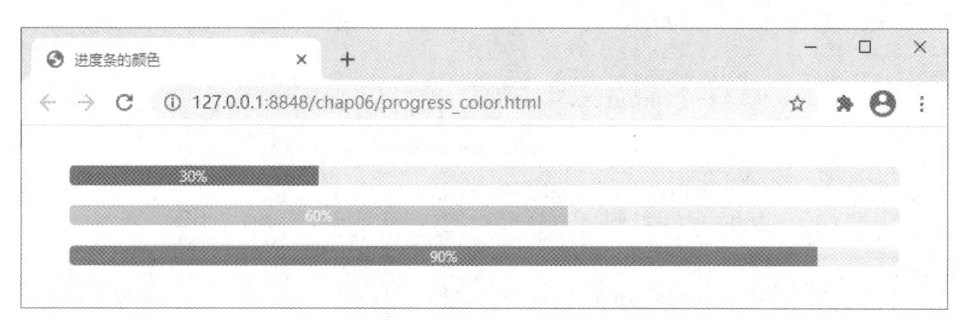

图 6-37　进度条的颜色示例效果

6.7.3　条纹进度条

将.progress-bar-striped 类添加到进度条内层 div.progress-bar 上，即可通过 CSS 渐变对进度条的背景颜色加上条纹。若再添加.progress-bar-animated 类，则条纹会呈现动态流动的效果。

【实例 6-38】（文件 progress_striped.html）

```
    <div class="progress my-3">
        <div class="progress-bar bg-danger progress-bar-striped" style="width:
30%;">30%</div>
    </div>
    <div class="progress my-3">
        <div class="progress-bar bg-warning progress-bar-striped" style="width:
 60%;">60%</div>
    </div>
    <div class="progress my-3">
        <div class="progress-bar bg-success progress-bar-striped progress-bar-
animated"
        style="width:90%;">90%</div>
    </div>
```

以上代码在 Chrome 浏览器中的运行效果如图 6-38 所示。本例中 3 个进度条都添加了条纹效果，其中第 3 个进度条还添加了动态条纹效果。

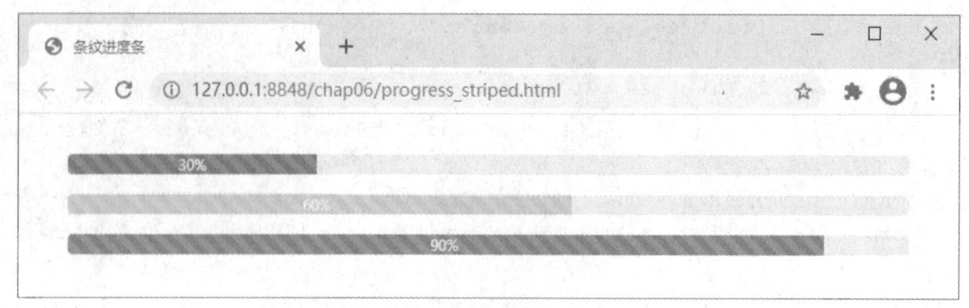

图 6-38　条纹进度条示例效果

6.7.4　进度条堆叠效果

把多个进度条放入同一个.progress 中，即可使它们呈现出堆叠的效果。在.progress 上设置 height 可以调整进度条高度。此时，内部的.progress-bar 自动调整大小。

【实例 6-39】（文件 progress_multiple.html）

```
<div class="progress my-3" style="height:25px;">
    <div class="progress-bar bg-secondary" style="width:20%;">系统文件</div>
    <div class="progress-bar bg-warning" style="width:20%;">安装程序</div>
    <div class="progress-bar bg-success" style="width:35%;">文档文件</div>
</div>
```

以上代码在 Chrome 浏览器中的运行效果如图 6-39 所示。

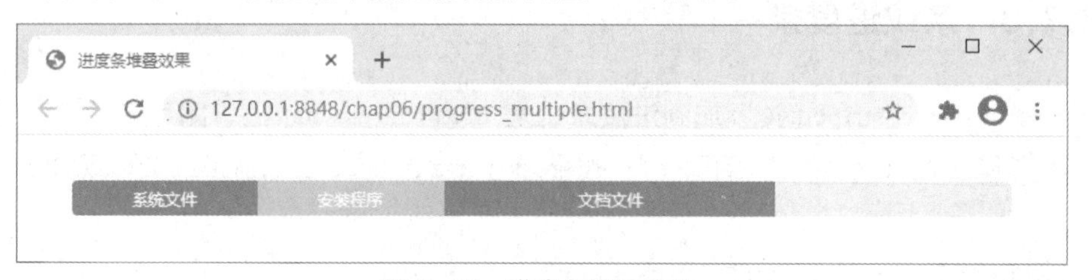

图 6-39　进度条堆叠效果

6.8　列表组

列表组是灵活又强大的组件，不仅能用于显示一组简单的元素，还能以列表形式呈现复杂的和自定义的内容。

6.8.1　基础列表组

基础的列表组仅仅是一个带有多个列表条目的无序列表。给元素 ul 和 li 分别应用类.list-group 和.list-group-item，即可生成一个列表组。

【实例 6-40】（文件 list_group_basic.html）

```
<div class="container p-3">
    <div class="row">
        <div class="col-6">
```

```
            <ul class="list-group">
                <li class="list-group-item">外套/针织衫</li>
                <li class="list-group-item">裤装</li>
                <li class="list-group-item">裙装</li>
                <li class="list-group-item">起居服</li>
                <li class="list-group-item">秋季新品</li>
            </ul>
        </div>
    </div>
</div>
```

以上代码在 Chrome 浏览器中的运行效果如图 6-40 所示。

图 6-40　基础列表组示例效果

6.8.2　带徽章的列表组

向列表组的任意列表项 li 元素添加徽章组件，即可在该列表项右侧显示徽章。

【实例 6-41】（文件 list_group_badge.html）

```
<ul class="list-group">
    <li class="list-group-item">外套/针织衫
            <span class="badge badge-info float-right">8</span>
    </li>
    <li class="list-group-item">裤装
        <span class="badge badge-info float-right">5</span>
    </li>
    <li class="list-group-item">裙装
        <span class="badge badge-info float-right">3</span>
    </li>
    <li class="list-group-item">起居服
        <span class="badge badge-info float-right">2</span>
    </li>
    <li class="list-group-item">秋季新品
        <span class="badge badge-info float-right">11</span>
    </li>
</ul>
```

以上代码在 Chrome 浏览器中的运行效果如图 6-41 所示。

图 6-41　带徽章的列表组示例效果

6.8.3　链接列表组

div 元素和超链接 a 元素可替代列表 ul 元素和列表项 li 元素。在 div 元素上添加.list-group 类，在 a 元素上添加.list-group-item 类和.list-group-item-action 类，则可创建一个具有鼠标悬停效果的链接列表组。

【实例 6-42】（文件 list_group_link.html）

```
<div class="list-group">
    <a href="#" class="list-group-item list-group-item-action">外套/针织衫</a>
    <a href="#" class="list-group-item list-group-item-action">裤装</a>
    <a href="#" class="list-group-item list-group-item-action">裙装</a>
    <a href="#" class="list-group-item list-group-item-action">起居服</a>
    <a href="#" class="list-group-item list-group-item-action">秋季新品</a>
</div>
```

以上代码在 Chrome 浏览器中的运行效果如图 6-42 所示。

图 6-42　链接列表组示例效果

说明：这里<a>标签也可以换成<button>，但是不要使用标准的.btn 类。示例如下。

```
<button type="button" class="list-group-item list-group-item-action">秋季新品</button>
```

6.8.4 状态设置

给列表项目.list-group-item 添加.active 类，可以让单个列表项目背景颜色突出，进入激活状态；给列表项目.list-group-item 添加.disabled 类，可以让单个列表项目文字显示为灰色，进入被禁用状态。

【实例 6-43】（文件 list_group_active_disabled.html）

```
<div class="card">
    <div class="card-header">
        卡片里放列表组
    </div>
    <ul class="list-group list-group-flush">
        <li class="list-group-item">外套/针织衫</li>
        <li class="list-group-item active">裤装</li>
        <li class="list-group-item">裙装</li>
        <li class="list-group-item">起居服</li>
        <li class="list-group-item disabled">秋季新品</li>
    </ul>
</div>
```

以上代码在 Chrome 浏览器中的运行效果如图 6-43 所示。

图 6-43　状态设置示例效果

说明：当把列表放入卡片时，需要使用. list-group-flush 来去掉列表组的边框。

6.8.5 列表组主题

列表项目.list-group-item 添加情境类，可以使其显示不同的情景样式。

【实例 6-44】（文件 list_group_contextual.html）

```
<ul class="list-group">
    <li class="list-group-item list-group-item-danger">外套/针织衫</li>
    <li class="list-group-item list-group-item-primary">裤装</li>
    <li class="list-group-item list-group-item-success">裙装</li>
    <li class="list-group-item list-group-item-warning">起居服</li>
    <li class="list-group-item list-group-item-info">秋季新品</li>
</ul>
```

以上代码在 Chrome 浏览器中的运行效果如图 6-44 所示。

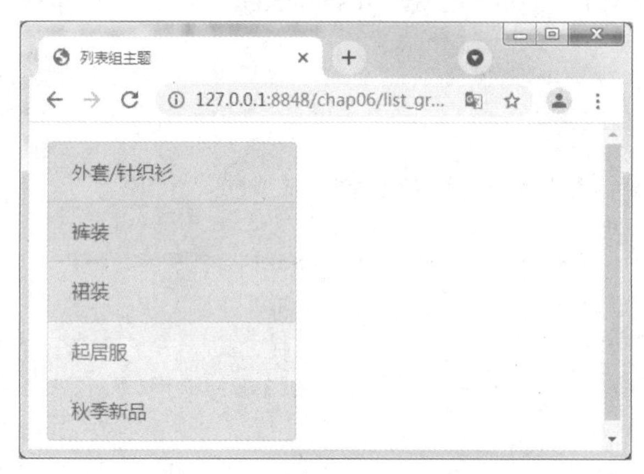

图 6-44　列表组主题示例效果

6.8.6　其他元素的支持

列表组中每个列表项目可以添加任意的 HTML 内容，如【实例 6-45】中元素的支持。

【实例 6-45】（文件 list_group_custom_content.html）

```
<div class="container p-3">
    <div class="row">
        <div class="col-12">
            <div class="list-group">
                <a href="#" class="list-group-item list-group-item-
action active">
                    <div class="d-flex w-100 justify-content-between">
                        <h5 class="mb-1">评价：★★★★★</h5>
                        <small>1 楼</small>
                    </div>
                    <p class="mb-1">课程设计严谨，视频制作精致……</p>
                        <small>by 匿名</small>
                </a>
                <a href="#" class="list-group-item list-group-item-action">
                    <div class="d-flex w-100 justify-content-between">
                        <h5 class="mb-1">评价：★★★★★</h5>
                        <small>2 楼</small>
                    </div>
```

```
                    <p class="mb-1">课程容量大而且超级有趣……</p>
                    <small>by 匿名</small>
                </a>
                <a href="#" class="list-group-item list-group-item-action">
                    <div class="d-flex w-100 justify-content-between">
                        <h5 class="mb-1">评价：★★★★★</h5>
                        <small>3 楼</small>
                    </div>
                    <p class="mb-1">老师深入浅出，将复杂的内容……</p>
                    <small>by 匿名</small>
                </a>
            </div>
        </div>
    </div>
</div>
```

以上代码在 Chrome 浏览器中的运行效果如图 6-45 所示。

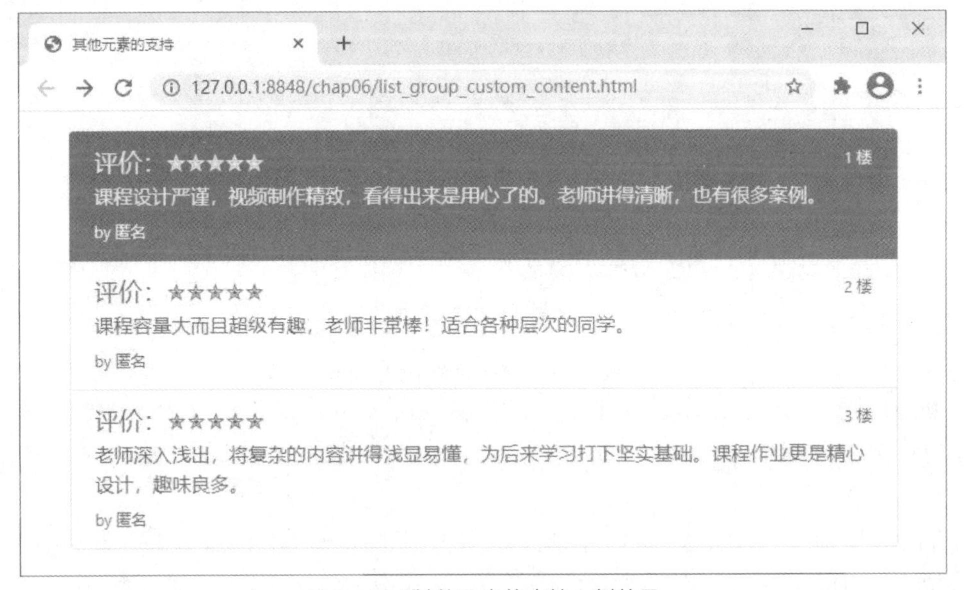

图 6-45 其他元素的支持示例效果

6.9 媒体对象

媒体对象是 Bootstrap 4.6.0 提供的一个处理高度重复的多媒体对象（如图片或视频）和内容的布局的组件，应用场景有博客评论、微博等。

6.9.1 基本构成

要创建一个媒体对象，可以在容器元素 div 上添加.media 类，在 div 中放入图片等媒体元素，再将其他文字内容放在子容器 div 中，子容器添加.media-body 类。此外，还会选择在图片或文字内容上添加间距，使其在显示时更美观。

【实例 6-46】（文件 media_object_basic.html）

```
<div class="container p-3">
    <div class="row">
        <div class="col-12">
            <div class="media p-3 bg-light">
                <img src="./img/photo01.png" class="mr-3">
                <div class="media-body">
                    <h5 class="mt-0">张珊</h5>
                    <p class="mb-0">今天老师布置的作业中……</p>
                </div>
            </div>
        </div>
    </div>
</div>
```

以上代码在 Chrome 浏览器中的运行效果如图 6-46 所示。

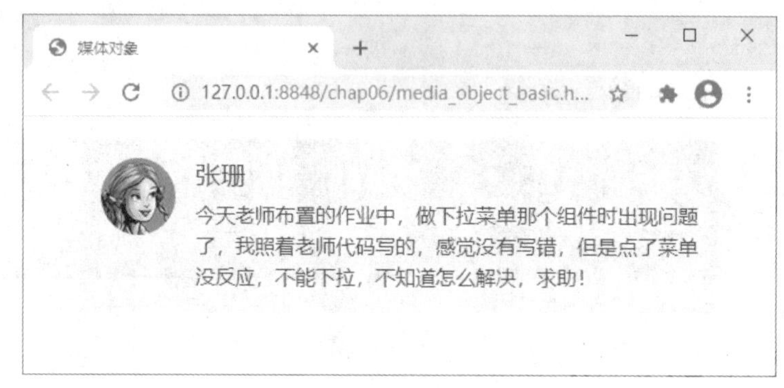

图 6-46　媒体对象示例效果

6.9.2　对齐方式

在媒体对象中，媒体与文字内容的默认对齐方式是顶部对齐（.align-self-start），即媒体与文字内容的顶部对齐；也可以在媒体上添加.align-self-center，使其与文字内容上下居中对齐；或在媒体上添加.align-self-end 使其与文字内容的底部对齐。

【实例 6-47】（文件 media_object_align.html）

```
<!--默认顶部对齐-->
<div class="media p-3 bg-light">
    <img src="./img/photo01.png" class="mr-3 align-self-start">
    <div class="media-body">
        <h5 class="mt-0">张珊</h5>
        <p class="mb-0">今天老师布置的作业中……</p>
    </div>
</div>
<!--中间对齐-->
<div class="media p-3 bg-light">
    <img src="./img/photo01.png" class="mr-3 align-self-center">
```

```
        <div class="media-body">
            <h5 class="mt-0">张珊</h5>
            <p class="mb-0">今天老师布置的作业中……</p>
        </div>
    </div>
    <!--底部对齐-->
    <div class="media p-3 bg-light">
        <img src="./img/photo01.png" class="mr-3 align-self-end">
        <div class="media-body">
            <h5 class="mt-0">张珊</h5>
            <p class="mb-0">今天老师布置的作业中……</p>
        </div>
    </div>
```

以上代码在 Chrome 浏览器中的运行效果如图 6-47 所示。3 个媒体对象依次使用的是顶部对齐、中间对齐和底部对齐。

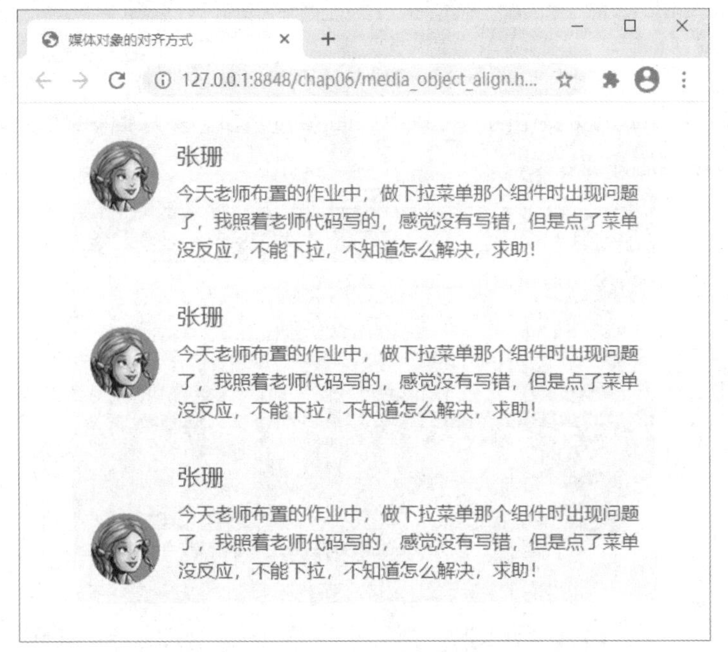

图 6-47　媒体对象的对齐方式示例效果

6.9.3　嵌套对象

如果将一个媒体对象.media 放入另一个媒体对象的.media-body 中，则可实现媒体对象的嵌套。

【实例 6-48】（文件 media_object_nesting.html）

```
<div class="media p-3 bg-light">
    <img src="./img/photo01.png" class="mr-3">
    <div class="media-body">
        <h5 class="mt-0">张珊</h5>
```

```
            <p>今天老师布置的作业中，做下拉菜单……</p>
            <!--嵌套的媒体对象 1-->
            <div class="media p-3 bg-light">
                <img src="./img/photo02.png" class="mr-3">
                    <div class="media-body">
                        <h5 class="mt-0">李寺</h5>
                        <p>你看看 data-toggle="dropdown"这个属性是……</p>
                    </div>
            </div>
            <!--嵌套的媒体对象 2-->
            <div class="media p-3 bg-light">
                <img src="./img/photo03.png" class="mr-3">
                    <div class="media-body">
                        <h5 class="mt-0">王武</h5>
                        <p>下拉是一个动态效果，需要……</p>
                    </div>
            </div>
        </div>
    </div>
```

以上代码在 Chrome 浏览器中的运行效果如图 6-48 所示。本实例中嵌套了两个媒体对象，形成论坛中回复帖子的外观效果。

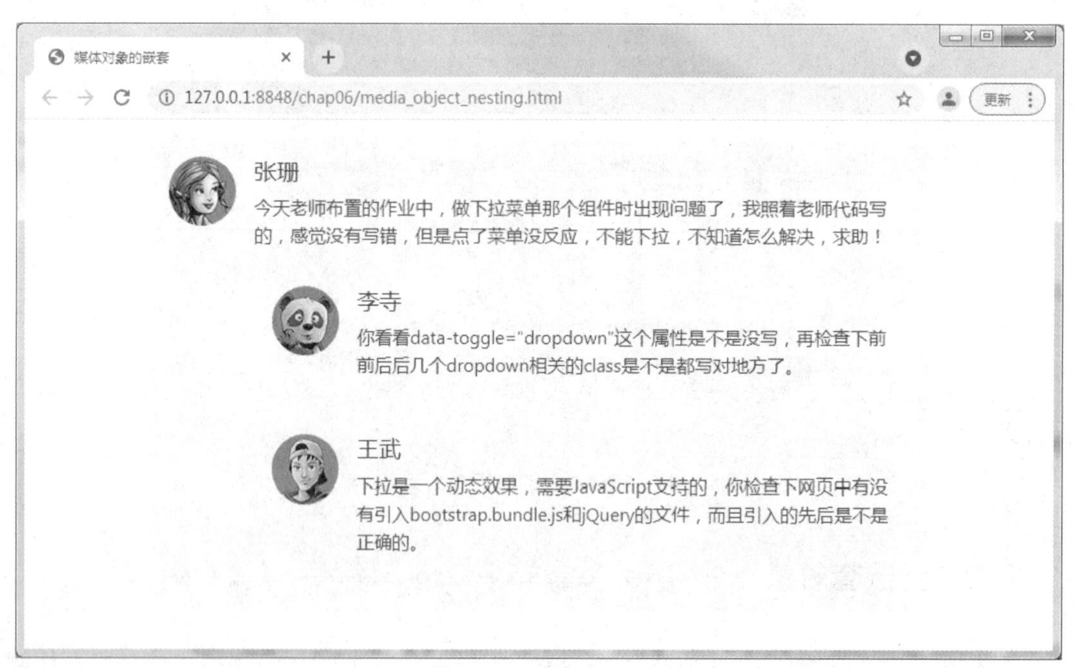

图 6-48　媒体对象的嵌套示例效果

6.9.4　媒体列表组

由于媒体对象对结构的要求极少，因此还可以将它放入列表元素中，作为列表项。操作方法就是将.media 放入 li 元素中，列表使用.list-unstyled 移除掉默认样式。

【实例 6-49】（文件 media_list.html）

```
<ul class="list-unstyled">
    <li>
        <div class="media p-3 bg-light">
            <img src="./img/photo02.png" class="mr-3">
            <div class="media-body">
                <h5 class="mt-0">李寺</h5>
                <p class="mb-0">今年的 1+X Web 前端开发考……</p>
            </div>
        </div>
    </li>
    <li>
        <div class="media p-3 bg-light">
            <img src="./img/photo03.png" class="mr-3">
            <div class="media-body">
                <h5 class="mt-0">王五</h5>
                <p class="mb-0">今天 16:30，第 8 节课下课……</p>
            </div>
        </div>
    </li>
    <li>
        <div class="media p-3 bg-light">
            <!--此处省略代码与前面类似-->
        </div>
    </li>
</ul>
```

以上代码在 Chrome 浏览器中的运行效果如图 6-49 所示。

图 6-49　媒体列表组示例效果

6.10 巨幕

巨幕（超大屏幕）是一个轻量、灵活的组件，它能延伸至整个浏览器视口来展示网站上的关键内容。创建一个带有.jumbotron类的div元素即可添加一个巨幕，如【实例6-50】所示。

【实例6-50】（文件jumbotron.html）

```
<div class="jumbotron text-center">
    <h1 class="display-1">Bootstrap 4</h1>
    <p class="lead">BootStrap 4 帮你轻松创建响应式，并在移动设备也能提供友好体验的网站。</p>
    <hr>
    <p class="lead">Bootstrap 内置了大量常用界面……</p>
    <button type="button" class="btn btn-primary btn-lg">开始学习</button>
</div>
```

以上代码在Chrome浏览器中的运行效果如图6-50所示。

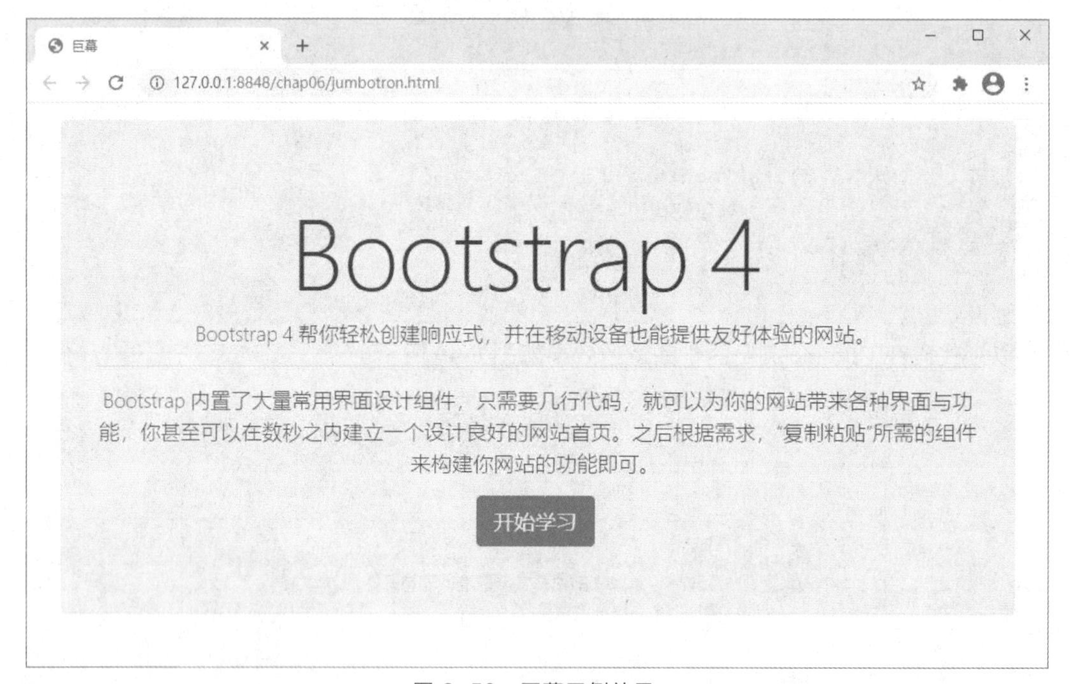

图6-50 巨幕示例效果

6.11 旋转图标

旋转图标可用于显示项目中的加载状态。在div上添加.spinner-border类，即可得到一个不断旋转的带缺口的黑色圆环图标。为其添加.text-color颜色类，可实现自定义旋转图标的颜色。

出于可访问性目的，每个旋转图标中最好都包含role="status"和嵌套的<span class="sr-only">Loading···</span>。

【实例 6-51】（文件 spinner_border.html）

```
<div class="spinner-border text-primary" role="status">
    <span class="sr-only">Loading…</span>
</div>
<div class="spinner-border text-secondary" role="status">
    <span class="sr-only">Loading…</span>
</div>
<div class="spinner-border text-success" role="status">
    <span class="sr-only">Loading…</span>
</div>
<div class="spinner-border text-danger" role="status">
    <span class="sr-only">Loading…</span>
</div>
<div class="spinner-border text-warning" role="status">
    <span class="sr-only">Loading…</span>
</div>
<div class="spinner-border text-info" role="status">
    <span class="sr-only">Loading…</span>
</div>
<div class="spinner-border text-light" role="status">
    <span class="sr-only">Loading…</span>
</div>
<div class="spinner-border text-dark" role="status">
    <span class="sr-only">Loading…</span>
</div>
```

以上代码在 Chrome 浏览器中的运行效果如图 6-51 所示。

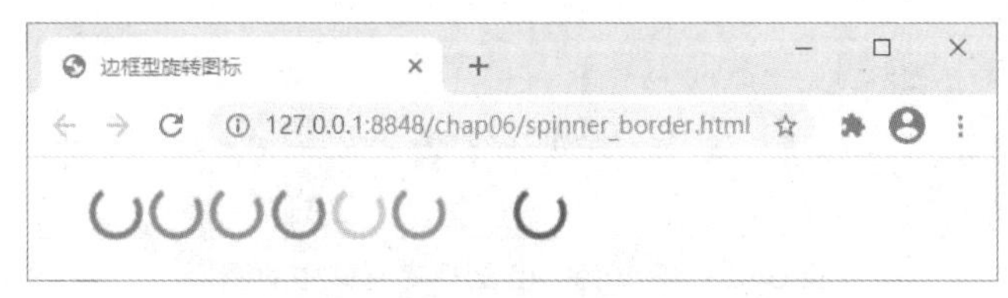

图 6-51　边框型旋转图标效果

若在 div 上添加的是.spinner-grow 类，则得到不断反复变大的圆形，即增长型旋转图标。与边框型旋转图标一样，其默认的颜色为黑色，但可以通过添加.text-color 颜色类来改变旋转图标的颜色。

【实例 6-52】（文件 spinner_border.html）

```
<div class="spinner-grow text-primary" role="status">
    <span class="sr-only">Loading…</span>
</div>
<!--此处省略其他颜色的图标代码-->
```

以上代码在 Chrome 浏览器中的运行效果如图 6-52 所示。

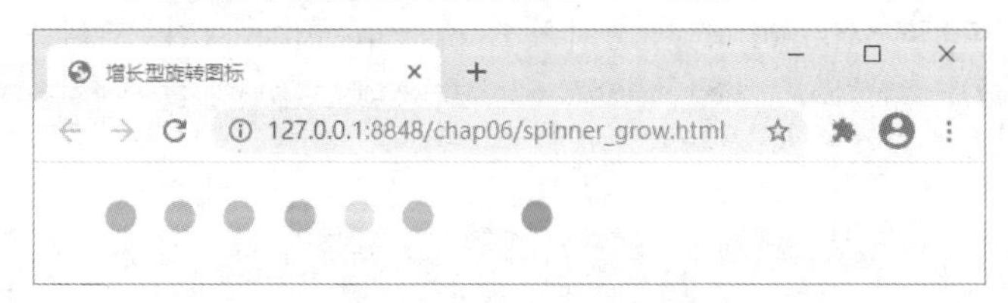

图 6-52　增长型旋转图标效果

6.12 图标

Bootstrap 拥有一个免费、高质量、开放源代码的综合图标库，包含 1300 多个图标（见图 6-53）。这些图标是 SVG 的，可以随意添加在任何项目中，无论这个项目有没有用到 Bootstrap，均可使用 Bootstrap 图标。

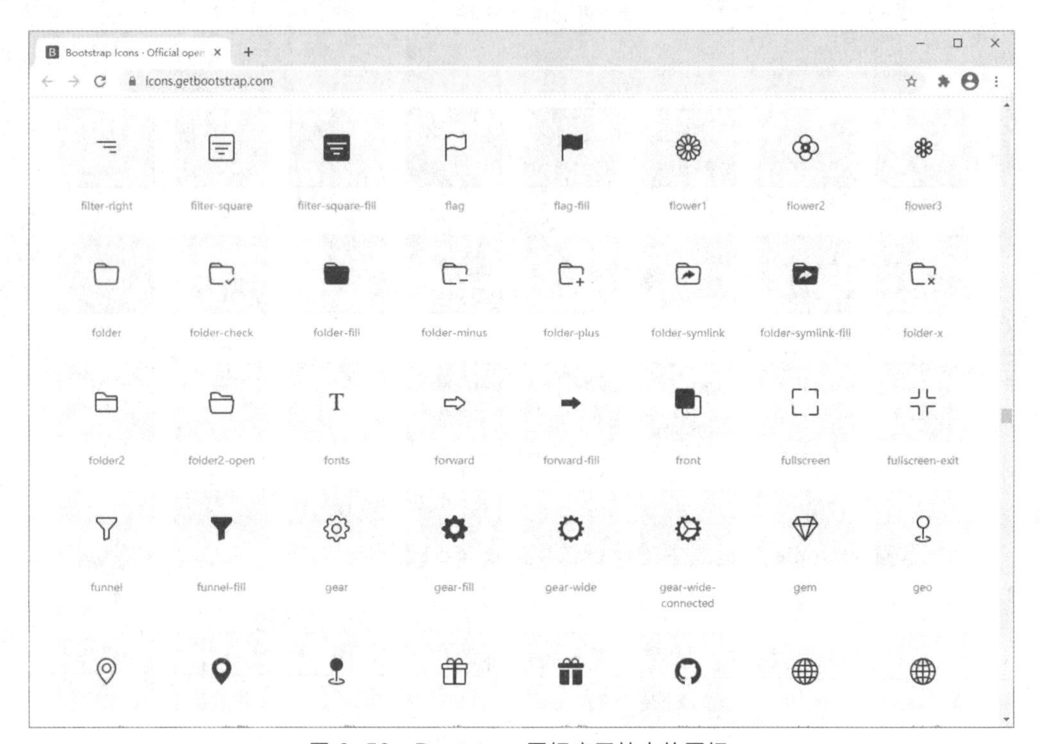

图 6-53　Bootstrap 图标库网站中的图标

6.12.1 图标的安装

Bootstrap 图标的安装有 3 种方式，读者根据需要选取其一即可。

方法 1：使用 npm 安装。该方法会安装包括 SVG、图标 sprite 和图标字体的内容。

```
npm i bootstrap-icons
```

方法 2：下载 Bootstrap 图标文件。在 GitHub 官网下载源码 ZIP 文件，解压后可以看到有图 6-54 所示的文件结构）。

方法 3：通过 link 或@import 的方式引入 Bootstrap 提供的 CSS 文件。

```
<link rel="stylesheet" href=https://cdn.jsdelivr.net/npm/bootstrap-icons@1.4.1/
font/bootstrap-icons.css>
```

或

```
@import url("https://cdn.jsdelivr.net/npm/bootstrap-icons@1.4.1/font/bootstrap-
icons.css");
```

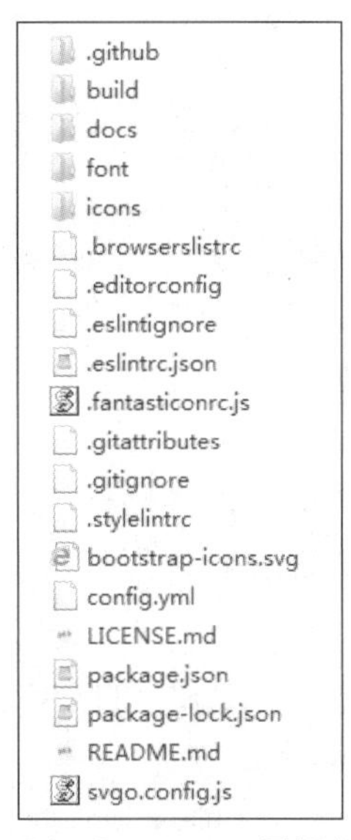

图 6-54　Bootstrap 图标文件夹

6.12.2　什么是 SVG

SVG（scalable vector graphics，可缩放的矢量图形）是一种图像文件格式。它是基于 XML（extensible markup language，可扩展标记语言），由 W3C 联盟进行开发的。严格来说，应该是一种开放标准的矢量图形语言，可帮助用户设计激动人心的、高分辨率的 Web 图形页面。用户可以直接用代码来描绘图像，也可用任何文字处理工具打开 SVG 图像，通过改变部分代码来使图像具有交互功能，并随时插入 HTML 中，通过浏览器来查看设计效果。

6.12.3　图标的使用

Bootstrap 图标是 SVG 图像格式，在网页中使用 SVG 文件有多种方式。

方法 1：嵌入式。

将图标直接嵌入页面的 HTML 中，而不是作为外部图像文件引入。打开对应的 SVG 文件，将代码复制到页面中。

```
<svgxmlns="http://www.     /2000/svg" fill="currentColor"class="bi bi-chevron-right" viewBox="0 0 16 16">
    <path fill-rule="evenodd" d="M4.646 1.646a.5.5 0 0 1 .708 016 6a.5.5 0 0 1 0 .708l-6 6a.5.5 0 0 1-.708-.708L10.293 8 4.646 2.354a.5.5 0 0 1 0-.708z" />
</svg>
```

方法 2：SVG Sprite。

使用 SVG Sprite 在 use 元素中插入任何想用的图标，并以图标的文件名作为片段标识符（例如 shop 就用 #shop）。然后，将下载的文件夹中的 bootstrap-icons.svg 文件复制到项目目录下。再输入下列代码。

```
<svg class="bi" fill="currentColor">
```

```
    <use xlink:href="bootstrap-icons.svg#shop"/>
  </svg>
```

但是，这种方法有局限性：在 Chrome 浏览器中使用<use>时，存在无法跨域工作的问题。所以该方法并不推荐。

方法 3：作为外部图像插入。

下载 Bootstrap 图标文件后，将其放入项目指定路径，像引用普通 img 元素一样，引入它们。

```
<imgsrc="./img/cart-plus.svg">
```

方法 4：通过字体图标。

每一个图标都对应一个 class。Bootstrap 图标默认的大小为 1em，也可以使用 font-size、text-color 这些类来更改图标的大小和颜色。

这一方法又有 2 种方式。

（1）先通过 link 或@import 的方式引入 CDN 上的 CSS 文件，然后在元素中使用相应的 class，以显示图标。

```
<link rel="stylesheet" href="https://cdn.jsdelivr.net/npm/bootstrap-icons@
1.4.1/font/bootstrap-icons.css">
```

（2）先将下载的图标文件夹中的 font 文件夹复制到网站根目录，然后以 link 或@import 的方式引入 CSS 文件。

```
<link rel="stylesheet" href="font/bootstrap-icons.css">
```

【实例 6-53】（文件 icons.html）

```
<head>
    <meta charset="UTF-8">
    <meta name="viewport" content="width=device-width,initial-scale=1.0">
    <link rel="stylesheet" type="text/css" href="css/bootstrap.css"/>
    <link rel="stylesheet" href="font/bootstrap-icons.css"/>
    <title>Bootstrap 图标</title>
</head>
<body>
    <div class="container p-3">
         <div class="row">
            <div class="col-3">
              方法 1:
              <svg xmlns="http://www.          2000/svg"  width="32" height=
"32" fill="red" class="bi bi-chevron-right" viewBox="0 0 16 16">
              <path fill-rule="evenodd" d="M4.646 1.646a.5.5 0 0 1 .708
0l6 6a.5.5 0 0 1 0 .708l-6 6a.5.5 0 0 1-.708-.708L10.293 8 4.646 2.354a.5.5 0
0 1 0-.708z" />
                   </svg>
             </div>
             <div class="col-3">
               方法 2:
               <svg class="bi text-success" width="32" height="32" fill=
"currentColor">
                   <use xlink:href="bootstrap-icons.svg#shop"/>
               </svg>
             </div>
             <div class="col-3">
```

```
                  方法 3: <img src="./img/cart-plus.svg" style="width:32px;">
                </div>
                <div class="col-3">
                  方法 4: <span class="bi bi-alarm text-primary" style="font-
size:32px;"></span>
                </div>
            </div>
        </div>
    </body>
```

以上代码在 Chrome 浏览器中的运行效果如图 6-55 所示。

图 6-55　Bootstrap 图标的使用效果

说明：【实例 6-53】展示了这 4 种方法的用法。

（1）第 2 种需要复制文件 bootstrap-icons.svg 至 icons.html 同目录下。第 3 种需要复制文件 cart-plus.svg 至 img 目录下，第 4 种需要复制文件夹 font 至 icons.html 同目录下。

（2）使用 text-*类可改变图标的颜色，使用 font-size 可改变字体图标的大小。

（3）设置<svg>或<img>元素的 width 和 height 属性可改变图标大小。如果未指定<svg>元素的 width 和 height 属性，图标将填满所有可用空间。

6.13　按钮组

按钮组是将多个按钮堆叠在同一行上。如果要把多个按钮对齐，这个组件将非常有用。通过与按钮插件联合使用，可以将按钮组设置为单选按钮或复选框的样式和行为。

6.13.1　基本按钮组

使用一个<div>容器元素包裹多个.btn 按钮，并且应用.btn-group 类，即可创建一个按钮组。

【实例 6-54】（文件 btngroup_basic.html）

```
<div class="btn-group" role="group" aria-label="group">
     <button type="button" class="btn btn-secondary">Left</button>
     <button type="button" class="btn btn-secondary">Middle</button>
     <button type="button" class="btn btn-secondary">Right</button>
</div>
```

以上代码在 Chrome 浏览器中的运行效果如图 6-56 所示。

图 6-56　基本按钮组示例效果

需要注意的是，为了向使用屏幕辅助技术（如屏幕阅读器）的用户正确传达按钮分组的内容，需要给按钮组<div>元素添加一个合适的 role 属性。对于按钮组合，role="group"；对于 toolbar（工具栏）role="toolbar"。如果按钮组合只包含一个单一的控制元素，则不需要添加。虽然设置了正确的 role 属性，但是大多数辅助技术并不能正确地识读它们，因此，应给定按钮组和工具栏一个明确的 label 标签。

6.13.2　按钮工具栏

将一组<div class="btn-group">组合进一个<div class="btn-toolbar">，可以生成更复杂的组件，即按钮工具栏。

【实例 6-55】（文件 btngroup_toolbar.html）

```
<div class="btn-toolbar" role="toolbar" aria-label="工具栏">
    <div class="btn-group mr-2" role="group" aria-label="1 组">
        <button type="button" class="btn btn-secondary">按钮 1</button>
        <button type="button" class="btn btn-secondary">按钮 2</button>
        <button type="button" class="btn btn-secondary">按钮 3</button>
    </div>
    <div class="btn-group mr-2" role="group" aria-label="2 组">
        <button type="button" class="btn btn-secondary">按钮 4</button>
        <button type="button" class="btn btn-secondary">按钮 5</button>
    </div>
    <div class="btn-group" role="group" aria-label="3 组">
        <button type="button" class="btn btn-secondary">按钮 6</button>
    </div>
</div>
```

以上代码在 Chrome 浏览器中的运行效果如图 6-57 所示。

图 6-57　按钮工具栏示例效果

一般地，在工具栏上可以随意地混合使用输入框组和按钮组，如【实例 6-56】所示。

【实例 6-56】（文件 btngroup_toolbar2.html）

```
<div class="row my-3">
    <div class="col-12">
        <div class="btn-toolbar" role="toolbar" aria-label="工具栏">
            <div class="btn-group mr-2" role="group" aria-label="1 组">
                <button type="button" class="btn btn-secondary">按钮 1</button>
                <button type="button" class="btn btn-secondary">按钮 2</button>
                <button type="button" class="btn btn-secondary">按钮 3</button>
            </div>
            <div class="input-group">
                <div class="input-group-prepend">
                    <div class="input-group-text" id="btnGroupAddon">@</div>
                </div>
                <input type="text" class="form-control" placeholder="输入"
aria-label="输入框" aria-describedby="btnGroupAddon">
            </div>
        </div>
    </div>
</div>
<div class="row my-3">
    <div class="col-12">
        <div class="btn-toolbar justify-content-between" role="toolbar"
aria-label="工具栏">
            …（省略代码与上行一样）
        </div>
    </div>
</div>
```

以上代码在 Chrome 浏览器中的运行效果如图 6-58 所示。

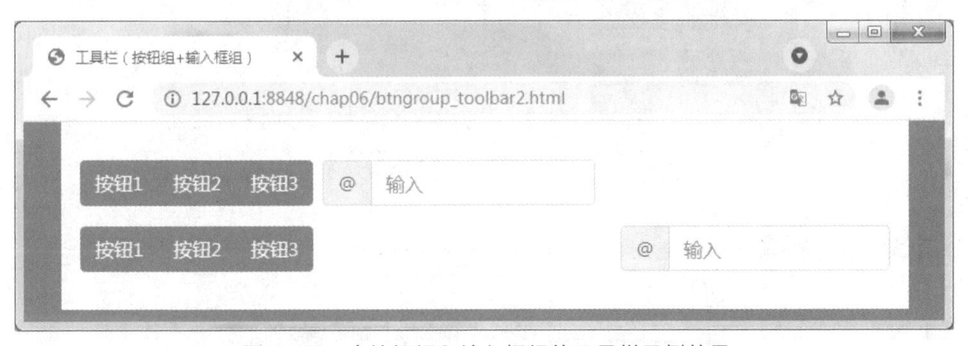

图 6-58　含按钮组和输入框组的工具栏示例效果

6.13.3 尺寸

给按钮组的<div>元素应用类.btn-group-lg 或.btn-group-sm，即可定义按钮组的尺寸。

【实例 6-57】（文件 btngroup_size.html）

```
<div class="row my-3">
```

```
        <div class="col">
            <div class="btn-group btn-group-lg" role="group" aria-label="group">
                <button type="button" class="btn btn-secondary ">Left</button>
                <button type="button" class="btn btn-secondary">Middle</button>
                <button type="button" class="btn btn-secondary">Right</button>
            </div>
        </div>
    </div>
    <div class="row my-3">
        <div class="col">
            <div class="btn-group " role="group" aria-label="group">
                …（省略代码与第 1 行一样）
            </div>
        </div>
    </div>
    <div class="row my-3">
        <div class="col">
            <div class="btn-group btn-group-sm" role="group" aria-label="group">
                …（省略代码与第 1 行一样）
            </div>
        </div>
    </div>
```

以上代码在 Chrome 浏览器中的运行效果如图 6-59 所示。

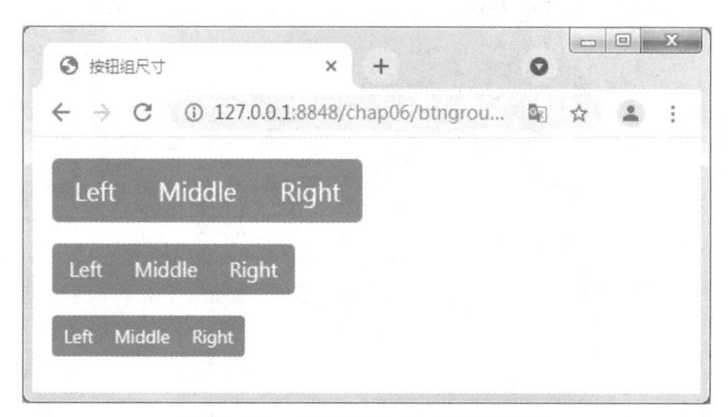

图 6-59　按钮组的尺寸示例效果

6.13.4　嵌套

在下拉菜单中，经常有一个按钮组嵌套另一个按钮组的情况。

【实例 6-58】（文件 btngroup_menu.html）

```
    <div class="btn-group" role="group" aria-label="带下拉菜单的按钮组">
        <button type="button" class="btn btn-secondary">1</button>
        <button type="button" class="btn btn-secondary">2</button>
        <div class="btn-group" role="group">
            <button id="btnGroupDrop1" type="button" class="btn btn-secondary
dropdown-toggle" data-toggle="dropdown" aria-haspopup="true" aria-expanded="false">
                下拉菜单
```

```
            </button>
            <div class="dropdown-menu" aria-labelledby="btnGroupDrop1">
                <a class="dropdown-item" href="#">链接 1</a>
                <a class="dropdown-item" href="#">链接 2</a>
            </div>
        </div>
    </div>
```

以上代码在 Chrome 浏览器中的运行效果如图 6-60 所示。

图 6-60　按钮组的嵌套示例效果

6.13.5　垂直的按钮组

如果将按钮组<div>元素的.btn-group 类替换为.btn-group-vertical 类，即可让一组按钮垂直堆叠排列显示而不是水平排列。

【实例 6-59】（文件 btngroup_vertical.html）

```
<div class="btn-group-vertical" role="group" aria-label="group">
            …（省略代码与【实例 6-58】一样）
</div>
```

以上代码在 Chrome 浏览器中的运行效果如图 6-61 所示。

图 6-61　垂直的按钮组示例效果

6.13.6 分裂式按钮下拉菜单

分裂式按钮下拉菜单是将按钮内容分为左/右两个部分，左边是按钮的原始内容，右边是触发下拉菜单的切换按钮。在 Bootstrap 4 中，只对右边按钮使用.dropdown-toggle-split 类，即可实现分裂式按钮下列菜单的效果。

【实例 6-60】（文件 btngroup_splitmenu.html）

```
<div class="btn-group" role="group">
    <button type="button" class="btn btn-success">分裂式按钮下拉菜单</button>
    <button id="btnGroupDrop1" type="button" class="btn btn-success dropdown-
toggle dropdown-toggle-split" data-toggle="dropdown" aria-haspopup="true" aria-
expanded="false">
    </button>
    <div class="dropdown-menu" aria-labelledby="btnGroupDrop1">
        <a class="dropdown-item" href="#">链接 1</a>
        <a class="dropdown-item" href="#">链接 2</a>
    </div>
</div>
```

以上代码在 Chrome 浏览器中的运行效果如图 6-62 所示。

图 6-62 分裂式按钮下拉菜单示例效果

6.14 案例：保护野生动物网站页面

本案例将制作一个保护野生动物的公益网站网页，效果如图 6-63 所示。这个案例综合应用了本章及前面章节的一些知识点，比如导航条、卡片、列表组、媒体对象、面包屑导航、图标、栅格系统和各种工具类。

案例视频 6

具体操作步骤如下。

（1）在 HBuilderX 中新建一个 Web 项目，在 head 标记中引入 3 个 CSS 文件，分别是：Bootstrap 4.6.0 的 CSS 文件 bootstrap.css，Bootstrap 图标所需的 CDN 引用，以及自定义的样式表文件 main.css。

具体代码如下。

```
<head>
```

```
        <meta charset="utf-8">
        <meta name="viewport" content="width=device-width,initial-scale=1,
shrink-to-fit=no" />
        <link rel="stylesheet" type="text/css" href="css/bootstrap.css"/>
        <link rel="stylesheet" href="https://cdn.jsdelivr.net/npm/bootstrap-
icons@1.4.1/font/bootstrap-icons.css">
        <link rel="stylesheet" type="text/css" href="css/main.css"/>
        <title>实例——保护野生动物</title>
    </head>
```

图 6-63　保护野生动物网站网页

（2）页面从上到下，分为导航条、巨幕、主体内容和页底 4 行。其中，导航条、巨幕、页底与浏览器同宽，不需要装在 div.container 中，只有主体内容约束了宽度，放在 div.container 内，主体内容分为左侧展示区和右侧边栏两列。使用栅格系统搭建总体结构。

具体代码如下。

```
<body>
    <!--导航栏-->
    <nav class="navbar"></nav>

    <!--巨幕-->
    <div class="jumbotron"></div>

    <!--主体内容-->
    <div class="container">
        <div class="row my-5">
            <!--左侧展示-->
            <div class="col-lg-9"></div>
            <!--右侧边栏-->
            <div class="col-lg-3"></div>
        </div>
    </div>

    <!--页底-->
    <div></div>
</body>
```

（3）依次补全每个区域的内容。首先完成导航条。导航条的背景颜色与浏览器同宽，因此，导航条 nav 没有放在 div.container 中。但是导航条中的内容约束了宽度，故在 nav 中添加 div.container，并将导航内容放入其中。

导航条中有两部分内容：品牌图标和表单。表单做成输入框的形式，其右侧按钮图标为 Bootstrap 图标。最后为导航条设置背景颜色、文本颜色与间距。

具体代码如下。

```
<!--导航栏-->
<nav class="navbar navbar-expand-md navbar-dark bg-info py-4">
    <div class="container">
        <!--品牌图标-->
        <a href="https://baike.baidu.com/item/国家重点保护野生动物名录"
class="navbar-brand">国家重点保护野生动物名录</a>
        <!--表单-->
       <form class="form-inline">
            <input type="text" class="form-control-sm border-0 rounded-0"/>
            <button type="button" class="btn btn-smbtn-secondary rounded-0">
                <i class="bi-search"></i>
            </button>
        </form>
    </div>
</nav>
```

（4）完成巨幕部分。巨幕与导航条类似，背景图片与浏览器同宽，因此巨幕.jumbotron 没有放在 div.container 中。但是巨幕中的内容约束了宽度，同样，在.jumbotron 中添加 div.container，并将巨幕内容放入其中（巨幕中只有 3 个 h2 标题）。

具体代码如下。

```
<div class="jumbotron text-white">
    <div class="container">
        <h2>保护动物</h2>
        <h2>人人有责</h2>
        <h2>请拒绝购买</h2>
    </div>
</div>
```

然后在 main.css 中为巨幕部分添加样式，具体代码如下。

```
/*巨幕*/
.jumbotron{
    background:url(../img/banner.png) no-repeat center right;
    border-radius:0;
    height:280px;
}
.jumbotron h2{
    font-weight:900;
    letter-spacing:0.8rem;
    margin-bottom:1rem;
}
```

（5）主体内容区域分为左侧主展示区和右侧边栏，先完成左侧展示区的部分。左侧展示区中是 4 个卡片，每个卡片中有图像、标题、段落和超链接。

具体代码如下。

```
<!--左侧展示-->
<div class="col-lg-9">
    <!--卡片-->
    <div class="row">
        <div class="col-md-6">
            <!--card 1-->
            <div class="card border-0 mb-5">
                <imgsrc="./img/穿山甲.jpg" class="card-img-top">
                <div class="card-body">
                    <h4 class="card-title text-info">穿山甲</h4>
                    <p class="card-text">屈原在《天问》里写下……</p>
                    <a href="#"class="btn btn-outline-secondary">了解更多</a>
                </div>
            </div>
        </div>
        <div class="col-md-6">
            <!--card 2-->
            <div class="card border-0 mb-5">
                <imgsrc="./img/豹猫.jpg" class="card-img-top">
                <div class="card-body">
                    <h4 class="card-title text-info">豹猫</h4>
                    <p class="card-text">当纪录片 BIGCATS 里……</p>
```

```
                    <a href="#"class="btn btn-outline-secondary">了解更多</a>
                </div>
            </div>
        </div>
        <div class="col-md-6">
            <!--card 3-->
            <div class="card border-0 mb-5">
                <imgsrc="./img/朱鹮.jpg" class="card-img-top">
                <div class="card-body">
                    <h4 class="card-title text-info">朱鹮</h4>
                    <p class="card-text">朱鹮，又称朱鹭、红鹤、朱脸……</p>
                    <a href="#"class="btn btn-outline-secondary">了解更多</a>
                </div>
            </div>
        </div>
        <div class="col-md-6">
            <!--card 4-->
            <div class="card border-0 mb-5">
                <imgsrc="./img/金丝猴.jpg" class="card-img-top">
                <div class="card-body">
                    <h4 class="card-title text-info">金丝猴</h4>
                    <p class="card-text">金丝猴，在动物分类学上属灵长目……</p>
                    <a href="#"class="btn btn-outline-secondary">了解更多</a>
                </div>
            </div>
        </div>
    </div>
</div>
```

在 main.css 中为卡片中的段落添加样式，使其只显示 5 行内容，多余的部分用省略号显示。具体代码如下。

```
/*卡片*/
.card p{
    display:-webkit-box;
    -webkit-box-orient:vertical;
    -webkit-line-clamp:5;
    overflow:hidden;
    text-align:justify;
}
```

（6）右侧边栏中包含 3 部分内容："分类""热门文章"和"相关链接"。首先完成"分类"部分，"分类"中采用的是列表组和徽章，列表组中使用了移除外边框和圆角的类.list-group-flush。具体代码如下。

```
<!--右侧边栏-->
<div class="col-lg-3">
    <!--分类-->
    <div class="category">
        <h3>分类</h3>
        <ul class="list-group list-group-flush mt-4">
            <a href="#" class="list-group-item list-group-item-action">兽纲
```

```
                <span class="badge badge-info float-right">82</span>
            </a>
            <a href="#" class="list-group-item list-group-item-action">鸟纲
                <span class="badge badge-info float-right">111</span>
            </a>
            <a href="#" class="list-group-item list-group-item-action">爬行纲
                <span class="badge badge-info float-right">17</span>
            </a>
            <a href="#" class="list-group-item list-group-item-action">两栖纲
                <span class="badge badge-info float-right">7</span>
            </a>
            <a href="#" class="list-group-item list-group-item-action">鱼纲
                <span class="badge badge-info float-right">15</span>
            </a>
            <a href="#" class="list-group-item list-group-item-action">昆虫纲
                <span class="badge badge-info float-right">15</span>
            </a>
        </ul>
    </div>
</div>
```

（7）右侧边栏中的“热门文章”，使用的是媒体对象。具体代码如下。

```
<!--热门文章-->
<div class="post mt-5">
    <h3>热门文章</h3>
    <div class="media">
        <imgsrc="./img/article01.jpg">
        <div class="media-body">
            <h5><a href="#" class="text-dark">孔雀东南飞，五里一徘徊</a></h5>
            <p>by xxx</p>
        </div>
    </div>
    <div class="media">
        <imgsrc="./img/article02.jpg">
        <div class="media-body">
            <h5><a href="#" class="text-dark">鲸落，深海中的温柔孤岛</a></h5>
            <p>by xxx</p>
        </div>
    </div>
    <div class="media">
        <imgsrc="./img/article03.jpg">
        <div class="media-body">
            <h5><a href="#" class="text-dark">它们站在泪水小径的起点上哭泣
</a></h5>
            <p>by xxx</p>
        </div>
    </div>
</div>
```

在 main.css 中为右侧边栏以及媒体对象中的图像、标题、段落设置样式。具体代码如下。

```
/*媒体对象*/
.post>.media{
```

```
        margin-bottom:1.5rem;
    }
    .post h3{
        padding-bottom:1.25rem;
    }
    .post h5{
        font-size:1.1rem;
    }
    .post p{
        margin:0;
    }
    .postimg{
        width:35%;
        max-width:85px;
        margin-right:0.9375rem;
    }
```

（8）右侧边栏中的“相关链接”，使用的是面包屑导航。具体代码如下。

```
<!--相关链接-->
<div class="links mt-5">
    <h3>相关链接</h3>
    <nav>
        <ul class="breadcrumb bg-white pl-0">
            <li class="breadcrumb-item"><a href="#">诞生背景</a></li>
            <li class="breadcrumb-item"><a href="#">发展历程</a></li>
            <li class="breadcrumb-item"><a href="#">名录内容</a></li>
            <li class="breadcrumb-item"><a href="#">学者呼声</a></li>
            <li class="breadcrumb-item"><a href="#">相关法规</a></li>
        </ul>
    </nav>
</div>
```

（9）最后是页底部分，只有一个段落，使用工具类设置背景颜色、文字颜色、间距即可。具体代码如下。

```
<!--页底-->
<div class="bottom bg-dark py-3">
  <p class="text-center text-light mb-0">©2021 保护野生动物 拒绝非法交易</p>
</div>
```

本章小结

本章通过具体实例详细介绍了下拉菜单、导航、导航条、分页导航、徽章、卡片、进度条、列表组、媒体对象、巨幕、旋转图标以及图标等常用组件。

实训项目：制作个人简历网页页面

完成图 6-64 所示的页面效果。

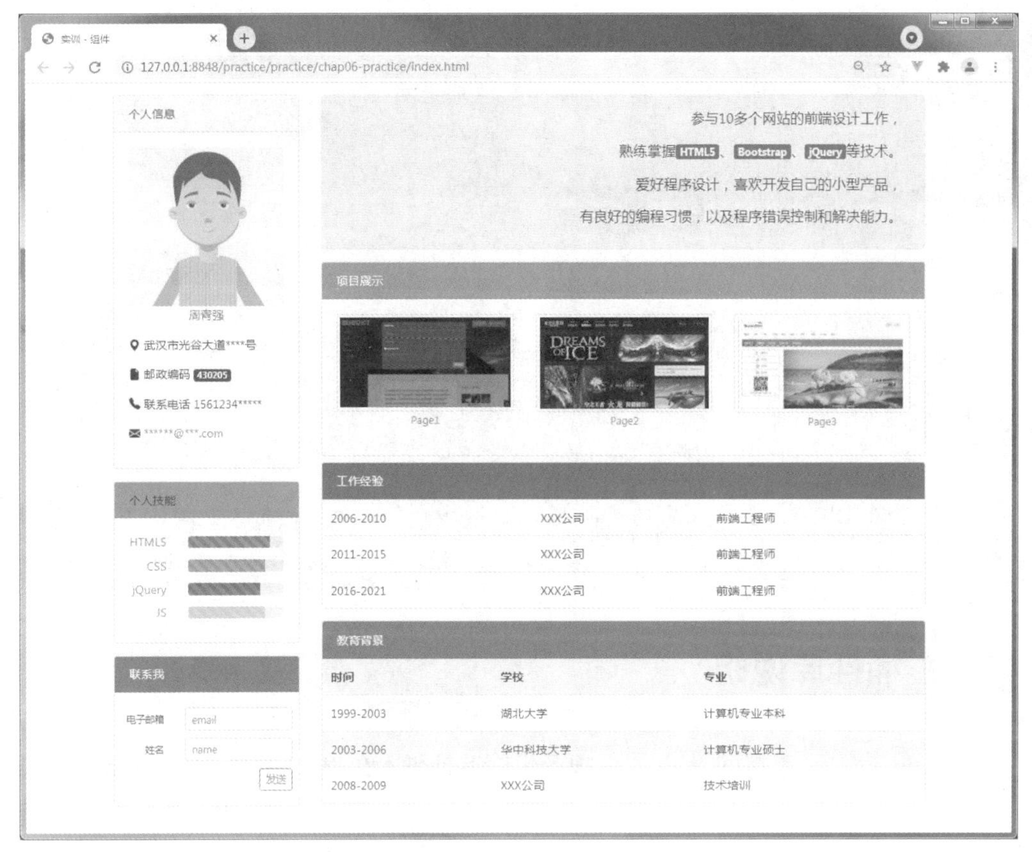

图 6-64　个人简历网页页面

实训拓展

党的二十大报告指出，要坚持创新在我国现代化建设全局中的核心地位，加快实现高水平科技自立自强，坚决打赢关键核心技术攻坚战。党中央全面分析国际科技创新竞争态势，深入研判国内外发展形势，针对我国科技事业面临的突出问题和挑战。请浏览“国家航天局”网站，运用本章知识仿写网站首页。

第7章 JavaScript插件

07

本章导读

本章将介绍 Bootstrap 框架中的 JavaScript 插件，介绍插件的基本结构、声明式触发、JavaScript 触发、方法和事件等内容，最后通过一个综合实例来展示插件的应用。

7.1 插件库说明

Bootstrap 提供了丰富的 Web 组件和若干标准插件。在 Bootstrap 4 中，这些插件包含在 bootstrap.bundle.js 或压缩的 bootstrap.bundle.min.js 文件中。Bootstrap 框架中的 JavaScript 插件都是依赖于 jQuery 的，所以用户在使用 bootstrap.bundle.js 之前必须引入 jQuery 核心包。

Bootstrap 插件扩展了功能，可以给站点添加更多的互动。

引入 Bootstrap 插件的方式有以下两种。

- 单独引入：使用 Bootstrap 的个别 *.js 文件。一些插件和 CSS 组件依赖于其他插件。如果单独引入插件，请先弄清这些插件之间的依赖关系。
- 编译（同时）引入：使用 bootstrap.bundle.js 或压缩的 bootstrap.bundle.min.js。

触发 Bootstrap 插件的方法有以下两种。

- data 属性。

利用 Bootstrap 数据 API，大部分的插件可以在不编写任何 JavaScript 代码的情况下被触发。也就是说，只用直接对目标元素定义 data-*，就可以启用插件。注意，在某些情况下可能需要将这种默认功能关闭。Bootstrap 提供了关闭 data 属性 API 的方法，即解除以 data-api 为命名空间并绑定在 body 上的事件。

```
$('body').off('.data-api')
```

- JavaScript 触发。

Bootstrap 插件支持 JavaScript 触发，支持所有插件单独或链式调用方式（与 jQuery 的调用相同）。

7.2 模态框

模态框（modal）是覆盖在父窗体上的子窗体，以弹出的形式出现。通常，模态框用来显示来自一个单独的源的内容，可以在不离开父窗体的情况下有一些互动。子窗体可提供信息、交互等。Bootstrap 优化了模态框插件，使其更加灵活、简洁。

切换模态框插件隐藏内容的方式有以下两种。

- 通过设置 data 属性：在控制器元素（比如按钮或者链接）上设置属性 data-toggle="modal"，同时设置 data-target="#identifier" 或 href="#identifier" 来指定要切换的特定的模态框（带有 id="identifier"）。
- 通过 JavaScript 技术：使用这种技术，可以通过简单的一行 JavaScript 代码来调用带有 id="identifier"的模态框：

```
$('#identifier').modal(options)
```

7.2.1 基本结构

Bootstrap 中的模态框可以分为以下几个部分。

- class="modal"：模态框的最外层容器（可以控制模态框的显示与隐藏）。
- class="modal- dialog"：第二层容器。
- class="modal- content"：第三层容器（可以控制模态框的边框、边距、背景、阴影效果等）。这个容器包含了以下 3 个部分。
  - class="modal-header"：模态框头部，包含标题、关闭按钮等。
  - class="modal- body"：模态框主体，是模态框的主要内容。
  - class="modal-footer"：模态框脚注，包含操作按钮等。

【实例 7-1】（文件 modal.html）

```
<div class="modal" id="myModal">
  <div class="modal-dialog">
  <div class="modal-content">
    <div class="modal-header">
        <h4 class="modal-title">模态框（modal）标题</h4>
        <button type="button" class="close" data-dismiss="modal">
                <span aria-hidden="true">&times;</span>
        </button>
    </div>
    <div class="modal-body">
        <p>模态框的主体(可以包含任何网页元素)</p>
    </div>
    <div class="modal-footer">
        <button type="button" class="btn btn-info" data-dismiss="modal">关闭</button>
        <button type="button" class="btn btn-primary">取消</button>
    </div>
```

```
    </div>
  </div>
</div>
```

上述代码定义了一个简单的模态框，如图 7-1 所示。

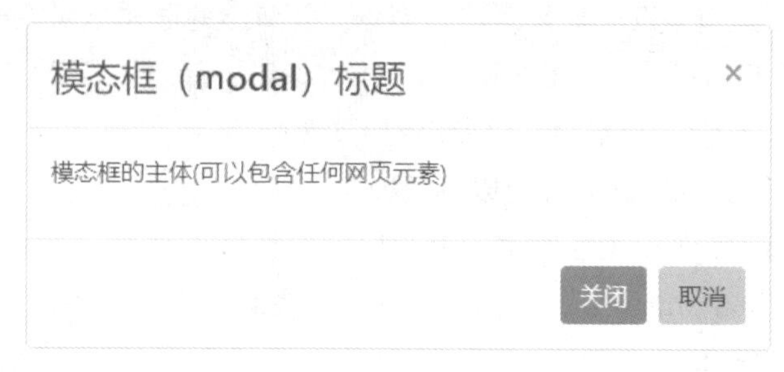

图 7-1　模态框

7.2.2　模态框的特点

Bootstrap 中的模态框有以下特点。

- 模态框固定浮动在浏览器中。
- 模态框的宽度是自适应的，而且水平居中。
- 底部有一个灰色的蒙层效果，可以禁止单击底层元素。
- 模态框显示过程会有过渡效果。

【实例 7-2】（文件 modal-btn.html）

```
<!--单击按钮触发模态框-->
<button class="btn btn-light" data-toggle="modal" data-target="#myModal">
单击按钮弹出模态框</button>
<div class="modal fade" id="myModal">
     <div class="modal-dialog">
          <div class="modal-content">
               <div class="modal-header">
                    <h4 class="modal-title">模态框（modal）标题</h4>
                    <button type="button" class="close" data-dismiss="modal">
                         <span aria-hidden="true">&times;</span>
                    </button>
               </div>
               <div class="modal-body">
                    <p>模态框的主体(可以包含任何网页元素)</p>
               </div>
               <div class="modal-footer">
                    <button type="button" class="btn btn-light" data-dismiss=
"modal">关闭</button>
                    <button type="button" class="btn btn-secondary">取消</button>
               </div>
          </div>
     </div>
</div>
```

以上代码使用了一个按钮单击事件触发模态框的显示。其中，按钮 data-toggle="modal" 用于显示弹出模态框，再次单击的时候模态框消失。data-target="#myModal"用于指定弹出 id="myModal"，class="fade"指的是切换时有淡入/淡出的过渡效果。以上代码的运行效果如图 7-2 所示。

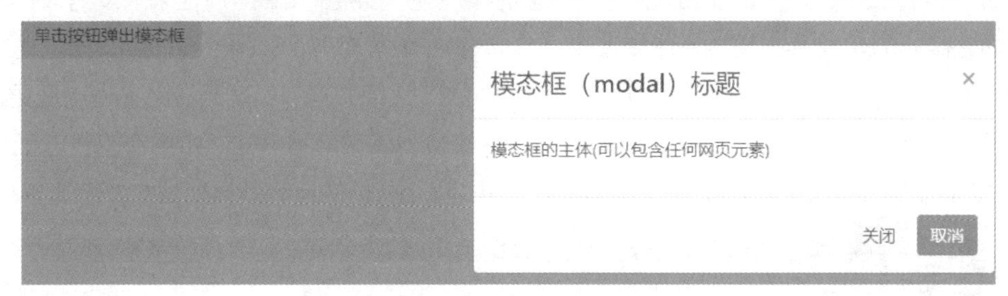

图 7-2　按钮触发的模态框

注意：Bootstrap 中不支持同时打开多个模态框。如果需要同时打开多个模态框，需要用户自己重新修改代码。另外，模态框使用 position: fixed，为了防止其他组件对模态框的功能造成影响，建议把模态框作为 body 标签的直接子元素。

除默认尺寸以外，Bootstrap 还为模态框提供了其他不同尺寸的样式，即超大尺寸样式.modal-xl、大尺寸样式.modal-lg 和小尺寸样式.modal-sm。在 class="modal-dialog" 后添加该尺寸样式。【实例 7-3】是以弹出大尺寸和小尺寸样式为例的代码。

【实例 7-3】（文件 modal-size.html）

```
    <button class="btn btn-light" data-toggle="modal" data-target="#myModal-lg">弹出大模态框</button>
    <button class="btn btn-light" data-toggle="modal" data-target="#myModal-sm">弹出小模态框</button>
    <div class="modal fade" id="myModal-lg">
     <div class="modal-dialog modal-lg">
         <div class="modal-content">
             <div class="modal-header">
                 <h4 class="modal-title">模态框标题</h4>
                 <button type="button" class="close" data-dismiss="modal">
                     <span aria-hidden="true">&times;</span>
                 </button>
             </div>
             <div class="modal-body">
                 <p>大模态框的主体</p>
             </div>
             <div class="modal-footer">
                  <button type="button" class="btn btn-light" data-dismiss="modal">关闭</button>
                  <button type="button" class="btn btn-secondary">取消</button>
             </div>
         </div>
      </div>
    </div>
    <div class="modal fade" id="myModal-sm">
         <div class="modal-dialog modal-sm">
         <!--此处省略了 modal-content 的定义，与前面大模态框类似，仅修改了 body 文本-->
```

```
        </div>
    </div>
```

以上代码定义了两个按钮分别触发不同尺寸的模态框，即对两个模态框分别使用了class="modal-lg"和class="modal-sm"。两个模态框都是通过按钮的data-*属性来触发的。在超大屏幕下，class="modal-xl"模态框的宽度变成了1140px；在大屏幕下，class="modal-lg"模态框的宽度变成了800px；class="modal-sm"模态框的宽度为300px。大模态框的长度明显比小模态框要长。模态框本身是支持响应式模式的，在不同的屏幕分辨率下，其宽度不一样。如果希望模态框垂直居中，则在.modal-dialog后添加.modal-dialog-centered。以上代码的运行效果如图7-3和图7-4所示。

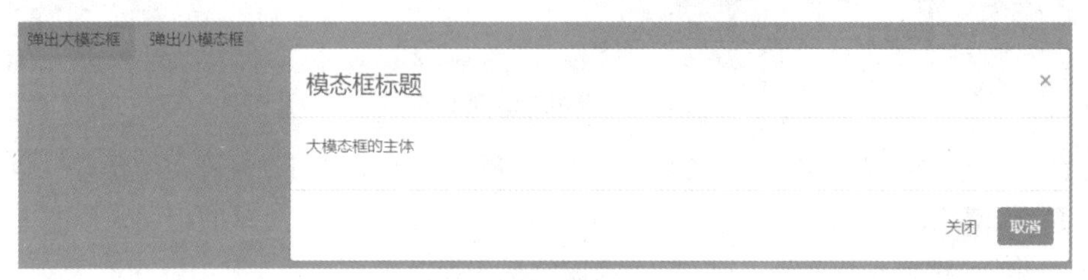

图7-3　大模态框弹出效果

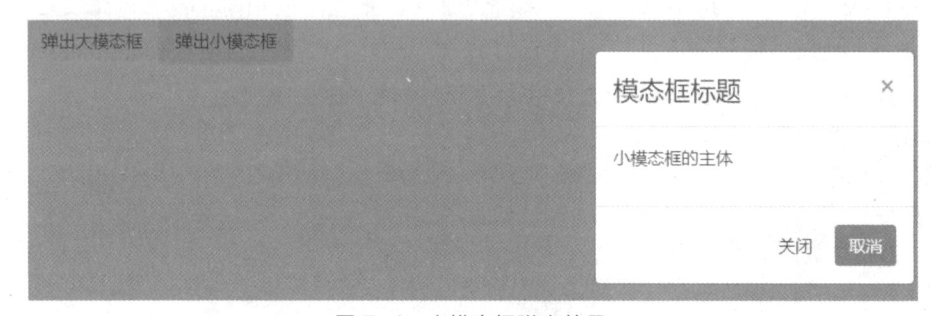

图7-4　小模态框弹出效果

注意：除按钮可以触发模态框以外，链接<a>标签也可以作为控制器元素。在使用<a>标签时，只需要将data-target属性替换为href属性即可。

7.2.3　过渡效果

过渡效果是Bootstrap提供的一个基本的动画效果。在前面的实例中，模态框有一个过渡效果。实现这个过渡效果的关键是在class="modal"的容器上添加class="fade"。如果要禁用过渡效果，去除class="fade"即可。

在bootstrap.css文件中查看.fade样式类的源代码如下。

```
.fade{
 transition:opacity 0.15s linear;
}
```

7.2.4　data-*属性

在讲解模态框的触发方式时，只讲到了data-toggle和data-target两个参数。实际上，Bootstrap

还提供了其他的几个参数，介绍如下。

- data-toggle：参数值为字符串，是指触发什么事件类型。在本节中用于控制模态框的显示，这个属性是必需的，其值为 data-toggle="modal"。如果触发的是下拉菜单、标签页等，data-toggle 的取值会有所不同，后面的章节会详细讲解。
- data-target：参数值为字符串，用于指定弹出哪个模态框。这个属性是必需的，而且只能是 class="modal"容器上的独有样式类或者 ID。
- data-backdrop：参数值为布尔值，用于指定是否包含一个背景 div 元素。如果值为 true，则单击背景后模态框消失；如果值为 static，则单击背景后不会关闭弹出框。
- data-keyboard：参数值为布尔值，指定是否可以使用 Esc 键来关闭弹出框。如果为值 false，则不能通过 Esc 键来关闭窗体。
- data-show：参数值为布尔值，指定窗体初始化时是否显示。

【实例 7-4】为设置弹出框没有背景色且单击背景后模态框不消失。

【实例 7-4】（文件 modal-data-backdrop.html）

```
    <button class="btn btn-info" data-toggle="modal" data-target="#myModal"
data-backdrop="false">data-backdrop 属性</button>
    <div class="modal fade" id="myModal">
        <div class="modal-dialog">
            <div class="modal-content">
                <div class="modal-header">
                    <h4 class="modal-title">data-backdrop 属性的作用</h4>
                    <button type="button" class="close" data-dismiss="modal">
                        <span aria-hidden="true">&times;</span>
                    </button>
                </div>
                <div class="modal-body">
                    <p>它的值为 false 时,不显示背景颜色且单击背景后模态框不消失</p>
                </div>
                <div class="modal-footer">
                    <button type="button" class="btn btn-light" data-dismiss=
"modal">关闭</button>
                </div>
            </div>
        </div>
    </div>
```

以上代码的运行效果如图 7-5 所示。

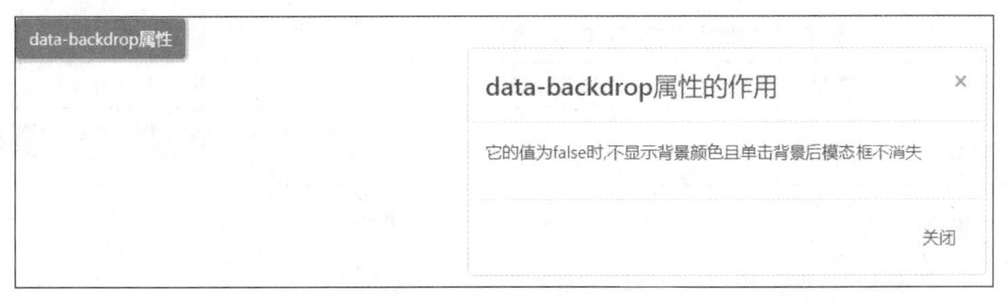

图 7-5　弹出框无背景色

如果想通过按 Esc 键来关闭弹出框，则在<button>上添加 data-keyboard="true"，并在 class="modal"的 div 里添加 tabindex="-1"属性。

7.2.5 JavaScript 触发

JavaScript 触发方式是直接使用 modal()方法让模态框显示，如【实例 7-5】所示。

【实例 7-5】（文件 modal-js.html）

```
<button class="btn btn-primary" id="btnModal">单击按钮</button>
<div class="modal fade" id="myModal">
    <div class="modal-dialog">
<!--此处省略了 modal-content 的定义，与【实例 7-4】类似，仅修改了标题和内容的文本信息-->
    </div>
</div>
<script type="text/javascript">
 $(document).ready(function(){
     $("#btnModal").click(function(){
         $("#myModal").modal();
     });
 });
</script>
```

以上代码中，<button>没有了 data-*属性。这时按钮无法通过 data 属性来触发模态框，必须手动使用 JavaScript 来触发。以上代码中定义了按钮的单击事件，单击按钮时触发模态框显示。使用模态框的最外层容器$("#myModal")调用 modal()方法来显示模态框。运行以上代码后，单击按钮，则弹出模态框，效果如图 7-6 所示。

图 7-6 JavaScript 语句触发效果

在 JavaScript 代码中也可以给 modal()传递一个对象参数，对象属性如表 7-1 所示。

表 7-1 通过 JavaScript 或 data 属性来传递的对象参数

参数名称	类型/默认值	data 属性名称	描述
keyboard	boolean 默认值：true	data-keyboard	当按下 Esc 键时关闭模态框，设置为 false 时则按键无效
backdrop	boolean 或 string 'static'默认值：true	data-backdrop	指定一个静态的背景
show	boolean 默认值：true	data-show	当初始化时显示模态框

续表

参数名称	类型/默认值	data 属性名称	描述
remote	path 默认值：false	data-remote	使用 jQuery .load 方法，为模态框的主体注入内容。如果添加了一个带有有效 URL 的 href，则会加载其中的内容。如下面的实例所示： <a data-toggle="modal" href="remote.html" data-target="#modal">请单击我</a>

【实例 7-4】也可以用类似【实例 7-5】的方式实现。实现过程：修改第一个<button>。

```
<button class="btn btn-info" id="btnModal">data-backdrop 属性</button>
```

在代码最后添加以下代码即可。

```
<script type="text/javascript">
    $(document).ready(function(){
        $("#btnModal").click(function(){
            $("#myModal").modal(
                {backdrop:false}
            );
        });
    });
</script>
```

modal()方法有 3 种传递参数的方式：第 1 种是不传递任何参数，第 2 种是传递一个对象参数，第 3 种是传递一个字符串参数。

modal()接收字符串参数的方法如表 7-2 所示。

表 7-2　modal()接收字符串参数

方法	描述	实例
toggle: .modal('toggle')	切换模态框状态	$('#identifier').modal('toggle')
show: .modal('show')	触发时打开模态框	$('#identifier').modal('show')
hide: .modal('hide')	触发时隐藏模态框	$('#identifier').modal('hide')

【实例 7-6】（文件 modal-toggle.html）

```
<button class="btn btn-primary" id="btnModal">单击按钮</button>
<div class="modal fade" id="myModal">
    <div class="modal-dialog">
    <!--此处省略了 modal-content 的定义，与【实例 7-4】类似，仅修改了标题和内容的文本信息-->
    </div>
</div>
<script type="text/javascript">
    $(document).ready(function(){
        $("#btnModal").click(function(){
            $("#myModal").modal();
        });
        $("#btnClose").click(function(){
            $("#myModal").modal("toggle");
        });
    });
</script>
```

以上代码的运行效果如图7-7所示。在默认情况下模态框是不显示的，单击外层按钮弹出模态框，单击模态框右下的“关闭”按钮时由于调用了modal("toggle")方法，所以模态框会消失。

图7-7　modal()方法触发效果

7.2.6　事件

Bootstrap的模态框提供了一些事件用于监听并执行相应动作。表7-3列出了模态框中要用到的事件，这些事件可在函数中当钩子（hook）使用。

表7-3　模态框事件

事件	描述	实例
show.bs.modal	在调用show方法后触发	$('#identifier').on('show.bs.modal', function () { // 执行一些动作……})
shown.bs.modal	当模态框对用户可见时触发（将等待CSS过渡效果完成）	$('#identifier').on('shown.bs.modal', function () { // 执行一些动作……})
hide.bs.modal	当调用hide方法时触发	$('#identifier').on('hide.bs.modal', function () { // 执行一些动作……})
hidden.bs.modal	当模态框完全对用户隐藏时触发	$('#identifier').on('hidden.bs.modal', function () { // 执行一些动作…… })

【实例7-7】（文件modal-event.html）

```
<button class="btn btn-primary" id="btnModal">单击按钮</button>
<div class="modal fade" id="myModal">
    <div class="modal-dialog">
<!--此处省略了modal-content的定义，与【实例7-4】类似，仅修改了标题和内容的文本信息-->
    </div>
</div>
<script type="text/javascript">
    $(document).ready(function(){
        $('#btnModal').click(function(){
            $('#myModal').modal();
```

```
            });
            $('#myModal').on('show.bs.modal',function(e){
                alert("show.bs.modal");
            }).on('shown.bs.modal',function(e){
                alert("shown.bs.modal");
            }).on('hide.bs.modal',function(e){
                alert('hide.bs.modal');
            }).on('hidden.bs.modal',function(e){
                alert('hidden.bs.modal');
            });
        });
        $("#btnClose").click(function(){
            $("#myModal").modal("toggle");
        })
    </script>
```

以上代码为模态框绑定了 4 个事件。运行效果如图 7-8（a）～图 7-8（d）所示。从单击触发按钮显示模态框到单击“关闭”按钮关闭模态框，分别弹出一个警告框，其顺序是 "show.bs.modal""shown.bs.modal""hide.bs.modal""hidden.bs.modal"。在 jQuery 中绑定事件使用 on()方法，也可以使用 bind()方法（在高版本的 jQuery 中建议使用 on()方法来绑定事件）。当事件触发之后会回调一个函数，弹出一个 alert 警告框。

(a) 单击“单击按钮”后的效果

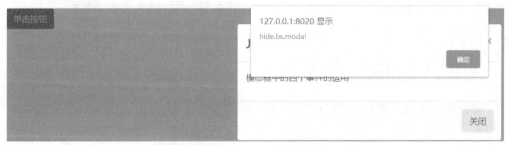

(b) 单击警告框“确定”按钮后的效果

(c) 单击模态框右下方“关闭”按钮后的效果

图 7-8　模态框事件示例效果

（d）单击警告框“确定”按钮后的效果

图 7-8　模态框事件示例效果（续）

7.3 下拉菜单

下拉菜单在前面章节已经详细讲解过了，其基本结构和样式不再赘述。本节我们将重点介绍下拉菜单中的 JavaScript 支持。和模态框（modal）一样，下拉菜单也提供了两种触发方式用以显示下拉菜单：声明式（data 属性）触发和 JavaScript 触发。

7.3.1 声明式触发

声明式触发下拉菜单需要用到 data-*属性，下拉菜单一般用在导航或者导航条上。下面以单个按钮的下拉菜单为例进行介绍。

【实例 7-8】（文件 dropdown-data.html）

```
<div class="container">
    <div class="dropdown">
        <button type="button" class="btn btn-info dropdown-toggle" data-toggle="dropdown">专业课程</button>
        <div class="dropdown-menu">
            <button class="dropdown-item" type="button">数据库原理</button>
            <button class="dropdown-item" type="button">Java 程序设计</button>
            <button class="dropdown-item" type="button">Bootstrap</button>
        </div>
    </div>
</div>
```

以上代码在第一个<button>标签中使用了 data-toggle="dropdown" 属性，这个属性可以控制下拉菜单的显示与隐藏。Bootstrap 4 允许按钮作为下拉菜单的子菜单项。运行以上代码，单击“专业课程”按钮后效果如图 7-9 所示。

图 7-9　下拉菜单

7.3.2 JavaScript 触发

下拉菜单也支持用 JavaScript 来触发。我们可以使用 dropdown()方法来调用下拉菜单。

```
$('.dropdown-toggle').dropdown()
```

在使用 JavaScrip 触发下拉菜单的时候，下拉菜单触发元素中的 data-toggle="dropdown" 属性需要保留。否则，单击一次下拉菜单触发元素显示内容之后再无其他效果。

【实例 7-9】（文件 dropdown-js.html）

```
    <div class="container">
     <div class="dropdown">
         <button type="button" class="btn btn-info dropdown-toggle">专业课程
</button>
         <div class="dropdown-menu">
             <button class="dropdown-item" type="button">数据库原理</button>
             <button class="dropdown-item" type="button">Java 程序设计</button>
             <button class="dropdown-item" type="button">Bootstrap</button>
         </div>
     </div>
    </div>
    <script type="text/javascript">
     $(document).ready(function(){
         $(".dropdown-toggle").dropdown();
     });
    </script>
```

上面代码的运行效果如图 7-9 所示。

表 7-4 所示是 dropdown()接收字符串参数的常用方法。

表 7-4　dropdown()接收字符串参数

方法	描述	实例
toggle: .dropdown('toggle')	显示或隐藏下拉菜单	$('#identifier').dropdown('toggle')
show: .dropdown('show')	显示下拉菜单	$('#identifier').dropdown('show')
hide: .dropdown('hide')	隐藏下拉菜单	$('#identifier').dropdown('hide')
update: .dropdown('update')	更新下拉菜单的位置	$('#identifier').dropdown('update')
dispose:.dropdown('dispose')	销毁一个元素的下拉菜单	$('#identifier').dropdown('dispose')

7.3.3 事件

表 7-5 列出了下拉菜单中的事件。

表 7-5　下拉菜单事件

事件	描述	实例

show.bs.dropdown	在下拉菜单显示之前触发	$('#identifier').on('show.bs.dropdown', function () {
		// 执行一些动作……
		})

shown.bs.dropdown	在下拉菜单显示完成之后触发	$('#identifier').on('shown.bs. dropdown', function () { // 执行一些动作……})

hide.bs.dropdown	在下拉菜单隐藏之前触发	$('#identifier').on('hide.bs. dropdown ', function () {
		// 执行一些动作……
		})

续表

事件	描述	实例

hidden.bs.dropdown	在下拉菜单隐藏之后触发	$('#identifier').on('hidden.bs. dropdown', function () {
		  // 执行一些动作……
		})

这 4 个事件和模态框（modal）中的事件相似，其执行先后顺序我们通过模态框的案例和事件的名称可以知道。通过【实例 7-10】，我们可以了解事件的调用方式。

【实例 7-10】（文件 dropdown-event.html）

```
<div class="container">
 <div class="dropdown" id="dropdownMenu">
     <button type="button" class="btn btn-info dropdown-toggle" data-toggle=
"dropdown">专业课程</button>
     <div class="dropdown-menu">
         <button class="dropdown-item" type="button">数据库原理</button>
         <button class="dropdown-item" type="button">Java 程序设计</button>
         <button class="dropdown-item" type="button">Bootstrap</button>
     </div>
 </div>
</div>
<script type="text/javascript">
 $(document).ready(function(){
     $("#dropdownMenu").on("show.bs.dropdown",function(){
         alert("show.bs.dropdown");
     }).on("shown.bs.dropdown",function(){
         alert("shown.bs.dropdown");
     }).on("hide.bs.dropdown",function(){
         alert("hide.bs.dropdown");
     }).on("hidden.bs.dropdown",function(){
         alert("hidden.bs.dropdown");
     });
 });
</script>
```

以上代码的运行效果如图 7-10（a）～图 7-10（d）所示。

（a）单击“专业课程”按钮后的效果

（b）单击“确定”按钮后的效果

图 7-10 下拉菜单事件示例效果

（c）单击任一下拉菜单选项后的效果

（d）单击“确定”按钮后的效果

图 7-10　下拉菜单事件示例效果（续）

7.4 滚动监听

7.4.1 组件说明

滚动监听（scrollspy）插件，即自动更新导航插件，会根据滚动条的位置自动更新对应的导航条菜单，该菜单项处于激活状态。滚动监听在页面内容及板块较多的情况下特别有用，可以快速定位当前所处的页面位置。

图 7-11 是一个百度百科导航条示例，右侧的导航条随着滚动条的滚动而定位到不同的菜单项上面。

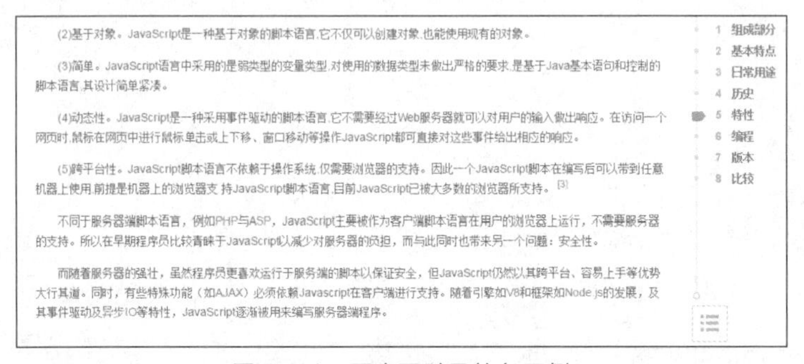

图 7-11　百度百科导航条示例

滚动监听组件依赖于 scrollspy.js 组件，所以在使用滚动监听时要引入 scrollspy.js 文件包，或者直接引用 bootstrap.bundle.js 或压缩的 bootstrap.bundle.min.js。

7.4.2 声明式触发

滚动监听使用声明式触发需要注意以下两点。

- data-target="#导航条（或列表组）id"
- data-spy="scroll"

实现滚动监听的具体步骤如下。

- 制作一个导航条或者列表组，为每个菜单项或列表项定义一个锚链接。
- 向想要监听的元素（一般来说是<body>）上添加属性 data-spy="scroll"及 data-target="#导航条（或列表组）id"。同时，将其 position 属性设置为"relative"。如果被监听的元素不是<body>，那么还需要对该元素的 height 和 overflow 属性进行设置以便让容器出现滚动条。
- 被监听的容器里的多个子内容需要分别定义 id 值，且 id 值和导航条（或列表组）的菜单项中的锚对应。

【实例 7-11】（文件 scrollspy-nav.html）

```
    <body data-spy="scroll" data-target="#navbarDemo" data-offset="80" style=
"position:relative;">
     <nav class="navbar navbar-expand-sm bg-info navbar-dark fixed-top" id=
"navbarDemo">
          <ul class="navbar-nav">
               <li class="nav-item">
                    <a class="nav-link" href="#section1">学院简介</a>
               </li>
               <li class="nav-item">
                    <a class="nav-link" href="#section2">课程设置</a>
               </li>
               <li class="nav-item dropdown">
                    <a class="nav-link dropdown-toggle" href="#" id="navbardrop"
data-toggle="dropdown">专业设置</a>
                    <div class="dropdown-menu">
                         <a class="dropdown-item" href="#section3">软件技术</a>
                         <a class="dropdown-item" href="#section4">人工智能技术服务</a>
                         <a class="dropdown-item" href="#section5">数字媒体应用技术</a>
                         <a class="dropdown-item" href="#section6">大数据技术与应用</a>
                    </div>
               </li>
          </ul>
     </nav>
     <div class="container-fluid" style="padding-top:80px;">
          <h3 id="section1">学院简介</h3>
               <p>……</p>
          <h3 id="section2">课程设置</h3>
               <p>……</p>
          <h3 id="section3">软件技术</h3>
               <p>……</p>
          <h3 id="section4">人工智能技术服务</h3>
               <p>……</p>
          <h3 id="section5">数字媒体应用技术</h3>
               <p>……</p>
          <h3 id="section6">大数据技术与应用</h3>
```

```
            <p>……</p>
    </div>
  </body>
```

以上代码的运行效果如图 7-12 所示。

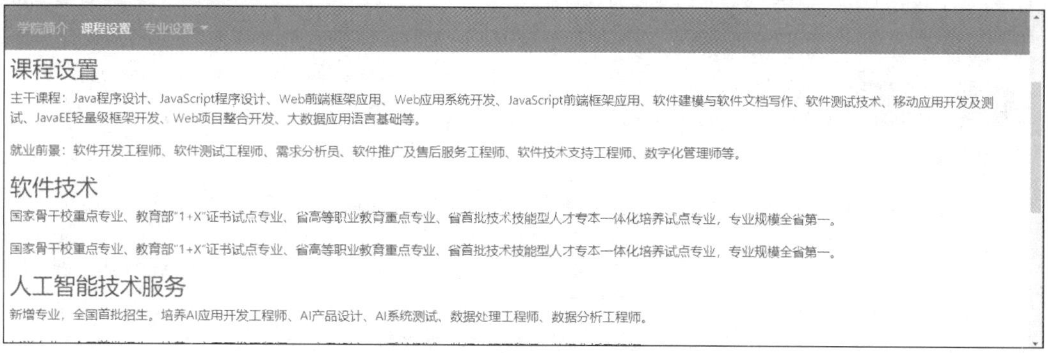

图 7-12　声明式滚动监听触发 1

在图 7-12 中，当滚动条滚动的时候导航菜单项会随着高亮显示。由于被监听的元素是<body>，导航条必须设置为顶部固定样式（fixed-top），否则在页面滚动的过程中导航条会和页面一起向上滚动而导致导航条看不到。另外，代码中添加了二级菜单，并且添加了二级菜单对应的锚点。因此，当滚动条滚动到“专业设置”的二级菜单对应的内容时，该二级菜单项也会高亮显示。<body>中的 data-offset 属性用于计算滚动位置距离顶部的偏移像素。由于篇幅有限，页面中段落内容在代码中用省略号替代。

【实例 7-11】中的导航条可以替换成列表组，被监听的元素也可以是<body>里面的元素。

【实例 7-12】（文件 scrollspy-list-group.html）

```
    <div class="container">
            <div class="row">
                <div class="col-md-3">
                    <div id="list-example" class="list-group">
                        <a class="list-group-item list-group-item-action"
 href="#item1">学院简介</a>
                        <a class="list-group-item list-group-item-action"
 href="#item2">课程设置</a>
                        <a class="list-group-item list-group-item-action"
 href="#item3">专业设置</a>
                    </div>
                </div>
                <div class="col-md-9">
                    <div data-spy="scroll" data-target="#list-example"
data-offset="0" class="scrollspy-example" style="height:300px;overflow:auto;
position:relative;">
                        <h4 id="item1">学院简介</h4>
                            <p>……</p>
                        <h4 id="item2">课程设置</h4>
                            <p>……</p>
                        <h4 id="item3">专业设置</h4>
                            <p>……</p>
```

```
                </div>
            </div>
        </div>
</div>
```

以上代码的运行效果如图 7-13 所示。

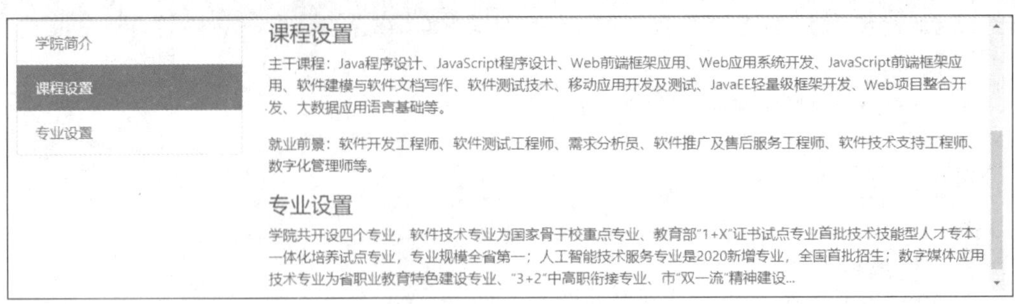

图 7-13　声明式滚动监听触发 2

7.4.3　JavaScript 触发

除了使用声明式触发滚动监听，还可以使用 JavaScript 触发滚动监听。在使用 JavaScript 触发时，我们要删除代码中的 data-*属性，如【实例 7-13】所示。

【实例 7-13】（文件 scrollspy-js.html）

```
<div class="container">
    <div class="row">
        <div class="col-md-3">
            <div id="list-example" class="list-group">
                <a class="list-group-item list-group-item-action" href=
"#item1">学院简介</a>
                    <a class="list-group-item list-group-item-action"
href="#item2">课程设置</a>
                    <a class="list-group-item list-group-item-action"
href="#item3">专业设置</a>
            </div>
        </div>
        <div class="col-md-9">
            <div data-offset="0" class="scrollspy-example" style="height:
300px;overflow:auto;position:relative;">
                <h4 id="item1">学院简介</h4>
                    <p>……</p>
                <h4 id="item2">课程设置</h4>
                    <p>……</p>
                <h4 id="item3">专业设置</h4>
                    <p>……</p>
            </div>
        </div>
    </div>
 </div>
<script>
```

```
    $(document).ready(function(){
    $(".scrollspy-example").scrollspy({target:'#list-example'});
    });
  </script>
```

代码沿用上一小节【实例 7-12】的代码，删除被监听内容的 data-target 及 data-spy 属性，而改用如下 JavaScript 代码方式。

```
$(".scrollspy-example").scrollspy({target:'#list-example'});
```

Bootstrap 的滚动监听还提供了方法：scrollspy("refresh")。当滚动监听所作用的 DOM 有增加或删除页面元素的操作时，需要调用 refresh 方法。

```
$('[data-spy="scroll"]').each(function(){
  var $spy=$(this).scrollspy('refresh')
})
```

滚动监听中也提供了一个事件：activate.bs.scrollspy。每当一个新项目被滚动监听激活时，触发该事件。滚动监听触发的事件使用方式如下。

```
$('[data-spy="scroll"]').on('activate.bs.scrollspy',function(){
  // 执行一些动作……
});
```

7.5 工具提示框

在 Web 页面的制作过程中经常遇到这样一种情况：当用户将鼠标指针移动到某元素上时，要求页面出现提示用户的一些消息或者功能说明。这些功能我们之前习惯用元素标签的 title 属性来实现，但是样式比较单调。Bootstrap 提供了一个工具提示框（tooltips）插件，同样可以实现 title 属性的效果，但是比 title 属性要方便，效果更好。

7.5.1 基本结构

用户在使用 tooltips 插件的时候需要注意，tooltips 插件依赖于 popeer.js，因此，在页面引入 bootstrap.js 或压缩的 bootstrap.min.js 之前需要引入 popper.min.js，或者直接引入 bootstrap.bundle.js 或压缩的 bootstrap.bundle.min.js。

我们可以在<button>、<a>或者需要提示效果的元素上实现 tooltips 提示效果。在元素上使用 data-toggle= “tooltip”，代码如下所示。

```
<button type="button" class="btn btn-default" data-toggle="tooltip"
   title="这是一个无效的 tooltip">
悬停在我上面
</button>
```

但是页面运行后却没有任何效果，这是为什么呢？下一小节会给出答案。

7.5.2 JavaScript 触发

出于性能方面的考虑，tooltips 插件不能通过 data-*声明方式来触发，用户必须使用 JavaScript

手动触发。用户可以使用下面的脚本来启用页面中的所有的提示工具。

```
$(document).ready(function(){$('[data-toggle="tooltip"]').tooltip();});
```

【实例 7-14】（文件 tooltips.html）

```
<!--data-placement 有 4 个值"top""right""bottom""left"，分别代表提示框出现的位置在顶部、右边、底部、左边。提示框的默认位置在顶部-->
<div class="container" style="padding-top:100px;">
    <button type="button" class="btn btn-dark" data-toggle="tooltip" data-placement="left" title="左侧的 tooltip">左侧的 tooltip</button>
    <button type="button" class="btn btn-dark" data-toggle="tooltip" data-placement="top" title="顶部的 tooltip">顶部的 tooltip</button>
    <button type="button" class="btn btn-dark" data-toggle="tooltip" data-placement="bottom" title="底部的 tooltip">底部的 tooltip</button>
    <button type="button" class="btn btn-dark" data-toggle="tooltip" data-placement="right" title="右侧的 tooltip">右侧的 tooltip</button>
</div>
<script type="text/javascript">
        $(document).ready(function(){
            $('[data-toggle="tooltip"]').tooltip();
        });
</script>
```

以上代码的运行效果如图 7-14 所示。

图 7-14　tooltips 效果

表 7-6 列举了 tooltips 插件中的常用方法。

表 7-6　tooltip 插件中的常用方法

方法	描述	实例
options: .tooltip(options)	向元素集合附加提示框	$().tooltip(options)
toggle: .tooltip('toggle')	显示或隐藏提示框	$('#element').tooltip('toggle')
show: .tooltip('show')	显示提示框	$('#element').tooltip('show')
hide: .tooltip('hide')	隐藏提示框	$('#element').tooltip('hide')
enable: .tooltip('enable')	赋予元素的提示框显示功能（默认情况）	$('#element').tooltip('enable')
disable: .tooltip('disable')	删除元素的提示工具的显示功能	$('#element').tooltip('disable')
update: .tooltip('update')	更新提示工具的位置	$('#element').tooltip('update')
dispose: .tooltip('dispose')	隐藏或破坏提示工具	$('#element').tooltip('dispose')

7.5.3　data-*属性

tooltips 插件除了上述使用的 data-toggle、data-placement 属性，还提供了其他属性，介绍如下。

- data-animation：工具提示框使用 CSS 渐变滤镜效果。其值为 true 或 false，默认值为 true。
- data-html：将 HTML 代码作为 tooltip 的内容。如果值为 false，则 jQuery 将使用 text() 方法将 HTML 代码转化为文本作为提示内容。
- data-trigger：定义如何触发工具提示框，可选值 click| hover | focus | manual（可以传递多个值，每个值之间用空格分隔）。
- data-delay：延迟显示和隐藏工具提示框的毫秒数，对 manual 手动触发类型不适用。如果提供的是一个数字，那么延迟将会应用于显示和隐藏。如果提供的是对象，结构为 delay: { show: 500,hide: 100 }，则显示用 500 毫秒，消失用 100 毫秒。
- data-container：向指定元素追加提示框。例如：container: 'body'。

【实例 7-15】（文件 tooltips-data-html.html）

```
    <div class="container" style="padding:100px">
            <a href="#" class="btn btn-light btn-lg" data-toggle="tooltip"
data-html="true" title="基于<em>HTML5</em><b>CSS3</b>和<u>JavaScript</u>">
Bootstrap 框架</a>
    </div>
    <script type="text/javascript">
        $(document).ready(function(){
            $('[data-toggle="tooltip"]').tooltip();
        });
    </script>
```

以上代码的运行效果如图 7-15 所示。

用户在使用 tooltips 插件时要注意以下几点。

- 当 title 属性的值为 0 时，提示工具框将不会显示。
- 提示工具框对隐藏元素的触发无效。
- 为禁用元素设置提示工具框时，禁用元素无法交互，因此需要将 data-toggle="tooltip"放在禁用元素的父元素<div>或<span>中，同时在父元素中使用 tabindex="0"，并对禁用元素设置 style="pointer- events: none;"。

图 7-15　data-html 属性效果

7.5.4　事件

表 7-7 列出了 tooltips 插件中的事件。

表 7-7　tooltips 插件中的事件

事件	描述	实例
show.bs.tooltip	当调用 show 方法时立即触发该事件	$('#myTooltip').on('show.bs.tooltip', function () { // 执行一些动作…… })
shown.bs.tooltip	当提示工具对用户可见时触发该事件（将等待 CSS 过渡效果完成）	$('#myTooltip').on('shown.bs.tooltip', function () { // 执行一些动作…… })

续表

事件	描述	实例
hide.bs.tooltip	当调用 hide 方法时立即触发该事件	$('#myTooltip').on('hide.bs.tooltip', function () { // 执行一些动作…… })
hidden.bs.tooltip	当提示工具对用户隐藏时触发该事件（将等待 CSS 过渡效果完成）	$('#myTooltip').on('hidden.bs.tooltip', function () { // 执行一些动作…… })

【实例 7-16】（文件 tooltips-event.html）

```
<div class="container" style="padding-top:100px;">
    <button id="button1" type="button" class="btn btn-secondary" data-toggle=
"tooltip" data-placement="left" title="左侧的 tooltip">左侧的 tooltip</button>
    <button type="button" class="btn btn-secondary" data-toggle="tooltip"
data-placement="top" title="顶部的 tooltip">顶部的 tooltip</button>
    <button type="button" class="btn btn-secondary" data-toggle="tooltip"
data-placement="bottom" title="底部的 tooltip">底部的 tooltip</button>
    <button type="button" class="btn btn-secondary" data-toggle="tooltip"
data-placement="right" title="右侧的 tooltip">右侧的 tooltip</button>
</div>
<script type="text/javascript">
     $(document).ready(function(){
         $("[data-toggle='tooltip']").tooltip();
         $("#button1").on("show.bs.tooltip",function(){
             alert("show.bs.tooltip");
         }).on("shown.bs.tooltip",function(){
             alert("shown.bs.tooltip");
         }).on("hide.bs.tooltip",function(){
             alert("hide.bs.tooltip");
         }).on("hidden.bs.tooltip",function(){
             alert("hidden.bs.tooltip");
         });
     });
</script>
```

以上代码的运行效果如图 7-16（a）～图 7-16（d）所示。

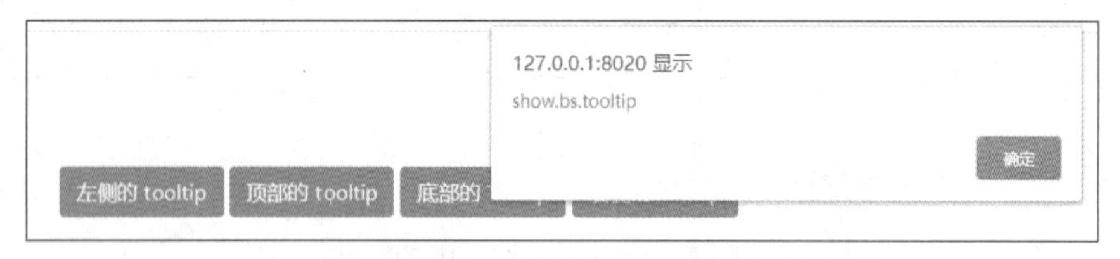

（a）鼠标指针移动到“左侧的 tooltip”按钮后的效果

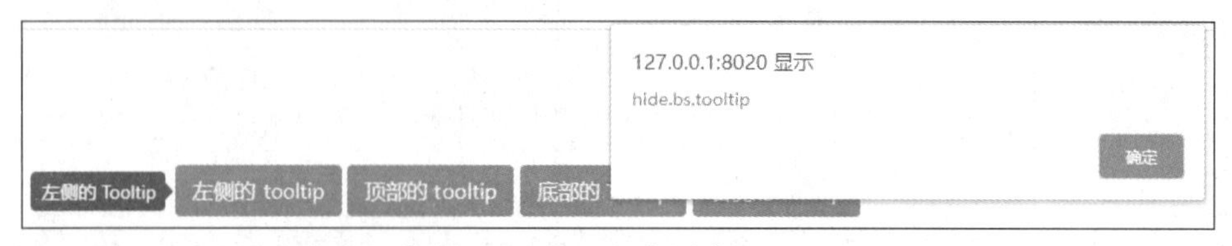

（b）单击图 7-16（a）中“确定”按钮后的效果

图 7-16　tooltips 插件中事件示例效果

（c）单击图 7-16（b）中“确定”按钮后的效果

（d）单击图 7-16（c）中“确定”按钮后的效果

图 7-16　tooltips 插件中事件示例效果（续）

7.6 弹出框

弹出框（popovers）与工具提示框（tooltips）类似，提供了一个扩展的视图。popovers 插件除了有标题 title，还增加了内容 content 部分。弹出框需要鼠标指针单击元素后显示。popovers 插件依赖于 popover.js 进行定位，同时依赖于 tooltips 插件提供的状态提示框。

7.6.1 基本结构

popovers 插件是向元素添加 data-toggle="popover"。

```
<button type="button" class="btn btn-default" title="Popovers 标题"
          data-toggle="popover" data-placement="left"
          data-content="左侧 Popovers 弹出框的内容">
            单击按钮
</button>
```

其中，title 指的是弹出框的标题，data-content 指的是弹出框的内容。popovers 插件和 tooltips 插件一样，必须使用 JavaScript 手动触发。因此，上面的代码是无法实现单击显示弹出框的。

7.6.2 JavaScript 触发

我们可以使用下面的脚本来启用页面中的所有的弹出框。

```
$(document).ready(function(){$('[data-toggle="popover"]').popover();});
```

表 7-8 列举了 popovers 插件中的常用方法。

表 7-8　popovers 插件中的常用方法

方法	描述	实例
options: .popover(options)	向元素集合附加弹出框句柄	$().popover(options)
toggle: .popover('toggle')	切换显示/隐藏元素的弹出框	$('#element').popover('toggle')
show: .popover('show')	显示元素的弹出框	$('#element').popover('show')
enable: .popover('enable')	赋予元素的弹出框显示功能（默认情况）	$('#element').popover('enable')
disable: .popover('disable')	删除元素的弹出框的显示功能	$('#element').popover('disable')
hide: .popover('hide')	隐藏元素的弹出框	$('#element').popover('hide')
destroy: .popover('destroy')	隐藏并销毁元素的弹出框	$('#element').popover('destroy')

【实例 7-17】是一个注册页面，用户名和密码的设置要求通过弹出框实现。

【实例 7-17】（文件 popovers.html）

```
    <div class="container" style="padding:150px;">
        <h2 style="padding:30px;">欢迎注册</h2>
        <form>
            <div class="form-group row">
                <label class="col-form-label col-md-3 text-md-right">用户名：</label>
                <div class="col-md-6">
                    <input type="text" class="form-control" data-container=
"body" data-toggle="popover" data-content="用户名只能由大小写字母、下画线和数字组成"/>
                </div>
            </div>
            <div class="form-group row">
                <label class="col-form-label col-md-3 text-md-right">输入密码：</label>
                <div class="col-md-6">
                    <input type="password" class="form-control" data-container=
"body" data-toggle="popover" data-content="密码长度不超过 10 位"/>
                </div>
            </div>
            <div class="form-group row">
                <label class="col-form-label col-md-3 text-md-right">确认密码：</label>
                <div class="col-md-6">
                    <input type="password" class="form-control"/>
                </div>
            </div>
            <div class="form-group row">
                <div class="col-md-6 offset-md-3">
                    <button type="submit" class="btn btn-info btn-block">注册
</button>
                </div>
            </div>
        </form>
    </div>
    <script type="text/javascript">
      $(document).ready(function(){
```

```
        $('[data-toggle="popover"]').popover();
    });
</script>
```

以上代码的运行效果如图 7-17 所示。

欢迎注册

用户名：

用户名只能由大小写字母、下画线和数字组成

输入密码：

确认密码：

注册

图 7-17 弹出框效果

7.6.3 data-*属性

popovers 弹出框和 tooltips 提示框一样，定义了很多 data 属性，如【实例 7-18】所示。

【实例 7-18】（文件 popovers-data-trigger.html）

```
<div class="container" style="padding-top:100px;">
    <button type="button" class="btn btn-light" data-toggle="popover"data-trigger="focus" data-placement="top" title="popover 标题" data-content="单击页面的其他地方关闭弹出框">顶部的 popovers</button>
    <button type="button"class="btn btn-primary" data-toggle="popover" data-trigger="hover"data-placement="bottom" title="popover 标题" data-content="鼠标悬停显示弹出框">底部的 popovers</button>
</div>
<script type="text/javascript">
    $(document).ready(function() {
        $('[data-toggle="popover"]').popover();
    });
</script>
```

以上代码的运行效果如图 7-18 所示。

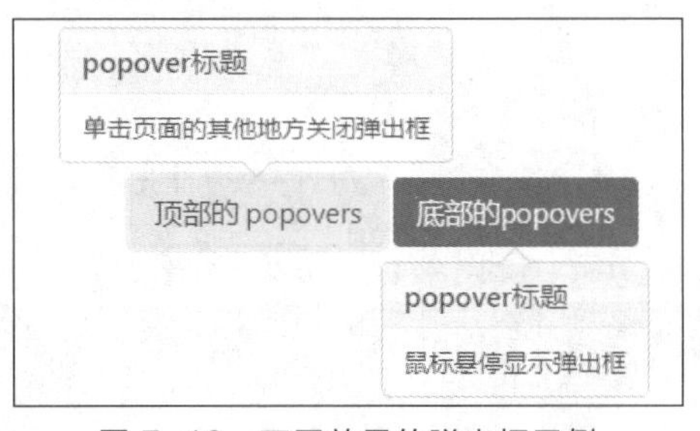

图 7-18 不同效果的弹出框示例

以上代码中，两个<button>都使用了 data-trigger 属性。当 data-trigger="focus"时，如果

想要关闭弹出框，单击该元素以外的地方即可（默认情况下，需要单击元素关闭弹出框）。当data-trigger="hover"时，只需要将鼠标指针悬停在元素上就可以显示弹出框；移开鼠标指针，弹出框消失。

7.6.4 事件

表 7-9 列出了 popovers 插件的事件。

表 7-9 popovers 插件的事件

事件	描述	实例

show.bs.popover	当调用 show 方法时立即触发该事件	$('#mypopover').on('show.bs.popover',function () {
		// 执行一些动作……
		})

shown.bs.popover	当弹出框对用户可见时触发该事件（将等待CSS 过渡效果完成）	$('#mypopover').on('shown.bs.popover',function () {
		// 执行一些动作……
		})

hide.bs.popover	当调用 hide 方法时立即触发该事件	$('#mypopover').on('hide.bs.popover',function () {
		// 执行一些动作……
		})

hidden.bs.popover	当工具提示对用户隐藏时触发该事件（将等待CSS 过渡效果完成）	$('#mypopover').on('hidden.bs.popover',function () {
		// 执行一些动作……
		})

【实例 7-19】（文件 popovers-event.html）

```
    <div style="padding:100px 100px 10px;">
            <button type="button" class="btn btn-secondary" data-toggle="popover"
 title="弹出框标题" data-placement="top" data-content="顶部的 popover 中的一些内容">
popovers</button>
    </div>
    <script type="text/javascript">
         $(document).ready(function(){
           $("[data-toggle='popover']").popover();
             $("[data-toggle='popover']").on("show.bs.popover",function(){
                 alert("show.bs.popover");
              }).on("shown.bs.popover", function(){
                 alert("shown.bs.popover");
              }).on("hide.bs.popover", function(){
                 alert("hide.bs.popover");
              }).on("hidden.bs.popover",function(){
                 alert("hidden.bs.popover");
              });
           });
    </script>
```

以上代码的运行效果如图 7-19（a）～图 7-19（e）所示。

（a）单击“popovers”按钮后的效果

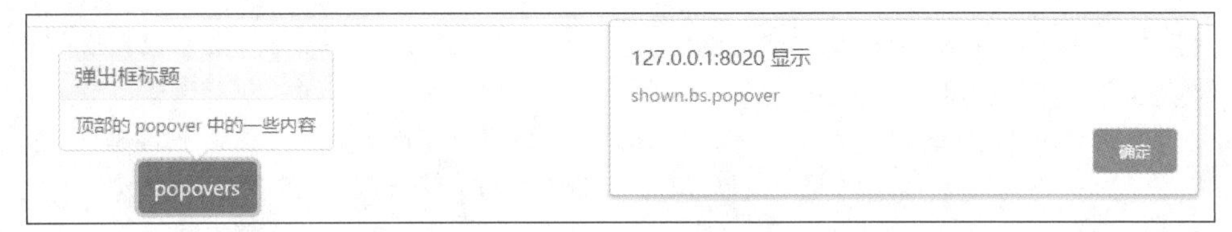

（b）单击图 7-19（a）中“确定”按钮后的效果

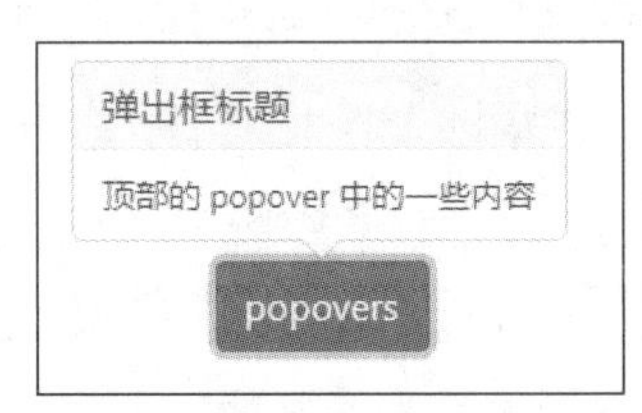

（c）单击图 7-19（b）中“确定”按钮后的效果

（d）再次单击“popovers”按钮后的效果

（e）单击图 7-19（d）中“确定”按钮后的效果

图 7-19　popovers 插件中事件示例效果

7.7　警告框

警告框（alerts）为用户提供了一种显示诸如警告或确认消息的方式。警告框里的内容可以是任意长度的文本。同时，警告框插件可以向所有的警告框消息添加可取消（dismiss）功能。

7.7.1　基本结构

创建一个带有.alert 样式的<div>容器元素即可添加一个基本的警告框。默认样式的警告框没有多少实际意义。除了基本样式.alert，Bootstrap 4 还为警告框提供了 8 种有特殊意义的情景类来代表不同的警告消息。这 8 种样式分别是.alert-primary、.alert-secondary、.alert-success、.alert-danger、.alert-warning、.alert-info、.alert-light、.alert-dark。

【实例 7-20】（文件 alerts.html）

```
<div class="alert alert-primary" role="alert">.alert-primary 警告框</div>
<div class="alert alert-secondary" role="alert">.alert-secondary 警告框</div>
<div class="alert alert-success" role="alert">.alert-success 警告框</div>
<div class="alert alert-danger" role="alert">.alert-danger 警告框</div>
<div class="alert alert-warning" role="alert">.alert-warning 警告框</div>
<div class="alert alert-info" role="alert">.alert-info 警告框</div>
<div class="alert alert-light" role="alert">.alert-light 警告框</div>
<div class="alert alert-dark" role="alert">.alert-dark 警告框</div>
```

以上代码的运行效果如图 7-20 所示。

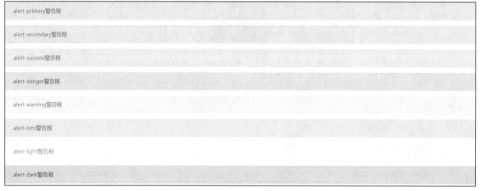

图 7-20　alerts 警告框

当然，警告框里还可以包含其他的网页元素，如标题、段落等。如果在警告框内创建链接，需要对<a>使用样式.alert-link。这样，可以快速得到与警告框风格一致的链接样式。示例如下。

```
<div class="alert alert-light" role="alert">
        .alert-light 警告框<a href="#" class="alert-link">单击</a>
</div>
```

7.7.2　声明式触发

alerts 插件支持声明式触发关闭，我们只需要向“关闭”按钮添加 data-dismiss="alert"，就会自动为警告框添加关闭功能。“关闭”按钮可以放在警告框内部，也可以放在警告框外部。如果“关闭”按钮放在警告框外部，我们需要使用 data-target 属性。

【实例 7-21】（文件 alert-data-dismiss.html）

```
<div class="alert alert-secondary" role="alert">
    <button class="close" data-dismiss="alert">&times;</button>
     这个关闭按钮放在警告框的内部！
```

```
</div>
<div class="container" style="padding:50px 50px 10px;">
    <div id="myAlert" class="alert alert-warning" role="alert">
        <h3>Bootstrap 学习</h3>
        <p>Bootstrap 是基于……</p>
    </div>
    <button class="btn btn-info" data-dismiss="alert" data-target="#myAlert">
        关闭
    </button>
</div>
```

页面运行效果如图 7-21 所示。

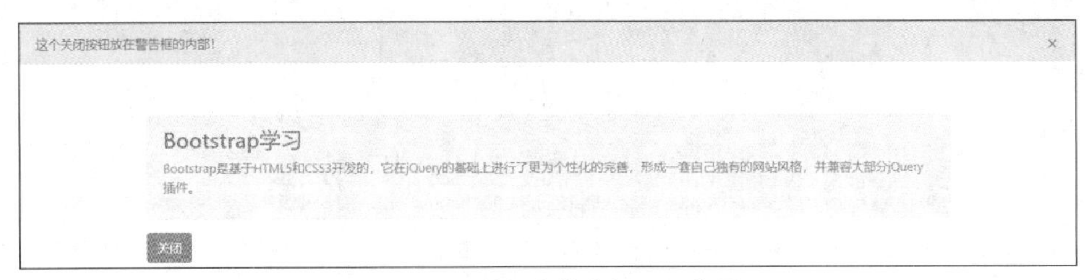

图 7-21　按钮在警告框不同位置

7.7.3　JavaScript 触发

警告框同样支持 JavaScript 方式触发关闭。

- $().alert()：让警告框监听具有 data-dismiss="alert"属性的后裔元素的单击（click）事件。如果 data 属性 API 来自初始化组件的话，则不需要调用此方法。
- $().alert('close')：关闭警告框并从 DOM 中将其删除。如果警告框被赋予了.fade 和.in 类，那么警告框在淡出之后才会被删除。

【实例 7-22】（文件 alert-js.html）

```
<div class="container" style="padding:50px 50px 10px;">
    <div id="myAlert" class="alert alert-info" role="alert">
        <button class="close" type="button" data-dismiss="alert">&times; </button>
        这是一个警告框!
    </div>
</div>
<script>
    $(document).ready(function(){
        $(document).off('.alert.data-api');
        $(".close").click(function(){
            $(".alert").alert();
        });
    });
</script>
```

以上代码中我们使用 off()方法关闭声明式触发关闭功能，单击页面中的“关闭”按钮将无法关闭警告框。

【实例 7-23】（文件 alert-js-close.html）

```
<div class="container" style="padding:50px 50px 10px;">
    <div id="myAlert1" class="alert alert-info" role="alert">
        <button class="close">&times;</button>第一个警告框!
    </div>
    <div id="myAlert2" class="alert alert-warning" role="alert">
        <button class="close">&times;</button>第二个警告框!
    </div>
</div>
<script>
    $(document).ready(function(){
        $(".close").click(function(){
            $("#myAlert1").alert('close');
            $("#myAlert2").alert('close');
        });

    });
</script>
```

以上代码中没有使用 data-dismiss="alert"来关闭警告框，我们需要手动使用 JavaScript 来关闭。实例中两个警告框都使用了$().alert('close')方法，因此，单击其中任意一个关闭按钮，两个警告框会同时关闭。

7.7.4 事件

表 7-10 列出了 alerts 插件中的事件。

表 7-10　alerts 插件中的事件

事件	描述	实例

close.bs.alert	当调用 close 实例方法时立即触发该事件	$('#myalert').bind('close.bs.alert',function () {
		// 执行一些动作……
		})

closed.bs.alert	当警告框被关闭时触发该事件（将等待 CSS 过渡效果完成）	$('#myalert').bind('closed.bs.alert',function () {
		// 执行一些动作……
		})

【实例 7-24】（文件 alerts-event.html）

```
<div class="container" style="padding:50px 50px 10px;">
    <div id="myAlert" class="alert alert-info fade show" role="alert">
        <button class="close" type="button" data-dismiss="alert">&times;
</button>
        提示信息
    </div>
</div>
<script>
    $(document).ready(function(){
        $(".close").click(function(){
            $(".alert").alert();
```

```
            });
            $("#myAlert").on("close.bs.alert",function(){
                alert("close.bs.alert");
            }).on("closed.bs.alert", function(){
                alert("closed.bs.alert");
            });
        });
    </script>
```

以上代码的运行效果如图 7-22（a）～图 7-22（c）所示。

（a）警告框

（b）单击警告框“关闭”按钮后的效果

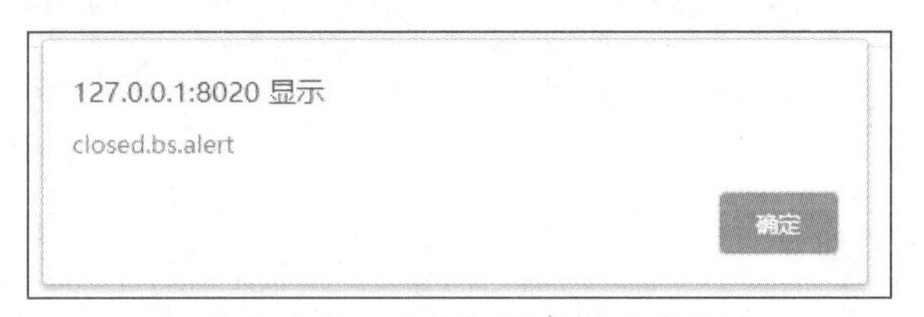

（c）单击弹出框“确定”按钮后的效果

图 7-22　alerts 插件中事件示例效果

7.8 轮播

轮播（carousel）插件可用于循环播放一系列内容。轮播的内容很灵活，可以是图像、内嵌框架、视频或者其他想要放置的任何类型的内容。网页中的轮播一般用于活动展示、产品展示以及重点推荐等，方便用户快速了解这些信息。通过轮播可以在有限的页面空间里展现更多的内容。

7.8.1 基本结构

Bootstrap 中的轮播大致可以分为以下几个部分。

- 外层容器<div>使用 class="carousel slide"。其中，slide 指的是轮播滑动方式。同时，为此容器设置唯一的 id。
- 内层结构主要包含以下 3 项内容。
  - ◆ 指示器（可选项）：用于计算当前切换的轮播项索引。通常使用<li>元素，并且在

<ol>或<ul>使用 class="carousel-indicators"样式。

◆ 轮播项目（必选项）：用于展示轮播的图片。在<div>容器使用 class="carousel-inner" 样式。容器里的每个<img>元素都需要单独放在<div class="carousel-item">中。为了防止浏览器默认图像对齐，可以在<img>使用 class="d-block w-100"。

◆ 控制器（可选项）：用于左右切换轮播内容。对两个<a>元素分别使用 class="carousel-control-prev"及 class="carousel-control-next"。

【实例 7-25】（文件 carousel.html）

```
<div id="myCarousel" class="carousel slide" data-ride="carousel">
    <!--指示器-->
    <ul class="carousel-indicators">
        <li data-target="#myCarousel" data-slide-to="0" class="active"></li>
        <li data-target="#myCarousel" data-slide-to="1"></li>
        <li data-target="#myCarousel" data-slide-to="2"></li>
    </ul>
    <!--轮播项目（幻灯片）-->
    <div class="carousel-inner">
        <div class="carousel-item active">
          <img src="img/1.png" class="d-block w-100" alt="First slide">
        </div>
        <div class="carousel-item">
            <img src="img/2.png" class="d-block w-100" alt="Second slide">
        </div>
        <div class="carousel-item">
            <img src="img/3.png" class="d-block w-100" alt="Third slide">
        </div>
    </div>
    <!--左右切换控制器-->
    <a class="carousel-control-prev" href="#myCarousel" data-slide="prev">
        <span class="carousel-control-prev-icon"></span>
    </a>
    <a class="carousel-control-next" href="#myCarousel" data-slide="next">
        <span class="carousel-control-next-icon"></span>
    </a>
</div>
```

以上代码的运行效果如图 7-23 所示。

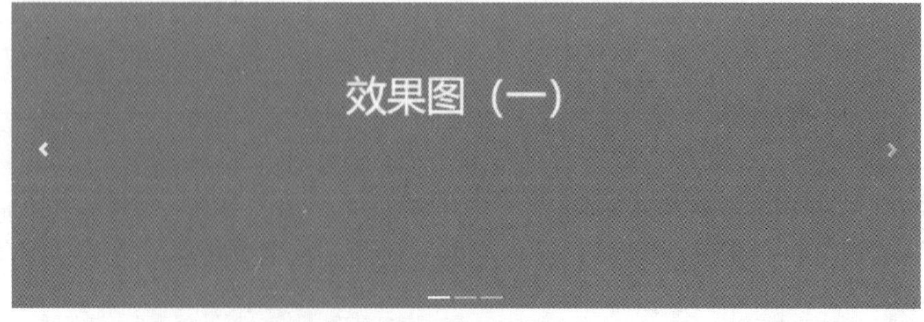

图 7-23 轮播

为了让轮播正常运行，我们需要在其中一张幻灯片（通常是第一张）里添加 .active 样式。

如果需要在图片底部添加字幕，则使用 class="carousel-caption"样式，代码如下。

```
<div class="item active">
    <img src="img/1.png" class="d-block w-100" alt="First slide">
    <div class="carousel-caption">添加文字内容</div>
</div>
```

7.8.2 声明式触发

【实例 7-25】实现的轮播只能通过手动单击指示器或控制器滑动幻灯片。如果希望在页面加载时自动播放幻灯片，需要使用声明式触发，即在外层容器上添加 data-ride="carousel"。以下是轮播中几个常见的 data-*属性。

- data-target：用于 class="carousel-inner"的每个子元素<li>上，data-target="# class='carousel'外层容器 id 或其他选择器"。
- data-slide：用于轮播图的控制器（左右滚动的<a>标签）上，其值为 prev 或 next，表示前一页或后一页。同时，<a>标签的 href 属性须设置为：外层 class="carousel"容器的 id。
- data-slide-to：向轮播传递一个原始滑动索引，用来把滑块移动到一个特定的索引，索引从 0 开始计数，定义在<li>元素上。
- data-interval：轮播图轮换等待的事件，单位为毫秒。如果设置为 false，则不会自动开始轮播，默认是 5000ms。
- data-pause：如果设置为 hover，当鼠标指针停留在幻灯片上时，轮播停止，离开后立即开始播放；如果设置为 false，则鼠标悬停时轮播不停止。
- data-wrap：是否持续轮播。

7.8.3 JavaScript 触发

轮播也支持用 JavaScript 方式来触发。我们可以使用 carousel()方法来启动轮播，代码如下。

```
$('.carousel').carousel()
```

除了上面这种不传递任何参数的情况，carousel()方法还可以传递对象参数和字符串参数。

.carousel('options')传递对象参数，对象属性如下。

- interval：轮播等待的时间。
- wrap：轮播是否连续循环。

```
$("#myCarousel").carousel({
    wrap:false
});
```

传递字符串参数时，字符串如下。

- .carousel('cycle')：从左到右循环轮播项目。

- .carousel('pause')：停止轮播循环项目。
- .carousel(number)：循环轮播到某个特定的帧（从 0 开始计数）。
- .carousel('prev')：循环轮播到上一个项目。
- .carousel('next')：循环轮播到下一个项目。

7.8.4 事件

表 7-11 列出了轮播插件中的事件。

表 7-11 轮播插件中的事件

事件	描述	实例
slide.bs.carousel	当调用 slide 方法时立即触发该事件	$('#myCarousel').on('slide.bs.carousel', function () { // 执行一些动作…… })
slid.bs.carousel	当轮播完成幻灯片过渡效果时触发该事件	$('#myCarousel').on('slid.bs.carousel', function () { // 执行一些动作…… })

这两个事件都具有以下附加属性。

- direction：轮播滚动的方向。
- relatedTarget：作为活动项目滑动到指定的 DOM 元素。
- from：当前项目的索引。
- to：下一个项目的索引。

7.9 按钮

通过按钮插件，我们可以实现一些交互功能，比如控制按钮状态，或者为其他组件（如工具栏）创建按钮组。button 插件可以实现以下两种效果。

- 按钮之间的状态切换。
- 模仿单选按钮或复选框效果。

7.9.1 状态切换

Bootstrap 提供了按钮插件，用于激活按钮的状态切换。例如：在<button>元素上添加 data-toggle="button"属性，可以将单个按钮从正常状态切换成按压状态（底色更深、边框色更深、向内投射阴影）。

【实例 7-26】（文件 button.html）

```
<button type="button" class="btn btn-secondary" data-toggle="button"
autocomplete="off">按钮插件</button>
```

以上代码的运行效果如图 7-24 所示。

在【实例 7-26】中，我们打开页面的查看器可以看到，在单击按钮后，class="btn btn-secondary focus active"且 aria-pressed= "true"；再次单击按钮后，.active 样式消失且 aria-pressed="false"。

按钮插件

图 7-24　单击按钮后的效果

7.9.2　单选按钮

Bootstrap 4 为单选按钮和复选框提供了全新的样式：class="btn-group-toggle"。我们需要在单选按钮组容器<div>中添加 data-toggle="buttons"属性来实现按钮状态切换。代码如下。

【实例 7-27】（文件 button-radio.html）

```
<div class="btn-group btn-group-toggle" data-toggle="buttons">
    <label class="btn btn-info">
        <input type="radio" name="options" id="option1" autocomplete="off">查询
    </label>
    <label class="btn btn-info">
        <input type="radio" name="options" id="option2" autocomplete="off">删除
    </label>
    <label class="btn btn-info">
        <input type="radio" name="options" id="option3" autocomplete="off">修改
    </label>
</div>
```

以上代码的运行效果如图 7-25 所示。

查询 删除 修改

图 7-25　单选按钮组

7.9.3　复选框

复选框的用法和单选按钮一样。我们可以创建复选框组，并通过向复选框组添加 data-toggle="buttons" 属性来实现复选框组的切换。

【实例 7-28】（文件 button-checkbox.html）

```
<div class="btn-group btn-group-toggle" data-toggle="buttons">
    <label class="btn btn-info">
        <input type="checkbox" autocomplete="off">查询
    </label>
    <label class="btn btn-info">
        <input type="checkbox" autocomplete="off">删除
    </label>
    <label class="btn btn-info">
        <input type="checkbox" autocomplete="off">修改
    </label>
</div>
```

以上代码的运行效果如图 7-26 所示。

查询 删除 修改

图 7-26　复选框组

7.9.4　方法

按钮插件中常用的方法有以下两种。

$().button('toggle')：切换按压状态，赋予按钮被激活的外观。

$().button('dispose')：销毁按钮的状态。

【实例 7-29】（文件 button-js.html）

```
    <div id="btnDemo" class="bs-example">
        <button type="button" class="btn btn-primary"  autocomplete="off">原始
</button>
    </div>
    <script>
        $(document).ready(function(){
            $("#btnDemo .btn").click(function(){
                $(this).button('toggle');
            });
        });
    </script>
```

以上代码的运行效果如图 7-27 所示。

图 7-27　单击按钮后的效果

7.10　折叠

折叠（collapse）是一种控制内容可见性的插件，我们可以通过单击按钮或者链接等方式让对应内容显示或隐藏。

7.10.1　声明式触发

collapse 插件使用声明式触发时需要在触发器（通常是<a>或者<button>）上添加 data-toggle="collapse"和 data-target="#折叠内容的 id"。如果触发器是<a>元素，则 data-target 属性需要用 href 来替代。折叠的元素需要使用 class="collapse"，默认情况下，折叠的内容是隐藏的，可以在.collapse 后添加 .show 让内容默认为显示状态。

【实例 7-30】（文件 collapse.html）

```
    <div class="container">
        <button class="btn btn-info" type="button" data-toggle="collapse" data-
target="#collapseDemo">Bootstrap</button>
        <div class="collapse" id="collapseDemo">
            <p>Bootstrap 来自 Twitter，是目前最受欢迎的前端框架。</p>
            <p>Bootstrap 是基于 HTML、CSS、JavaScript 的，它简洁灵活……</p>
        </div>
    </div>
```

以上代码的运行效果如图 7-28 所示。

在使用折叠插件时，多个触发器可以控制同一个折叠元素，而同一个触发器也可以控制多个折叠元素。

Bootstrap

Bootstrap来自 Twitter，是目前最受欢迎的前端框架。

Bootstrap 是基于 HTML、CSS、 JavaScript 的， 它简洁灵活，使得 Web 开发更加快捷。

图 7-28　单击 Bootstrap 按钮后的效果

【实例 7-31】（文件 collapse2.html）

```
    <div class="container">
        <button class="btn btn-primary" type="button" data-toggle="collapse"
data-target="#collapseDemo1">触发器 1</button>
        <button class="btn btn-primary" type="button" data-toggle="collapse"
data-target="#collapseDemo2">触发器 2</button>
        <a class="btn btn-primary" data-toggle="collapse" href=".multi-collapse">
触发器 3</a>
        <div class="row">
            <div class="col-2">
                <div class="collapse multi-collapse" id="collapseDemo1">
                    <div class="card card-body">
                        触发器 1 和触发器 3 都可以控制此部分。
                    </div>
                </div>
            </div>
            <div class="col-2">
                <div class="collapse multi-collapse" id="collapseDemo2">
                    <div class="card card-body">
                        触发器 2 和触发器 3 都可以控制此部分。
                    </div>
                </div>
            </div>
        </div>
    </div>
```

以上代码的运行效果如图 7-29（a）～图 7-29（c）所示。

触发器1 触发器2 触发器3

触发器1和触发器3都可以控制此部分。

（a）单击“触发器 1”的效果

触发器1 触发器2 触发器3

触发器1和触发器3都可以控制此部分。　触发器2和触发器3都可以控制此部分。

（b）单击图 7-29（a）中“触发器 2”的效果

（c）单击图 7-29（b）中“触发器 3”的效果

图 7-29　触发器控制折叠元素示例效果

将折叠插件结合 card 组件使用时，呈现手风琴（accordion）效果。

【实例 7-32】（文件 collapse-card.html）

```
    <div class="accordion" id="accordionDemo">
        <div class="card"><!--第 1 个 card-->
```

```
            <div class="card-header">
                <h3 class="mb-0">
                    <button class="btn btn-link" type="button" data-toggle=
"collapse" data-target="#collapseOne">Java 程序设计</button>
                </h3>
            </div>
            <div id="collapseOne" class="collapse show" data-parent="#accordionDemo">
               <div class="card-body">
                   Java 是由 Sun Microsystems 公司……
               </div>
            </div>
        </div>
        <div class="card"><!--第 2 个 card-->
            <div class="card-header">
                <h3 class="mb-0">
                   <button class="btn btn-link collapsed" type="button" data-
toggle="collapse" data-target="#collapseTwo">数据库原理</button>
                </h3>
            </div>
            <div id="collapseTwo" class="collapse" data-parent="#accordionDemo">
                <div class="card-body">
                    SQL(Structured Query Language:结构化……
                </div>
            </div>
        </div>
        <div class="card"><!--第 3 个 card-->
            <div class="card-header">
                <h3 class="mb-0">
                   <button class="btn btn-link collapsed" type="button" data-
toggle="collapse" data-target="#collapseThree">Web 前端框架应用</button>
                </h3>
            </div>
            <div id="collapseThree" class="collapse" data-parent="#accordionDemo">
                <div class="card-body">
                    Bootstrap 是基于 HTML、CSS、JavaScript 的……
                </div>
            </div>
        </div>
    </div>
```

以上代码在<div class="accordion" id="accordionDemo">容器里面定义了 3 个 card 组件，每一个 card 都是一个折叠区。为了实现单击一个 card 后只显示该 card 的内容，其他 card 内容都折叠关闭，我们需要使用 data-parent 属性来确保所有折叠元素在指定的父元素里。以上代码运行效果如图 7-30 所示。

Java程序设计

Java 是由 Sun Microsystems 公司于 1995 年 5 月推出的高级程序设计语言。Java 可运行于多个平台，如 Windows、Mac OS 及其他多种 UNIX 版本的系统。

数据库原理

Web前端框架应用

图 7-30　折叠面板

7.10.2 JavaScript 触发

像其他插件一样，collapse 插件也可以通过 JavaScript 触发。

【实例 7-33】（文件 collapse-js.html）

```
<div class="container">
    <button class="btn btn-info" type="button" id="btnCollapse">
        Bootstrap
    </button>
    <div class="collapse" id="collapseDemo">
        <p>Bootstrap 来自 Twitter，是目前最受欢迎的前端框架。</p>
        <p>Bootstrap 是基于 HTML、CSS、JavaScript 的……</p>
    </div>
</div>
<script>
    $(document).ready(function(){
        $("#btnCollapse").click(function(){
            $("#collapseDemo").collapse('toggle');
        });
    });
</script>
```

以上代码的运行效果如图 7-28 所示。

折叠中常用的方法有以下几种。

- .collapse('toggle')：调用这个方法时如果可折叠元素隐藏则显示，如果可折叠元素显示则隐藏。
- .collapse('show')：调用这个方法显示可折叠元素。
- .collapse('hide')：调用这个方法隐藏可折叠元素。
- .collapse('option')：接受一个可选的 options 对象。
    - toggle　是否触发元素的调用。
    - parent　如果值为 false，则折叠区标题和内容的效果受到影响，其他折叠区的效果不受影响；如果提供的为选择器，那么这个选择器下的所有折叠区效果都受到影响，当其中一个显示时其他都隐藏。

7.10.3 事件

表 7-12 列出了 collapse 插件中要用到的事件。4 个事件的作用顺序和前面所介绍插件的事件类似，这里就不再举例说明。

表 7-12　collapse 事件

事件	描述	实例
show.bs.collapse	在调用 show 方法后触发该事件	$('#identifier').on('show.bs.collapse', function () { // 执行一些动作……})

续表

事件	描述	实例

shown.bs.collapse	当折叠元素对用户可见时，触发该事件（将等待 CSS 过渡效果完成）	$('#identifier').on('shown.bs.collapse', function () {
		    // 执行一些动作……
		})

hide.bs.collapse	当调用 hide 方法时立即触发该事件	$('#identifier').on('hide.bs.collapse', function () {
		    // 执行一些动作……
		})

hidden.bs.collapse	当折叠元素对用户隐藏时触发该事件（将等待 CSS 过渡效果完成）	$('#identifier').on('hidden.bs.collapse', function () {
		    // 执行一些动作……
		})

7.11 选项卡

在 Web 页面中，我们经常会发现，单击导航的菜单项时，底部的内容会随之切换。在本节中，我们将介绍如何通过选项卡插件实现这个功能。

7.11.1 声明式触发

选项卡由以下两部分组成。

- 导航菜单：使用前面的导航组件来实现。
- 内容面板：外层容器<div>使用 class="tab-content"，内层的每个内容区域都需要使用 class="tab-pane"样式类。

选项卡和滚动监听结构比较相似，也是依赖锚点来实现的。每一个导航菜单对应一个内容面板中的锚点，当有一个面板显示时其他锚点都隐藏。

选项卡可以通过声明方式来触发内容的显示和隐藏，只需把 data-toggle="tab"（选项卡式导航）或 data-toggle="pill"（胶囊式导航）添加到锚文本链接中即可。

【实例 7-34】（文件 nav-tab.html）

```
<ul class="nav nav-tabs mb-2" id="myTab">
    <li class="nav-item">
        <a class="nav-link active" data-toggle="tab" href="#tabs-department" 
role="tab">学院简介</a>
    </li>
    <li class="nav-item">
        <a class="nav-link" data-toggle="tab" href="#tabs-course" role="tab">
课程设置</a>
    </li>
    <li class="nav-item">
        <a class="nav-link" data-toggle="tab" href="#tabs-major" role="tab">
专业设置</a>
    </li>
</ul>
```

```
    <div class="tab-content" id="tabs-tabContent">
        <div class="tab-pane fade active" id="tabs-department">
            <p>……</p>
        </div>
        <div class="tab-pane fade" id="tabs-course">
            <p>……</p>
        </div>
        <div class="tab-pane fade" id="tabs-major">
            <p>……</p>
        </div>
    </div>
```

以上代码的运行效果如图 7-31 和图 7-32 所示，这是在不同的 Tab 菜单上切换的效果。为了使代码结构清晰，面板上的内容信息用省略号替代（本例是基于<ul>容器的选项卡，我们也可以基于<nav>标签设计）。

学院简介 课程设置 专业设置

主干课程：Java程序设计、JavaScript程序设计、Web前端框架应用、Web 应用系统开发、JavaScript前端框架应用、软件建模与软件文档写作、软件测试技术、移动应用开发及测试、JavaEE轻量级框架开发、Web项目整合开发、大数据应用语言基础等。

就业前景：软件开发工程师、软件测试工程师、需求分析员、软件推广及售后服务工程师、软件技术支持工程师、数字化管理师等。

图 7-31 “课程设置”选项卡

图 7-32 “专业设置”选项卡

【实例 7-34】中导航菜单也可以用列表组来实现。在列表项中添加 data-toggle="list"即可。代码如下。

```
    <div class="list-group" id="list-tab" role="tablist">
        <a class="list-group-item list-group-item-action active" data-toggle=
"list" href="#tabs-department">学院简介</a>
        <a class="list-group-item list-group-item-action" data-toggle="list" href=
"#tabs-course">课程设置</a>
        <a class="list-group-item list-group-item-action" data-toggle="list" href=
"#tabs-major">专业设置</a>
    </div>
```

7.11.2 JavaScript 触发

选项卡也可以通过 JavaScript 触发显示相应的面板内容，我们只需要删除 data-toggle 属性，然后使用下面的代码即可。

```
    $("#myTab a").click(function(e){
            e.preventDefault()
```

```
        $(this).tab("show");
});
```

代码中的 myTab 是导航的 id 值。由于每个选项卡都需要激活，所以，我们可以直接使用这段代码一次性给每个导航菜单添加一个单击事件，也可以为每个选项卡分别写 JavaScript 代码以实现单独激活。

7.11.3 过渡效果

如果需要为选项卡设置淡入/淡出效果，则需添加 class="fade"到每个.tab-pane 上。第一个选项卡必须添加 .show 样式，以便淡入显示初始内容。代码如下。

```
<div class="tab-content">
    <div class="tab-pane active fade show" id="tabs-department">
      <p>……</p>
    </div>
    <div class="tab-pane fade" id="tabs-course">
      <p>……</p>
    </div>
    <div class="tab-pane fade" id="tabs-major">
      <p>……</p>
    </div>
</div>
```

7.11.4 事件

表 7-13 列出了选项卡插件中要用到的事件。需要注意的是，如果没有已启动的选项卡，就不会触发 hide.bs.tab 和 hidden.bs.tab 事件。

表 7-13　选项卡事件

事件	描述	实例
show.bs.tab	该事件在选项卡显示时触发，但是必须在新选项卡被显示之前。分别使用 event.target 和 event.relatedTarget 来定位到激活的选项卡和前一个激活的选项卡	$('a[data-toggle="tab"]').on('show.bs.tab', function (e) { e.target // 激活的选项卡 e.relatedTarget // 前一个激活的选项卡 })
shown.bs.tab	该事件在选项卡显示时触发，但是必须在某个选项卡已经显示之后。分别使用 event.target 和 event.relatedTarget 来定位到激活的选项卡和前一个激活的选项卡	$('a[data-toggle="tab"]').on('shown.bs.tab', function (e) { e.target e.relatedTarget })
hide.bs.tab	该事件在显示一个新选项卡时触发（因此前一个活动选项卡将被隐藏）。分别使用event.target和event.relatedTarget 来定位当前的活动选项卡和新的即将被激活的选项卡	$('a[data-toggle="tab"]').on('hide.bs.tab', function (e) { e.target e.relatedTarget })

续表

事件	描述	实例
hidden.bs.tab	该事件在显示新选项卡后触发（因此前一个活动选项卡被隐藏）。分别使用 event.target 和 event.relatedTarget 来定位上一个活动选项卡和新的活动选项卡	$('a[data-toggle="tab"]').on('hidden.bs.tab', function (e) { e.target e.relatedTarget })

【实例 7-35】（文件 nav-event.html）

```
<p class="active-tab"><strong>激活的标签页</strong>: <span></span></p>
<p class="previous-tab"><strong>前一个激活的标签页</strong>: <span></span></p>
<hr>
<!--此处省略选项卡的具体定义，代码与【实例 7-34】相同-->
<script type="text/javascript">
    $(document).ready(function(){
        $("#myTab a").on('show.bs.tab',function(e){
            // 获取已激活的标签页的名称
            var activeTab=$(e.target).text();
            // 获取前一个激活的标签页的名称
            var previousTab=$(e.relatedTarget).text();
            $(".active-tab span").html(activeTab);
            $(".previous-tab span").html(previousTab);
        });
    });
</script>
```

以上代码是在【实例 7-34】的基础上添加了 2 个<p>元素用以显示当前激活的标签页和前一个激活的标签页，运行效果如图 7-33 所示。

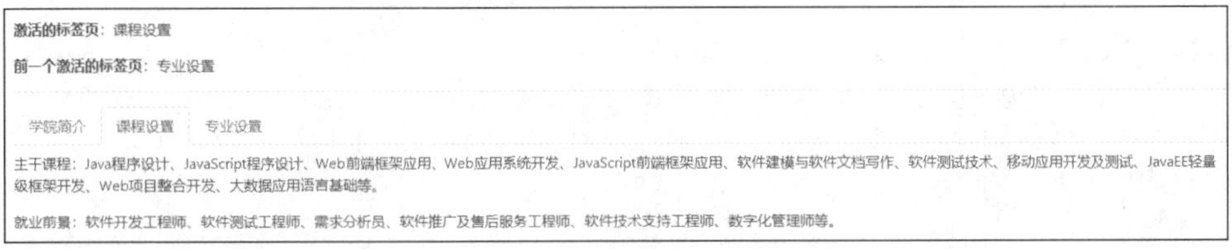

图 7-33　选项卡事件

7.12　轻量弹框

Bootstrap 4 提供了一个新的特性——轻量弹框（toasts）。它类似于一个警告框，在用户单击按钮或者提交表单等操作时短暂地出现几秒后就消失。它的主要作用是向用户推送通知。

7.12.1　基本结构

轻量弹框的结构比较简单，主要内容如下。

- 外层容器<div>使用 class="toast"，并为其设置 id 值。
- 内层结构包含两个部分：toasts 标题和 toasts 主体内容，分别使用 class="toast-header" 和 class="toast-body"样式。

【实例 7-36】（文件 toasts.html）

```
<div class="toast show" id="myToast">
    <div class="toast-header">
        这是 toasts 的标题
    </div>
    <div class="toast-body">
        这是 toasts 的内容
    </div>
</div>
```

由于.toast 样式创建的轻量弹框在默认情况下是隐藏的，所以可以设置.show 显示轻量弹框。以上代码的运行效果如图 7-34 所示。

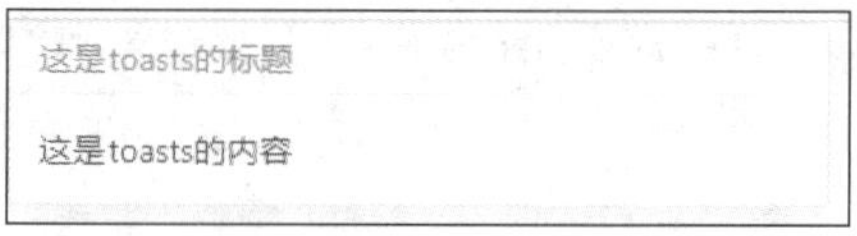

这是toasts的标题

这是toasts的内容

图 7-34　轻量弹框

7.12.2　轻量弹框的特点

Bootstrap 中的轻量弹框具有以下特点。

- 轻量弹框是半透明的。
- 轻量弹框要通过脚本初始化，否则无法实现关闭功能。
- 轻量弹框在关闭时，想要有过渡效果，需要加上.fade，若同时有多个轻量弹框出现，它们会从上向下叠加显示。
- 轻量弹框可以直接用 CSS 定位调整其出现的方位，比如右上角（通常用于通知）。

【实例 7-37】的代码可以实现轻量弹框在右上角显示。

【实例 7-37】（文件 toasts-position.html）

```
<div style="position:relative;min-height:200px;">
    <div class="toast show" id="myToast" style="position:absolute;top:0;
right:0;">
        <div class="toast-header">
            这是 toasts 的标题
        </div>
        <div class="toast-body">
            这是 toasts 的内容
        </div>
    </div>
</div>
```

7.12.3　JavaScript 触发

我们通过 JavaScript 初始化轻量弹框，方法如下。

```
$('.toast').toast()
```

toast()方法可以传递对象参数和字符串参数。

.toast('options')传递对象参数，其对象属性如下。

- animation：在显示和隐藏 toasts 组件时是否添加 CSS 淡入/淡出过渡效果。默认值为 true。
- autohide：默认情况下是否隐藏 toasts 组件。默认值为 true。
- delay：toasts 组件显示后，隐藏 toasts 组件所需的毫秒数。

```
$('.toast').toast({
autohide:false
});
```

对于数据属性，将对象属性名称附加到 data-即可。如 data-delay。

字符串参数，其字符串如下：

- .toast('show')：显示 toasts 组件。
- .toast('hide')：隐藏 toasts 组件。
- .toast('dispose')：隐藏和销毁 toasts 组件。

【实例 7-38】（文件 toasts-js.html）

```
<div class="container">
    <h2>单击下面按钮显示轻量弹框</h2>
    <button type="button" class="btn btn-info" id="myBtn">开始</button>
    <div class="toast" data-autohide="false">
        <div class="toast-header">
            <strong class="mr-auto">新消息</strong>
            <small>2 分钟之前</small>
            <button type="button" class="ml-2 mb-1 close" data-dismiss="toast">
                <span>&times;</span>
            </button>
        </div>
        <div class="toast-body">
            这是一条 toasts 内容。
        </div>
    </div>
</div>
<script>
    $(document).ready(function(){
        $("#myBtn").click(function(){
            $('.toast').toast('show');
        });
    });
</script>
```

以上代码的运行效果如图 7-35 所示。

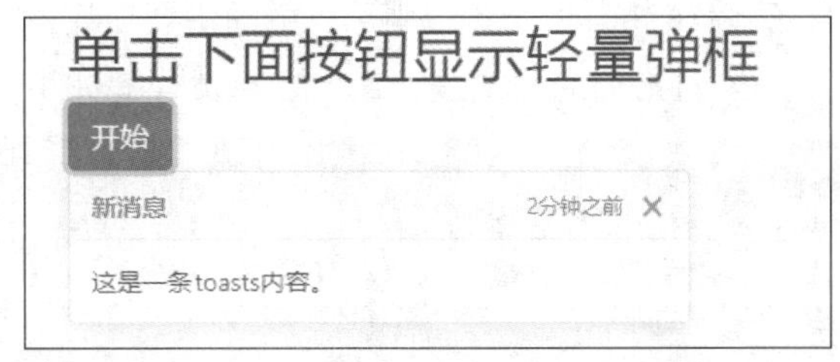

图 7-35　单击“开始”按钮后的效果

上面的代码是通过单击“开始”按钮后，弹出轻量弹框。因为在.toast 所在的容器上设置了 **data-autohide="false"**属性，所以，轻量弹框不会在默认时间里自动消失。为了关闭该轻量弹框，我们需要在轻量弹框里添加一个“关闭”按钮，且在该按钮上设置 **data-dismiss="toast"**。这样，就可以手动关闭轻量弹框了。

7.12.4 事件

表 7-14 列出了 toasts 中要用到的事件。4 个事件的作用顺序和插件的事件类似，这里就不再举例说明。

表 7-14 toasts 事件

事件	描述	实例

show.bs.toast	在即将显示 toasts 组件时触发该事件	$('.toast').on('show.bs.toast', function () {
		// 执行一些动作……
		})

shown.bs.toast	在完全显示 toasts 组件时触发该事件（将等待 CSS 过渡效果完成）	$('.toast').on('shown.bs.toast', function () {
		// 执行一些动作……
		})

hide.bs.toast	在将隐藏 toasts 组件时触发事件	$('.toast').on('hide.bs.toast', function () {
		// 执行一些动作……
		})

hidden.bs.toast	在完全隐藏 toasts 组件时触发该事件（将等待 CSS 过渡效果完成）	$('.toast').on('hidden.bs.toast', function () {
		// 执行一些动作……
		})

7.13 案例：学院网站首页

本案例将制作一个学院网站首页，效果如图 7-36 所示。本案例综合应用了本章及前面各章的一些知识点，比如本章中的滚动监听插件、模态框、选项卡、折叠、轮播以及前面章节中的巨幕.jumbotron、导航栏、列表组、表单和卡片等。

案例视频 7-1

具体操作步骤如下。

（1）在 HBuilderX 中新建一个 Web 项目，将 Bootstrap 的 CSS 文件复制到项目的 CSS 目录中，然后在<head>元素中引用。页面中要应用滚动监听插件、列表组以及巨幕，因此，我们需要另外对它们的样式进行设计。具体代码如下。

```
<head>
    <meta charset="utf-8">
    <meta name="viewport" content="width=device-width,initial-scale=1,
shrink-to-fit=no">
    <title>学院首页</title>
    <link rel="stylesheet" type="text/css" href="css/bootstrap.css"/>
```

图 7-36　学院网站首页

```
        <script src="js/jquery-3.4.1.js" type="text/javascript" charset="utf-
8"></script>
        <script src="js/bootstrap.bundle.js" type="text/javascript" charset=
"utf-8"></script>
        <style type="text/css">
            body {
                position:relative;
                padding:12rem;
            }
            .fixed-top {
                background-color:#FFFFFF;
            }
```

```
            .jumbotron{
                background:url(img/logo.png) no-repeat;
                margin-bottom:0px;
            }
            .list-group-item{
                border:0px;
            }
            .list-unstyled a,
            #list1 a{
                color:red;
            }
            .card-header{
                background:#0062CC;
                color:#FFFFFF;
            }
        </style>
    </head>
```

（2）创建页面头部。页面头部容器里分别是巨幕和导航栏。页面使用了滚动监听插件，被监听的元素是<body>。因此，该容器使用了.fixed-top样式。同时，在<head>里重新定义了<body>的position和padding值。另外，导航栏还使用了折叠插件。具体代码如下。

```
    <body data-spy="scroll" data-target="#navbarDemo" data-offset="160">
        <div class="container fixed-top">
            <div class="jumbotron">
                <form class="form-inline float-right d-none d-sm-block">
                    <input type="text" class="form-control" size="30"
placeholder="请输入关键字">
                    <button type="button" class="btn btn-primary">搜索</button>
                </form>
            </div>
            <nav class="navbar navbar-expand-sm bg-primary navbar-dark" id=
"navbarDemo">
                <div class="navbar-header">
                    <a class="navbar-brand mr-5" href="#college">学院概况</a>
                    <button class="navbar-toggler" type="button" data-toggle=
"collapse" data-target="#myNavbar">
                        <span class="navbar-toggler-icon"></span>
                    </button>
                </div>
                <div class="collapse navbar-collapse" id="myNavbar">
                    <ul class="navbar-nav">
                        <li class="nav-item mr-5">
                            <a class="nav-link" href="#news">热点新闻</a>
                        </li>
                        <li class="nav-item mr-5">
                            <a class="nav-link" href="#PartyBuilding">党建工作</a>
                        </li>
                        <li class="nav-item mr-5">
                            <a class="nav-link" href="#department">专业设置</a>
                        </li>
                        <li class="nav-item" data-toggle="modal" data-target=
"#myModal">
```

```
                            <a class="nav-link" href="#">联系我们</a>
                        </li>
                    </ul>
                </div>
            </nav>
        </div>
        ...
    </body>
```

（3）单击导航栏中的“联系我们”菜单项会弹出一个模态框，模态框的内容是一个表单。具体代码如下。

```
    <div class="modal fade" id="myModal">
        <div class="modal-dialog modal-dialog-centered">
            <div class="modal-content">
                <div class="modal-header">
                    <h4 class="modal-title">联系我们</h4>
                    <button type="button" class="close" data-dismiss="modal">
                        <span aria-hidden="true">&times;</span>
                    </button>
                </div>
                <div class="modal-body">
                    <form>
                        <div class="row">
                            <div class="col-sm-6 form-group">
                                <input class="form-control" id="name" name=
"name" placeholder="姓名" type="text" required>
                            </div>
                            <div class="col-sm-6 form-group">
                                <input class="form-control" id="email" name=
"email" placeholder="邮箱" type="email" required>
                            </div>
                        </div>
                        <textarea class="form-control" id="comments" name=
"comments" placeholder="请输入内容" rows="5"></textarea><br>
                        <div class="row">
                            <div class="col-sm-12 form-group">
                                <button class="btn btn-primary float-right"
type="submit">发送</button>
                            </div>
                        </div>
                    </form>
                </div>
            </div>
        </div>
    </div>
```

（4）创建主体区域 1——学院概况。主体页面可分为 4 个部分：学院概况、热点新闻、党建工作和专业设置。主体区域 1 主要分 2 列，第 1 列显示文本内容，第 2 列是轮播。具体代码如下。

```
    <div class="container" id="college">
        <div class="row">
            <div class="col-sm-6 col-md-3">
```

```
                <!--<p>中的文本内容用省略号替代-->
                <p>……</p>
                <p>……</p>
            </div>
            <div class="col-sm-6 col-md-8">
                <div id="myCarousel" class="carousel slide carousel-fade"
data-ride="carousel">
                    <ul class="carousel-indicators">
                        <li data-target="#myCarousel" data-slide-to="0" class=
"active"></li>
                        <li data-target="#myCarousel" data-slide-to="1"></li>
                    </ul>
                    <div class="carousel-inner">
                        <div class="carousel-item active">
                            <img src="img/xiaoyuan1.png" class="d-block w-100"
alt="First slide">
                        </div>
                        <div class="carousel-item">
                            <img src="img/xiaoyuan2.png" class="d-block w-100" alt=
"Second slide ">
                        </div>
                    </div>
                </div>
            </div>
        </div>
    </div>
```

（5）创建主体区域2——热点新闻。分2列，每1列都是由1个列表组来显示新闻标题和创建日期。

```
    <div class="container" id="news">
        <h3 class="text-muted">热点新闻</h3>
        <hr>
        <div class="row">
            <div class="col-sm-6">
                <div class="list-group">
                    <a href="#" class="list-group-item list-group-item-action">
学党史·筑信仰·担使命·庆百年<span class="float-right">2021-4-26</span></a>
                    <a href="#" class="list-group-item list-group-item-action">
做好垃圾分类 推动绿色发展<span class="float-right">2021-4-16</span></a>
                    <a href="#" class="list-group-item list-group-item-action">
全国职业教育大会在京落幕<span class="float-right">2021-4-14</span></a>
                </div>
            </div>
            <div class="col-sm-6">
                <div class="list-group">
                    <a href="#" class="list-group-item list-group-item-action">
学院举办教师专业能力比赛选拔赛<span class="float-right">2021-4-12</span></a>
                    <a href="#" class="list-group-item list-group-item-action">
学院联合后勤管理处召开学生座谈会<span class="float-right">2021-4-8</span></a>
                    <a href="#" class="list-group-item list-group-item-action">
院团总支爱国主义教育实践活动圆满举行<span class="float-right">2021-4-1</span></a>
                </div>
```

```
            </div>
        </div>
    </div>
```

（6）创建主体区域 3——党建工作。使用选项卡插件显示其内容。具体代码如下。

```
    <div class="container" id="PartyBuilding">
        <h3 class="text-muted">党建工作</h3>
            <hr>
            <ul class="nav nav-tabs mb-2" id="myTab">
                <li class="nav-item">
                    <a class="nav-link active" data-toggle="tab" href="#tabs1"
 role="tab">十九大时间</a>
                </li>
                <li class="nav-item">
                    <a class="nav-link" data-toggle="tab" href="#tabs2" role=
"tab">学习党史</a>
                </li>
                <li class="nav-item">
                    <a class="nav-link" data-toggle="tab" href="#tabs3" role=
"tab">支部主题党日</a>
                </li>
            </ul>
            <div class="tab-content" id="tabs-tabContent">
                <div class="tab-pane active" id="tabs1">
                    <img src="img/shijiuda.png">
                    <div class="row">
                        <div class="col-sm-6">
                            <ul class="list-unstyled">
                                <li class="m-3">
                                    <a href="#">十九大报告</a>
                                </li>
                                <li class="m-3">
                                    <a href="#">十九大文献</a>
                                </li>
                                <li class="m-3">
                                    <a href="#">十九届一中全会</a>
                                </li>
                                <li class="m-3">
                                    <a href="#">十九届中央纪委全会</a>
                                </li>
                            </ul>
                        </div>
                        <div class="col-sm-6">
                            <ul class="list-unstyled">
                                <li class="m-3">
                                    <a href="#">十九届二中全会</a>
                                </li>
                                <li class="m-3">
                                    <a href="#">十九届三中全会</a>
                                </li>
                                <li class="m-3">
                                    <a href="#">十九届四中全会</a>
```

```
                                </li>
                                <li class="m-3">
                                    <a href="#">十九届五中全会</a>
                                </li>
                            </ul>
                        </div>
                    </div>
                </div>
                <div class="tab-pane fade" id="tabs2">
                    <img src="img/xuexi.png">
                    <ul class="list-unstyled">
                        <li class="m-2">
                            <a href="#">党史知识</a>
                        </li>
                        <li class="m-2">
                            <a href="#">党史课堂</a>
                        </li>
                    </ul>
                </div>
                <div class="tab-pane fade" id="tabs3">
                    <div class="list-group m-4" id="list1">
                        <a href="#" class="list-group-item list-group-item-
action">关于开展 2021 年 4 月“支部主题党日”活动的工作提示</a>
                        <a href="#" class="list-group-item list-group-item-
action">关于开展 2021 年 3 月“支部主题党日”活动的工作提示</a>
                        <a href="#" class="list-group-item list-group-item-
action">关于开展 2021 年 2 月“支部主题党日”活动的工作提示</a>
                        <a href="#" class="list-group-item list-group-item-
action">关于开展 2021 年 1 月“支部主题党日”活动的工作提示</a>
                    </div>
                </div>
            </div>
    </div>
```

（7）创建主体区域 4——专业设置。分为 4 列，每 1 列都以 1 个卡片来显示其内容。具体代码如下。

案例视频 7-2

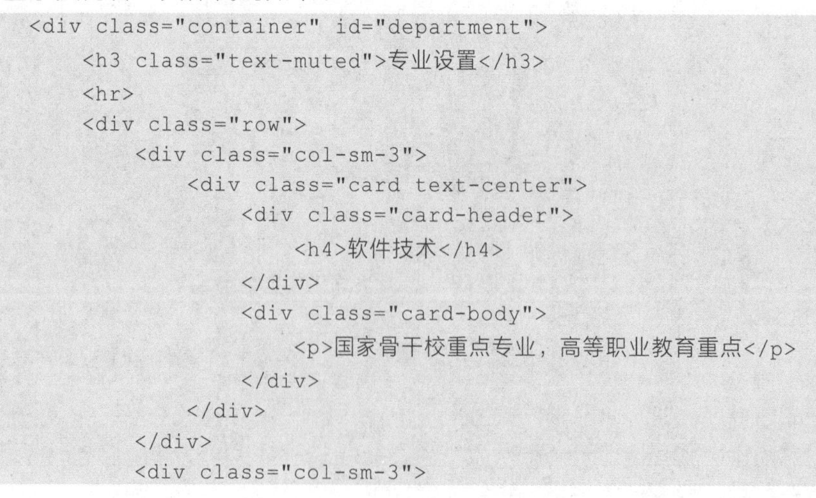

```
    <div class="container" id="department">
        <h3 class="text-muted">专业设置</h3>
        <hr>
        <div class="row">
            <div class="col-sm-3">
                <div class="card text-center">
                    <div class="card-header">
                        <h4>软件技术</h4>
                    </div>
                    <div class="card-body">
                        <p>国家骨干校重点专业，高等职业教育重点</p>
                    </div>
                </div>
            </div>
            <div class="col-sm-3">
```

```
            <div class="card text-center">
                <div class="card-header">
                    <h4>人工智能技术</h4>
                </div>
                <div class="card-body">
                    <p>2020 年新增专业，全国首批招生</p>
                </div>
            </div>
        </div>
        <div class="col-sm-3">
            <div class="card text-center">
                <div class="card-header">
                    <h4>数字媒体应用</h4>
                </div>
                <div class="card-body">
                    <p>省职业教育特色建设专业，省中高职衔接专业</p>
                </div>
            </div>
        </div>
        <div class="col-sm-3">
            <div class="card text-center">
                <div class="card-header">
                    <h4>大数据技术</h4>
                </div>
                <div class="card-body">
                    <p>市"双一流"精神建设重点发展专业</p>
                </div>
            </div>
    </div>
</div>
```

本章小结

本章通过具体实例详细介绍了 Bootstrap 中的 JavaScript 插件和插件的使用方法，最后用一个综合案例演示了 JavaScript 插件的实际应用。

实训项目：公司网站首页

创建一个公司网站首页。要求尽可能多且合理地运用本章所介绍的插件，并灵活运用前面所学的 CSS 知识。参考效果如图 7-37 所示。具体组件如下。

实训展示

（1）页面头部：导航栏和巨幕，导航栏可折叠。

（2）主体区域 1：字体图标和文本。

（3）主体区域 2：添加轮播和卡片。

（4）主体区域 3：表单。

（5）整个页面采用了滚动监听。

图 7-37　公司网站首页

实训拓展

大自然是人类赖以生存发展的基本条件。尊重自然、顺应自然、保护自然，是全面建设社会主义现代化国家的内在要求。必须牢固树立和践行绿水青山就是金山银山的理念，站在人与自然和谐共生的高度谋划发展。保护生态环境从垃圾分类做起，请收集垃圾分类的相关知识，使用 Bootstrap 框架开发一个相关页面。

第8章

综合案例

本章导读

前面我们已经介绍了很多 Bootstrap 的重要技能，本章将通过一个综合案例的制作，讲解如何从零开始构建一个 Bootstrap 框架网站。

8.1 网站概述

综合案例视频

这是一个音乐乐队主题的网站，采用的是单页多屏可垂直滚动的页面效果。

该网站主要包括 4 屏。

第 1 屏：一个宽屏轮播，展示的是乐队的巡演宣传画面，如图 8-1 所示。

图 8-1　第 1 屏效果

第 2 屏：展示乐队成员信息，采用了折叠插件，如图 8-2 所示。单击成员图像，即可打开或收起成员介绍。

图 8-2　第 2 屏效果

第 3 屏：巡演日期和售票情况的展示，如图 8-3 所示。本部分采用了列表组合缩略图，单击“购票”按钮会弹出购票的对话框。

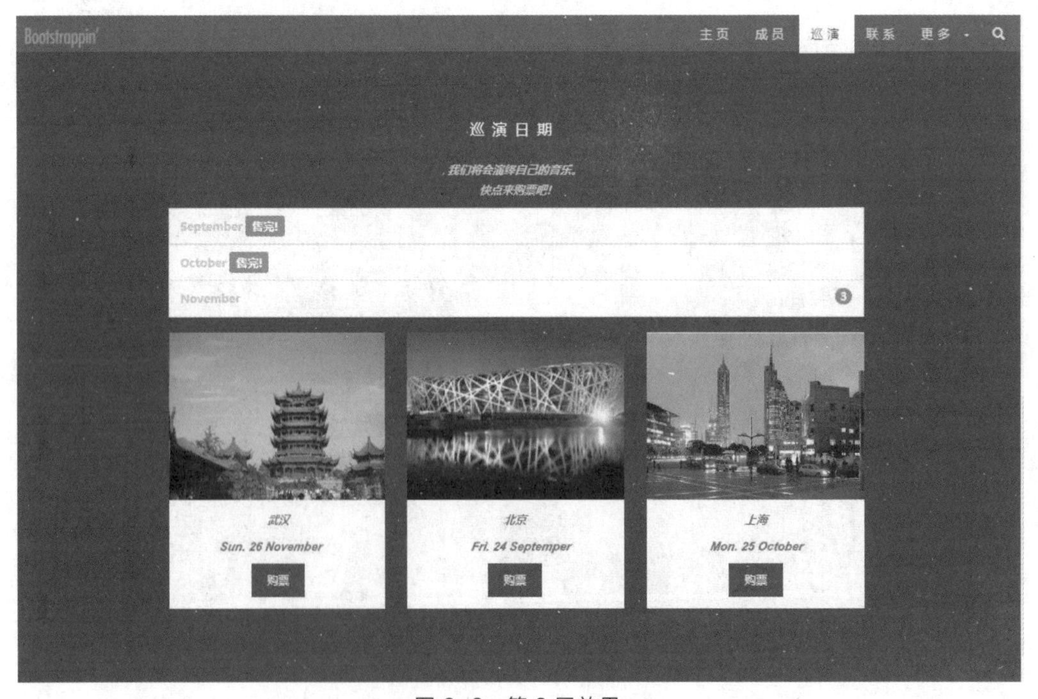

图 8-3　第 3 屏效果

第 4 屏：“联系我们”页面，包括一个表单和一个百度地图，如图 8-4 所示。

图 8-4　第 4 屏效果

整个页面颜色搭配采用的是黑白搭配。单击导航栏上的导航项，即可滚动到对应屏展示，导航条固定在顶部。滚动到某一屏，则该对应导航项呈高亮显示。单击页脚返回主页。

8.2　开始页面

在 HBulider 中新建一个 Web 项目，在 index.html 文件做如下修改。我们将从下面这个简单的 HTML5 页面开始。

```
<!DOCTYPE html>
<html>
    <head>
        <meta charset="UTF-8">
<meta name="viewport" content="width=device-width,initial-scale=1,shrink-to-fit=no">
        <title>我们是××乐队</title>
    </head>
    <body>
        <h3>我们的成员</h3>
        <p>我们爱音乐!</p>
        <p>XX 乐队由一群热爱音乐的年轻人组成……</p>
    </body>
</html>
```

8.3 主要内容的制作

8.3.1 制作第1屏

下面制作第1屏的轮播。这里展示的轮播是一个满屏的轮播效果，所使用的图片尺寸为是 1200px × 700px。

（1）复制 bootstrap.min.css、jquery-3.4.1.js、bootstrap.bundle.js 文件以及该案例所用图片（为了使用 Bootstrap 字体图标，还需引用对应的 CDN 上的 CSS 文件）。在 index.html 页面中导入这些文件。代码如下。

```
<head>
    <meta charset="UTF-8">
    <meta name="viewport" content="width=device-width,initial-scale=1,
shrink-to-fit=no">
    <title>XX 乐队</title>
    <link rel="stylesheet" href="css/bootstrap.min.css"/>
    <link rel="stylesheet" href="https://cdn.jsdelivr.net/npm/bootstrap-
icons@1.4.1/font/bootstrap-icons.css">
    <script src="js/jquery-3.4.1.js" type="text/javascript"></script>
    <script src="js/bootstrap.bundle.min.js" type="text/javascript"></script>
</head>
```

（2）在 body 标签里面添加 h3 标签，并在其前面添加轮播代码。轮播的代码放在一个 id 号为 home 的 div 中（方便后面的导航使用）。

```
<div id="home">
       <div id="myCarousel" class="carousel slide" data-ride="carousel">
           <!--Indicators-->
           <ol class="carousel-indicators">
               <li data-target="#myCarousel" data-slide-to="0" class=
"active"></li>
               <li data-target="#myCarousel" data-slide-to="1"></li>
               <li data-target="#myCarousel" data-slide-to="2"></li>
           </ol>
           <!--Wrapper for slides-->
           <div class="carousel-inner" role="listbox">
               <div class="item active">
                   <img src="img/ych1.jpg" alt="北京">
                   <div class="carousel-caption">
                       <h3>北京</h3>
                       <p>北京久等了！</p>
                   </div>
               </div>
               <div class="item">
                   <img src="img/ych2.jpg" alt="上海">
                   <div class="carousel-caption">
                       <h3>上海</h3>
```

```
                    <p>一个难忘的夜晚。</p>
                </div>
            </div>
            <div class="item">
                <img src="img/ych3.jpg" alt="武汉">
                <div class="carousel-caption">
                    <h3>武汉</h3>
                    <p>越听，越想走路回青春。</p>
                </div>
            </div>
        </div>
        <!--Left and right controls-->
        <a class="left carousel-control" href="#myCarousel" role=
"button" data-slide="prev">
          <span class="glyphicon glyphicon-chevron-left" aria-hidden=
"true"></span>
          <span class="sr-only">Previous</span>
        </a>
        <a class="right carousel-control" href="#myCarousel" role=
"button" data-slide="next">
        <span class="glyphicon glyphicon-chevron-right" aria-hidden=
"true"></span>
        <span class="sr-only">Next</span>
        </a>
    </div>
<div>
```

（3）浏览页面，我们会发现轮播图片有彩色，这里需要将图片调整为灰度。在 CSS 文件夹下，新建一个 CSS 文件 mycss.css，然后在 index.html 中引入。

```
<link rel="stylesheet" href="css/bootstrap.min.css"/>
<link rel="stylesheet" href="css/mycss.css"/>
```

下面调整轮播的样式，设置图片的灰度和透明度。在 mycss.css 文件中，添加样式。浏览页面查看效果。

```
.carousel-inner img{
   -webkit-filter:grayscale(90%);
   filter:grayscale(90%); /*将图片设置为黑白色*/
}
```

8.3.2 制作第 2 屏

具体操作如下。

（1）将之前的 html 元素放入一个 container 中，并添加.text-center，让内容居中。用 em 标签使文字斜体，并设置 id 属性。然后浏览页面，此时的页面效果并不理想。

```
<div class="container text-center"id="band">
    <h3>我们的成员</h3>
    <p><em>我们爱音乐!</em></p>
    <p>XX 乐队由一群热爱音乐的年轻人组成……</p>
</div>
```

（2）设置 p 元素的样式：.d-none、.d-md-block、.text-left。让这段文字介绍在 xs、ms 下不可见，文本左对齐。

```
<p class="d-none d-md-block text-left">XX 乐队由……</p>
```

（3）调整 container 的边距，使页面更美观。在 mycss 文件中，添加如下代码。然后浏览页面，查看效果。

```
.container{
    padding:80px 120px;
}
```

（4）添加网格系统，准备放置乐队成员的信息。在每个网格中添加 p 和 img，并对 img 元素应用.img-fluid（响应式图片）、rounded-circle（外观为圆形）、.mb-4（底部外边距）。代码如下。

```
<div class="row">
    <div class="col-sm-4">
        <p class="text-center"><strong>Susan</strong></p>
        <img src="img/member1.jpg" class=" img-fluid rounded-circle mb-4" 
alt="Susan">
    </div>
    <div class="col-sm-4">
        <p class="text-center"><strong>Tom</strong></p>
        <img src="img/member2.jpg" class="img-fluid  rounded-circle mb-4" 
alt="Tom">
    </div>
    <div class="col-sm-4">
        <p class="text-center"><strong>Peter</strong></p>
        <img src="img/member3.jpg" class="img-fluid rounded-circle mb-4" 
alt="Peter">
    </div>
</div>
```

运行上述代码，效果如图 8-5 所示。

图 8-5　成员介绍部分效果

（5）在 mycss.html 文件中设置样式。代码如下。

```
.person{
```

```
    border:10px solid transparent;
    opacity:0.7;
}
.person:hover{
    border-color:#f1f1f1;
}
```

对 html 页面中的 img 应用 person 样式。然后浏览页面，将鼠标指针停在图片上，可以看到外面有个灰色的边框。

```
    <img src="img/member1.jpg" class="img-fluid rounded-circle mb-4 person" alt="Susan">
    <img src="img/member2.jpg" class="img-fluid  rounded-circle mb-4 person" alt="Tom">
    <img src="img/member3.jpg" class="img-fluid rounded-circle mb-4 person" alt="Peter">
```

（6）添加折叠。在 img 标签外面添加 a 标签，让 img 成为折叠触发元素，下面添加一个 demo1 的 div，应用 collapse 折叠样式。这里只列举了第一幅图的代码，其他类似。

```
<div class="col-sm-4">
    <p class="text-center"><strong>Susan</strong></p>
    <a data-toggle="collapse" href="#susan">
        <img src="img/member1.jpg" class="img-fluid rounded-circle mb-4 person" alt="Susan">
    </a>
    <div id="susan" class="collapse">
            <p>主唱</p>
            <p>1987-10-23，湖北武汉人</p>
            <p>擅长动人的抒情歌曲，喜欢 RB、POP 等风格</p>
    </div>
</div>
```

8.3.3 制作第 3 屏

第 3 屏展示的是巡演日期和售票情况，黑色背景，用了列表组、弹出框等内容。

具体操作如下。

（1）在 mycss.css 文件中，定义 bg-1。代码如下。

```
.bg-1{
    background:#2d2d30;
    color:#bdbdbd;
}
.bg-1 h3{color:#fff;}
.bg-1 p{font-style:italic;}
```

（2）添加容器、列表组。这里因为黑色背景的宽度是 100%，故 container 在背景的 div 里面。代码如下。

```
<div class="bg-1">
    <div class="container" id="tour">
        <h3 class="text-center">巡演日期</h3>
        <p class="text-center">我们将会演绎自己的音乐。<br> 快点来购票吧！</p>
        <ul class="list-group">
```

```
        <li class="list-group-item">September 售完!</li>
        <li class="list-group-item">October 售完!</li>
        <li class="list-group-item">November3</li>
        </ul>
    </div>
</div>
```

（3）将“售完”标红；将“3”设置为徽章，并显示在右边。代码如下。

```
<ul class="list-group">
    <li class="list-group-item">
        September <span class="badge badge-danger">售完!</span>
    </li>
    <li class="list-group-item">
        October <span class="badge badge-danger">售完!</span>
    </li>
    <li class="list-group-item">
        November <span class="badge badge-pill badge-info float-right">3</span>
    </li>
</ul>
```

（4）去掉列表组的外框圆角。在 mycss.css 文件中添加以下代码。

```
/*移去列表组的边框圆角*/
.list-group-item:first-child{
   border-top-right-radius:0;
   border-top-left-radius:0;
}
.list-group-item:last-child{
   border-bottom-right-radius:0;
   border-bottom-left-radius:0;
}
```

（5）添加网格系统和卡片，代码如下，效果如图 8-6 所示。

```
<div class="row">
    <div class="col-md-4 ">
        <!--卡片 card-->
        <div class="card">
            <img src="img/wh.jpg" class="card-img-top">
                <div class="card-body">
                    <h5 class="card-title">武汉</h5>
                    <p class="card-text">Sun.26 November</p>
                    <button class="btn btn-dark">购买</button>
            </div>
        </div>
    </div>
    <div class="col-md-4">
        <div class="card">
            <img src="img/bj.jpg" class="card-img-top">
            <div class="card-body">
                <h5 class="card-title">北京</h5>
                <p class="card-text">Fri.24 september</p>
                <button href="#" class="btn btn-dark">read more</button>
            </div>
```

```
            </div>
        </div>
        <div class="col-md-4 ">
            <div class="card ">
                <img src="img/sh.jpg" class="card-img-top">
                <div class="card-body">
                    <h5 class="card-title">上海</h5>
                    <p class="card-text">Mon.25 October</p>
                    <button href="#" class="btn btn-dark">read more</button>
                    </div>
            </div>
        </div>
    </div>
```

图 8-6　卡片效果

（6）调整按钮、文本、图片的样式。按钮从黑色变为白色，此过程有渐变效果，如图 8-7 所示。

在.card-body 的 div 上添加.text-center。

```
<div class="card-body text-center">…</div>
```

在 mycss.css 中添加样式。代码如下。

```
/*移去卡片的边框和增加内边距*/
.card{
   padding:0 0 15px 0;
   border:none;
   border-radius:0;
}
/*改变卡片中 p 的颜色和上外边距*/
.card p{
   margin-top:15px;
   color:#555;
}
/*改变卡片中 h5 的颜色*/
.card h5{
    font-style:italic;
```

```
        color:#555;
    }
    /*设置按钮的背景颜色和字的颜色、内边距和边框、动画时间*/
    .btn{
       padding:10px 20px;
       background-color:#333;
       color:#f1f1f1;
       border-radius:0;
       transition:.2s;
    }
    /*当鼠标指针滑过按钮和得到焦点时，按钮的颜色从黑色变为白色，此过程有渐变效果*/
    .btn:hover,.btn:focus{
       border:1px solid #333;
       background-color:#fff;
       color:#000;
    }
```

图 8-7　添加 CSS 样式后缩略图效果

（7）将 3 个按钮都添加 data-toggle="modal"和 data-target="#myModal"属性。单击按钮将会弹出 modal 对话框。代码运行效果如图 8-8 所示。

```
    <button class="btn" data-toggle="modal" data-target="#myModal">购票</button>
```

下面是对话框的定义，该代码可以和 home 容器、tour 容器并列。对话框会使用字体图标。

```
    <div class="modal fade" id="myModal" role="dialog">
        <div class="modal-dialog">
            <!--Modal content-->
            <div class="modal-content">
                <div class="modal-header">
                    <h4 class="mx-auto"><i class="bi bi-bag-fill"></i>Tickets</h4>
                    <button type="button" class="close" data-dismiss="modal">
&times;</button>
                </div>
                <div class="modal-body">
                    <form role="form">
                        <div class="form-group">
                            <label for="count"><i class="bi bi-wallet"></i>
```

```
Tickets,每人 23 元 </label>
                        <input type="number" class="form-control" id="count"
placeholder="How many?">
                    </div>
                    <div class="form-group">
                        <label for="email"><i class="bi bi-envelope"></i>发
送</label>
                        <input type="text" class="form-control" id="email"
placeholder="Enter E-mail">
                    </div>
                    <button type="submit" class="btn btn-block"><i class="bi
bi-check2"></i>支付</button>
                </form>
            </div>
            <div class="modal-footer">
                <button type="submit" class="btn btn-danger btn-default
pull-left" data-dismiss="modal">
                    <i class="bi bi-x"></i>取消
                </button>
                <p>需要<a href="#">帮助?</a></p>
            </div>
        </div>
    </div>
</div>
```

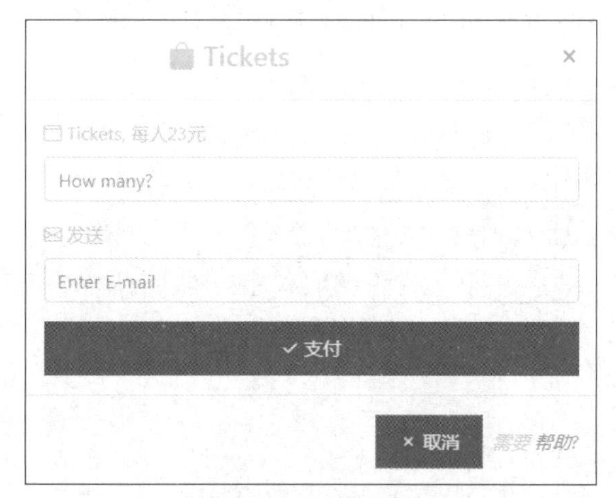

图 8-8　购票对话框

调整对话框的样式。给对话框标题和文本添加深灰色背景，文字居中，添加标题和 body 部分的内边距。代码如下，运行效果如图 8-9 所示。

```
.modal-header,h4,.close{
   background-color:#333;
   color:#fff !important;
   text-align:center;
   font-size:30px;
}
.modal-header,.modal-body{
   padding:40px 50px;
}
```

图 8-9 添加样式后的购票对话框

8.3.4 制作第 4 屏

具体操作：添加 container，id 为 contact，内容为地址和表单。

```
<div class="container" id="contact">
    <h3 class="text-center">联系我们</h3>
    <p class="text-center"><em>我们热爱我们的粉丝！</em></p>
    <div class="row">
        <div class="col-md-4">
            <p>喜欢我们，就给我们留言吧</p>
            <p><i class="bi bi-geo-alt"></i>武汉,中国</p>
            <p><i class="bi bi-telephone"></i>电话：+00 151515****</p>
            <p><i class="bi bi-envelope"></i>邮箱地址：mail@****.com</p>
        </div>
        <div class="col-md-8">
            <div class="row">
                <div class="col-md-6 form-group">
                    <input class="form-control" id="name" name="name"
placeholder="Name" type="text" required>
                </div>
                <div class="col-md-6 form-group">
                    <input class="form-control" id="email" name="email"
placeholder="Email" type="email" required>
                </div>
                </div>
            <div class="row">
                <div class="col-md-12 form-group">
                    <textarea class="form-control" id="comments" name=
"comments" placeholder="Comment" rows="5"></textarea>
                </div>
```

```
            </div>
            <div class="row">
                <div class="col-md-12 form-group">
                    <button class="btn pull-right" type="submit">发送</button>
                </div>
            </div>
        </div>
    </div>
</div>
```

8.4 完善网站功能

往网页添加地图、导航条，设置页脚、滚动监听等，完善网站功能。

8.4.1 添加地图

具体操作步骤如下。

（1）获得百度地图 API 的密钥。

打开百度地图开放平台首页，用百度账号登录，如图 8-10 所示。

图 8-10　百度地图开放平台首页

单击“控制台”，打开“控制台看板”页面。单击“应用管理”，进入“我的应用”，如图 8-11 所示。

图 8-11　我的应用

单击“创建应用”按钮，进入“创建应用”页面。选择“应用类型”为“浏览器端”，如

图 8-12 所示。

应用名称： mymap1 输入正确

应用类型： 浏览器端

启用服务： Javascript API 静态图 地点检索
普通IP定位 坐标转换 全景URL API
鹰眼轨迹 地理编码 逆地理编码

参考文档： Javascript API 地点检索 普通IP定位 正地理编码
逆地理编码 坐标转换

Referer白名单： * 输入正确

只有该白名单中的网站才能成功发起调用

格式：*.mysite.com*,*myapp.com* 多个域名之间请用英文半角逗号隔开

如果不想对任何域名做限制，设置为英文半角星号*(谨慎使用，前端代码容易泄露AK，被其他网站非法调用，上线前可以用作Debug，线上正式ak请设置合理的Referer白名单)新申请的Mobile类型的ak与新申请的Browser类型的ak不再支持云存储接口的访问，如要使用云存储，请申请server类型ak

提交

图 8-12　创建应用

单击“提交”按钮，生成密钥。

（2）在 contact 容器下面添加一个<div>。

```
<div id="baiduMap"></div>
```

（3）在 head 部分，添加对百度地图 API 的引用。将第一步中得到的密钥复制到 ak=你的密钥。

```
<script type="text/javascript" src="http://api.map.baidu.com/api?v=2.0&ak=
你的密钥"></script>
```

（4）在 id 为 baiduMap 的 div 后面添加 JS 代码。

```
<div id="baiduMap"></div>
<script type="text/javascript">
    // 百度地图 API 功能
    var map=new BMap.Map("baiduMap");      // 创建 Map 实例
    map.centerAndZoom(new BMap.Point(114.309531,30.59619),50);
    // 初始化地图,设置中心点坐标和地图级别
    map.addControl(new BMap.MapTypeControl());    //添加地图类型控件
    map.setCurrentCity("武汉");              // 设置地图显示的城市。此项是必须设置的
    map.enableScrollWheelZoom(true);      //开启鼠标滚轮缩放
</script>
```

（5）设置 id 为 baiduMap 的 div 的样式。

```
#baiduMap{
    width:100%;
    height:400px;
```

```
    -webkit-filter:grayscale(100%);
    filter:grayscale(100%);/*设置地图为黑白色*/
}
```

填入正确的密钥，浏览页面可以查看地图效果，如图 8-13 所示。

图 8-13　地图效果

8.4.2　添加导航条

具体操作步骤如下。

（1）在 id 为 home 的 div 前面添加导航条的代码。其中，Logo 部分设置 img 为 img-fluid 图片，宽度为 100px。代码如下。

```
<nav class="navbar navbar-expand-sm bg-dark navbar-dark fixed-top">
    <a class="navbar-brand" href="#"><img class="img-fluid" src="img/logo.
png" width="100px"/></a>
    <button type="button" class="navbar-toggler" data-toggle="collapse"
data-target="#myNavbar">
    <span class="navbar-toggler-icon"></span>
    </button>
  <div class="collapse navbar-collapse" id="myNavbar">
    <ul class="navbar-nav ml-auto">
      <li class="nav-item active"><a class="nav-link" href="#home">主页</a>
</li>
      <li class="nav-item"><a class="nav-link" href="#band">成员</a></li>
      <li class="nav-item"><a class="nav-link" href="#tour">巡演</a></li>
      <li class="nav-item"><a class="nav-link" href="#contact">联系</a></li>
      <li class="nav-item dropdown">
        <a class="nav-link" data-toggle="dropdown" href="#">更多
              <span class="dropdown-toggle"></span>
        </a>
            <ul class="dropdown-menu">
              <li class="ddropdown-item"><ahref="#">单曲</a></li>
              <li class="ddropdown-item"><a href="#">专辑</a></li>
            </ul>
        </li>
      </ul>
    </div>
</nav>
```

读者可以自行浏览一下，但默认的导航条的样式并不美观和醒目。

（2）设置导航条样式（具体看代码中的注释）如下。

- 调整导航条的文字大小、字的间距。
- 导航条有一点点透视的效果。
- 鼠标指针经过导航项时，导航项白底黑字显示。
- 下拉菜单风格与导航栏风格一致，黑底白字。
- 鼠标指针经过子菜单项时为红色背景。

```
.navbar{
    margin-bottom:0;
  background-color:#2d2d30;
    border:0;
  font-size:18px;
    letter-spacing:0.5rem !important;
    opacity:0.9;
}
/*添加文字间距后，文字离右边边距多了 0.5rem*/
.navbar .navbar-nav .nav-item .nav-link,
.navbar .navbar-brand{
  color:#d5d5d5 !important;
}
.navbar .navbar-nav .nav-item .nav-link{
  padding-right:0px;
}
/*鼠标指针经过导航条时白底黑字，a 标签为 active 时白底黑字*/
.navbar .navbar-nav .nav-item .nav-link:hover,
.navbar .navbar-nav .nav-item .nav-link.active{
    color:#000 !important;
    background-color:#fff !important;
}
/*修改菜单外观，与导航栏风格一致*/
.dropdown-menu .dropdown-item{
    color:#fff !important;
}
.show .dropdown-menu {
   color:#fff;
    background-color:#555 !important;
}
/*鼠标指针经过菜单项时，背景变红*/
.dropdown-item:hover,.dropdown-item:focus{
  background-color:red;!important;
}
```

8.4.3 设置页脚

页脚中放置了一个向上的箭头，完成滚动监听的设置后，单击箭头可以回到第 1 屏。具体操作如下。

（1）在 html 文件中放置地图的 div 下添加页脚。

```
<footer class="text-center">
    <a class="up-arrow" href="#myPage" data-toggle="tooltip" title="TO TOP">
        <span class="glyphicon glyphicon-chevron-up"></span>
    </a>
    <br>
    <p><img src="img/logo.png" width="120"/></p>
</footer>
```

（2）调整页脚样式，设置页脚高度、背景颜色等。

```
footer{
   background-color:#2d2d30;
   color:#f5f5f5;
   padding:32px;
}
footer a{
   color:#f5f5f5;
}
footer a:hover{
   color:#777;
   text-decoration:none;
}
```

（3）提示框的 JS 代码。

8.4.4 设置滚动监听

在 body 上添加属性：id="myPage" data-spy="scroll" data-target=".navbar" data-offset="50"。

```
<body id="myPage" data-spy="scroll" data-target=".navbar" data-offset="50">

<div id="band" class="container">…</div>
<div id="tour" class="container">…</div>
<div id="contact" class="container">…</div>
```

8.4.5 平滑滚动

用 jQuery 代码实现平滑滚动的效果。在单击导航条时，能够滚动到对应的那一屏。在 html 文件中添加下列代码，然后重新浏览页面，试着依次单击所有导航项。

```
<script>
$(document).ready(function(){
  // 增加所有平滑滚动效果到所有链接上
  $(".navbar a,footer a[href='#myPage']").on('click',function(event){
  event.preventDefault();
  var hash = this.hash;

  // 用 animate()方法增加滚动效果
  $('html,body').animate({
    scrollTop:$(hash).offset().top
  },900,function(){
    window.location.hash=hash;
    });
```

```
    });
})
</script>
```

本章小结

本章通过一个音乐乐队主题网站讲解了 Bootstrap 框架的应用。

实训项目：一个商业网站

结合本章案例，完成图 8-14 所示页面效果的网站。

实训效果展示

图 8-14　页面效果

实训拓展

党的二十大报告指出，要加强全媒体传播体系建设，塑造主流舆论新格局。健全网络综合治理体系，推动形成良好的网络生态。网络空间是亿万民众共同的精神家园，网络空间天朗气清、生态良好，符合人民利益。强化网络空间治理，营造风清气正的网络版权生态。在开发网站时，要注意不得随意使用他人的图片、肖像、视频等，对于开源软件的使用需遵守相关协议。

附录A Sass

在前面我们都是直接使用 bootstrap.css 或 bootstrap.min.css 文件。如果读者下载的是 Bootstrap 4 源码版，则其里面包含了 Sass、JavaScript 的源码文件，并且带有文档。Bootstrap 3 是基于 Less 的，Bootstrap 4 基于 Sass。在 Bootstrap 文件中有大量的 Sass 文件，读者可以修改或新增 Sass 文件，然后重新编译。

A.1 Sass 概述

CSS（层叠样式表）是一门历史悠久的标记性语言，同“HTML”一起，被广泛应用于万维网（world wide web）。HTML 主要负责文档结构的定义，CSS 负责文档表现形式或样式的定义。

作为一门标记性语言，CSS 的语法相对简单，对使用者的要求较低，但同时也带来一些问题：CSS 需要书写大量看似没有逻辑的代码，不方便维护及扩展，不利于复用，尤其对非前端开发工程师来讲，往往会因为缺少 CSS 编写经验而很难写出组织良好且易于维护的 CSS 代码。造成这些困难的很大原因，在于 CSS 是一门非程序式语言，没有变量、函数、scope（作用域）等概念。

Sass 是一款强化 CSS 的辅助工具，它在 CSS 语法的基础上增加了变量（variables）、嵌套规则（nested rules）、混合（mixins）、导入（inline imports）等高级功能，这些功能使 CSS 更加强大与优雅。使用 Sass 及 Sass 的样式库（如 Compass）有助于更好地组织管理样式文件，更高效地开发项目

Sass 的语法格式有两种。

（1）SCSS (sassy CSS)。这种格式仅在 CSS 3 语法的基础上进行拓展，所有 CSS 3 语法在 scss 中都是通用的，同时加入 Sass 的特色功能。此外，SCSS 也支持大多数 CSS hacks 写法、浏览器前缀写法（vendor-specific syntax），以及早期的 IE 滤镜写法。这种格式以 .scss 作为拓展名。Bootstrap 4 中的源码采用这种格式，本书将基于 SCSS 格式进行讲解。

（2）缩进格式（indented Sass）。这种格式是最早的 Sass 语法格式，被称为缩进格式（indented Sass），通常简称 Sass，是一种简化格式。它使用“缩进”代替“花括号”，表示属性属于某个选择器，用“换行”代替“分号”分隔属性。缩进格式也可以使用 Sass 的全部功

能，只是与 SCSS 相比，个别地方采取了不同的表达方式。这种格式以 .sass 作为拓展名。

Sass 目前有 3 个版本：DartSass、LibSass、RubySass。

rubysass 是 Sass 的最初实现，但是自 2019 年 3 月 26 日起，供应商不再对它提供任何支持了。

libsass 是用 C/C++实现的 Sass 引擎。核心点在于其简单、快速、易于集成。LibSass 只是一个工具库。如需在本地运行（即编译 Sass 代码），则要一个 LibSass 的封装。目前已经有很多针对 LibSass 的封装了，比如 Node-SASS、SassC 等。

DartSass 是 Sass 的主要实现版本。DartSass 速度快、易于安装，并且可以被编译成纯 JavaScript 代码，这使得它很容易被集成到现代 Web 的开发流程中。Sass 官方团队于 2020 年 10 月正式宣布弃用 LibSass，以及基于它的 NodeSass 和 SassC，并且建议用户使用 DartSass。

A.2 Sass 插件安装

Sass 有两种安装方式：一种是命令行模式；另一种是应用程序模式。这里主要介绍应用程序模式。目前有很多应用程序可以启动并运行 Sass，同时还支持 Mac、Windows 和 Linux 平台。Sass 编译有很多种方式，如 sublime 插件 sass-Build、编译软件 koala、前端自动化软件 codekit 等。这里将使用 HBuilderX 的插件。

打开 HBuilderX，选择菜单“工具”→“插件安装”命令，然后选择“前往插件市场”，选择 Sass 插件。如图 A-1 所示，单击“使用 HBuilderX 导入插件”按钮。

图 A-1　Sass 插件安装

安装后，在 HBuilder 里面，可以在.scss 文件上单击鼠标右键选择菜单“外部命令”→“scss/sass 编译”命令，来对 Sass 文件进行编译，如图 A-2 所示。

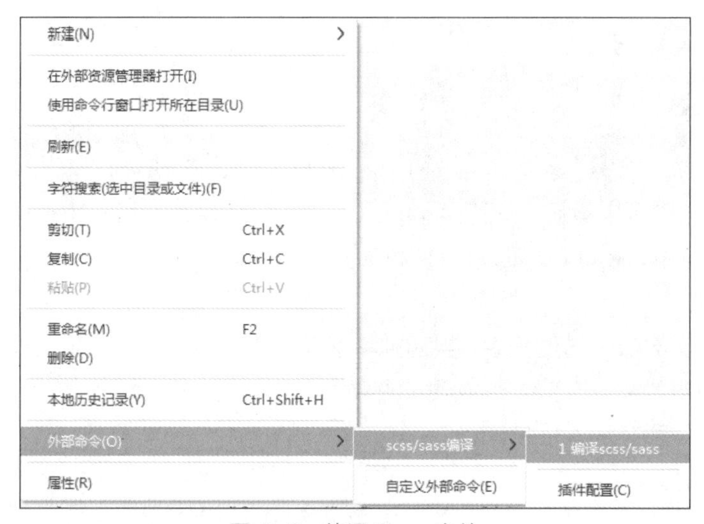

图 A-2 编译 Sass 文件

新建一个项目。在 CSS 文件下，新建一个 test.scss 的文件，编写代码如下。

```
$highlight-color:#F90;
.selected{
  border:1px solid $highlight-color;
}
```

选中 test.scss，单击鼠标右键，选择“外部命令”→“scss/sass 编译”→“编译 scss/sass”命令。可以看到，在 CSS 文件夹下生成了一个 test.css 文件。该文件里面的内容如下。

```
.selected{
  border:1px solid #F90;
}
```

A.3 Sass 的基本语法

1. 变量

Sass 允许开发者自定义变量，变量可以在全局样式中使用，变量使得样式修改起来更加简单。用户只设定或修改一次，就能自动影响（更新）整个样式表中该值的属性。

与 CSS 属性不同，变量可以在 CSS 规则块定义之外存在。当变量定义在 CSS 规则块内，那么该变量只能在此规则块内使用。如果它们出现在任何形式的{…}块中（如@media 或者@font-face 块），情况也是如此。

【实例 a_1】（文件 a_1.scss、a_1.css）

Sass 文件（a_1.scss）

```
$nav-color:#F90;
nav{
  $width:100px;
  width:$width;
  color:$nav-color;
}
```

经过编译生成的 CSS 文件如下。

CSS 文件（a_1.css）

```
nav{
  width:100px;
  color:#F90;
}
```

从上面的代码中可以看出，变量是 value（值）级别的复用，可以将相同的值定义成变量统一管理起来。其中，width 变量只在{}内使用。

2. 嵌套规则

我们在书写标准 CSS 的过程中，当遇到多层元素嵌套时，要么采用从外到内的选择器嵌套定义，要么采用给特定元素加 class 或 id 的方式。

【实例 a_2】（文件 a_2.html、a_2.scss、a_2.css）

html 片段（a_2.html）

```
<div id="home">
     <div id="top">top</div>
     <div id="center">
       <div id="left">left</div>
       <div id="right">right</div>
     </div>
</div>
```

Sass 文件（a_2.scss）

```
#home{
  color:blue;
  width:600px;
  height:500px;
  border:outset;
  #top{
       border:outset;
       width:90%;
  }
  #center{
       border:outset;
       height:300px;
       width:90%;
       #left{
         border:outset;
         float:left;
         width:40%;
       }
       #right{
         border:outset;
         float:left;
         width:40%;
       }
 }
}
```

经过编译生成的 CSS 文件如下。

CSS 文件（a_2.css）

```
#home{
```

```
    color:blue;
    width:600px;
    height:500px;
    border:outset;
  }
  #home #top{
    border:outset;
    width:90%;
  }
  #home #center{
    border:outset;
    height:300px;
    width:90%;
  }
  #home #center #left{
    border:outset;
    float:left;
    width:40%;
  }
  #home #center #right{
    border:outset;
    float:left;
    width:40%;
  }
```

从上面的代码中可以看出，Sass 的嵌套规则是与 html 中的 dom 结构相对应的，这样可使我们的样式表书写更加简洁，具有更好的可读性。

3. 混合（mixins）

mixins 功能对软件开发者来说并不陌生，很多动态语言都支持 mixins 特性，它是多重继承的一种实现。在 Sass 中，混入是指在一个 class 中引入另外一个已经定义的 class，就像在当前 class 中增加一个属性一样。

我们先来看 mixins 在 Sass 中的使用。

【实例 a_3】（文件 a_3.scss、a_3.css）

Sass 文件（a_3.scss）

```
  //定义一个样式选择器
  @mixin roundedCorners($radius: 5px){
     -moz-border-radius:$radius;
     -webkit-border-radius:$radius;
     border-radius:$radius;
   }
   //在另外的样式选择器中使用
   #header{
    @include roundedCorners;
   }
   #footer{
    @include roundedCorners(10px);
   }
```

说明：在定义 mixins 时，使用@mixin，引用的地方用@include。在上面的实例中，给混合器 roundedCorners 传递参数 radius（半径），并且设置默认值为 5px。

经过编译生成的 CSS 文件如下。

CSS 文件（a_3.css）

```
#header{
   -moz-border-radius:5px;
   -webkit-border-radius:5px;
   border-radius:5px;
}
#footer{
   -moz-border-radius:10px;
   -webkit-border-radius:10px;
   border-radius:10px;
}
```

4. 运算及函数

在 CSS 中充斥着大量的数值型的 value，比如 color、padding、margin 等，这些数值之间在某些情况下是有着一定关系的，那么怎样利用 Sass 来组织这些数值之间的关系呢？我们来看下面这段代码。

【实例 a_4】（文件 a_4.scss、a_4.css）

Sass 文件（a_4.scss）

```
$init:#111111;
$transition:$init*2;
.switchColor{
    color:$transition;
}
```

经过编译生成的 CSS 文件如下。

CSS 文件（a_4.css）

```
.switchColor{
    color:#222222;
}
```

5. 导入文件

Less 编译器支持导入并组合多个文件，最终生成一个统一的 CSS。我们可以指定导入的次序，按照需要的层叠关系精确组织样式表。

Bootstrap 文件夹下的 Sass 文件夹中有很多的 SCSS 文件。其中，Bootstrap 的导入文件 bootstrap.scss 的内容如下（这里只列举了前面几行）。编译 bootstrap.scss 文件，将所导入的 SCSS 文件组合得到一个统一的 CSS 文件。

```
@import "functions";
@import "variables";
@import "mixins";
@import "root";
@import "reboot";
@import "type";
@import "images";
```

下面我们新建一个 main.scss 文件，并将前面定义的 SCSS 文件组织起来，生成一个新的 CSS 文件。

【实例 a_5】（文件 main.scss、main.css）

```
@import "a_1.scss";
@import "a_2.scss";
@import "a_3.scss";
@import "a_4.scss";
```

文件中，当文件名能够唯一定位到某个 SCSS、Sass 或 CSS 文件时，后缀名可以省略。编译 main.scss，生成 main.css，内容为前面 CSS 文件的汇总。

```
nav{
    width:100px;
    color:#F90;
}
#home{
    color:blue;
    width:600px;
    height:500px;
    border:outset;
}
#home #top{
    border:outset;
    width:90%;
}
#home #center{
    border:outset;
    height:300px;
    width:90%;
}
#home #center #left{
    border:outset;
    float:left;
    width:40%;
}
#home #center #right{
    border:outset;
    float:left;
    width:40%;
}
#header{
    -moz-border-radius:5px;
    -webkit-border-radius:5px;
    border-radius:5px;
}
#footer{
    -moz-border-radius:10px;
    -webkit-border-radius:10px;
    border-radius:10px;
}
.switchColor{
    color:#222222;
}
```

有关 Sass 的更多内容，有兴趣的读者请参考相关学习资料。

附录B

CSS选择器

在 CSS 中，选择器是一种模式，用于选择需要添加样式的元素。表 B-1 中列出了常见的 CSS 选择器，其中最后一列指明了选择器是在哪个 CSS 版本（CSS 1、CSS 2、CSS 3）中定义的。

表 B-1 常见的 CSS 选择器

<table>
<tr><th>选择器</th><th>例子</th><th>例子描述</th><th>CSS</th></tr>
<tr><td>.class</td><td>.intro</td><td>选择 class="intro"的所有元素</td><td>1</td></tr>
<tr><td>#id</td><td>#firstname</td><td>选择 id="firstname"的所有元素</td><td>1</td></tr>
<tr><td>*</td><td>*</td><td>选择所有元素</td><td>2</td></tr>
<tr><td>element</td><td>p</td><td>选择所有<p>元素</td><td>1</td></tr>
<tr><td>element,element</td><td>div,p</td><td>选择所有<div>元素和所有<p>元素</td><td>1</td></tr>
<tr><td>element element</td><td>div p</td><td>选择<div>元素内部的所有<p>元素</td><td>1</td></tr>
<tr><td>element>element</td><td>div>p</td><td>选择父元素为<div>元素的所有<p>元素</td><td>2</td></tr>
<tr><td>element+element</td><td>div+p</td><td>选择紧接在<div>元素之后的所有<p>元素</td><td>2</td></tr>
<tr><td>[attribute]</td><td>[target]</td><td>选择带有 target 属性的所有元素</td><td>2</td></tr>
<tr><td>[attribute=value]</td><td>[target=_blank]</td><td>选择 target="_blank"的所有元素</td><td>2</td></tr>
<tr><td>[attribute~=value]</td><td>[title~=flower]</td><td>选择 title 属性包含单词"flower"的所有元素</td><td>2</td></tr>
<tr><td>[attribute|=value]</td><td>[lang|=en]</td><td>选择 lang 属性值以"en"开头的所有元素</td><td>2</td></tr>
<tr><td>:link</td><td>a:link</td><td>选择所有未被访问的链接</td><td>1</td></tr>
<tr><td>:visited</td><td>a:visited</td><td>选择所有已被访问的链接</td><td>1</td></tr>
<tr><td>:active</td><td>a:active</td><td>选择活动链接</td><td>1</td></tr>
<tr><td>:hover</td><td>a:hover</td><td>选择鼠标指针位于其上的链接</td><td>1</td></tr>
<tr><td>:focus</td><td>input:focus</td><td>选择获得焦点的 input 元素</td><td>2</td></tr>
<tr><td>:first-letter</td><td>p:first-letter</td><td>选择每个<p>元素的首字母</td><td>1</td></tr>
<tr><td>:first-line</td><td>p:first-line</td><td>选择每个<p>元素的首行</td><td>1</td></tr>
<tr><td>:first-child</td><td>p:first-child</td><td>选择属于父元素的第一个子元素的每个<p>元素</td><td>2</td></tr>
<tr><td>:before</td><td>p:before</td><td>在每个<p>元素的内容之前插入内容</td><td>2</td></tr>
<tr><td>:after</td><td>p:after</td><td>在每个<p>元素的内容之后插入内容</td><td>2</td></tr>
<tr><td>:lang(language)</td><td>p:lang(it)</td><td>选择带有以"it"开头的 lang 属性值的每个<p>元素</td><td>2</td></tr>
<tr><td>element1~element2</td><td>p~ul</td><td>选择前面有<p>元素的每个<ul>元素</td><td>3</td></tr>
<tr><td>[attribute^=value]</td><td>a[src^="https"]</td><td>选择 src 属性值以"https"开头的每个<a>元素</td><td>3</td></tr>
<tr><td>[attribute$=value]</td><td>a[src$=".pdf"]</td><td>选择 src 属性值以".pdf"结尾的所有<a>元素</td><td>3</td></tr>
</table>

续表

选择器	例子	例子描述	CSS
[attribute*=value]	a[src*="abc"]	选择 src 属性中包含"abc"子串的每个<a>元素	3
:first-of-type	p:first-of-type	选择属于其父元素的首个<p>元素的每个<p>元素	3
:last-of-type	p:last-of-type	选择属于其父元素的最后<p>元素的每个<p>元素	3
:only-of-type	p:only-of-type	选择属于其父元素唯一的<p>元素的每个<p>元素	3
:only-child	p:only-child	选择属于其父元素的唯一子元素的每个<p>元素	3
:nth-child(n)	p:nth-child(2)	选择属于其父元素的第 2 个子元素的每个<p>元素	3
:nth-last-child(n)	p:nth-last-child(2)	同上，从最后一个子元素开始计数	3
:nth-of-type(n)	p:nth-of-type(2)	选择属于其父元素第 2 个<p>元素的每个<p>元素	3
:nth-last-of-type(n)	p:nth-last-of-type(2)	同上，但是从最后一个子元素开始计数	3
:last-child	p:last-child	选择属于其父元素最后一个子元素的每个<p>元素	3
:root	:root	选择文档的根元素	3
:empty	p:empty	选择没有子元素的每个<p>元素（包括文本节点）	3
:target	#news:target	选择当前活动的#news 元素	3
:enabled	input:enabled	选择每个启用的<input>元素	3
:disabled	input:disabled	选择每个禁用的<input>元素	3
:checked	input:checked	选择每个被选中的<input>元素	3
:not(selector)	:not(p)	选择非<p>元素的每个元素	3
::selection	::selection	选择被用户选取的元素部分	3

参考文献

[1] 巴斯·乔布森，戴维·科克伦，伊恩·惠特利. Bootstrap 实战 [M]. 李松峰，译. 北京：人民邮电出版社，2015.

[2] 贺臣，陈鹏. Bootstrap 基础教程 [M]. 北京：电子工业出版社，2015.

[3] 徐涛. 深入理解 Bootstrap [M]. 北京：机械工业出版社，2014.

[4] 珍妮弗·凯瑞恩. Bootstrap 入门经典 [M]. 姚军，译. 北京：人民邮电出版社，2016.

[5] 黑马程序员. Bootstrap 响应式 Web 开发 [M]. 北京：人民邮电出版社，2021.

[6] 肖睿、游学军. Bootstrap 与移动应用开发 [M]. 北京：人民邮电出版社，2019.